RUDOLF TASCHNER
Die Zahl, die aus der Kälte kam

Buch

Wer die Zahlen beherrscht, der hat Macht. Schon Archimedes besiegte die römische Flotte mit Mathematik. Geheimdienste verschlüsseln ihre Botschaften mit mathematischen Methoden. Und Rechenmaschinen schlagen den Menschen in Schach und Jeopardy.

Rudolf Taschner nimmt uns mit auf einen abenteuerlichen Streifzug durch die Weltgeschichte der machtvollsten Zahlen. Er erzählt, wie Blaise Pascal schon im 17. Jahrhundert den Computer erfand, wie Isaac Newton mit der Unendlichkeit rechnen lernte, warum Kurt Gödel zugleich an die Allmacht der Zahlen und an Gespenster glaubte – und sich der britische Geheimdienst an der Zahl 007 die Zähne ausbiss.

Taschner lüftet die Geheimnisse der Mathematik so spannend, leichtfüßig und unterhaltsam, dass auch Nichteingeweihte ihrem Zauber erliegen müssen.

Autor

Rudolf Taschner, geboren 1953 in Ternitz, ist Professor an der Technischen Universität Wien. Er betreibt zusammen mit seiner Frau Bianca »math.space«, einen Veranstaltungsort im Wiener Museums-Quartier, der Mathematik als kulturelle Errungenschaft präsentiert. 2004 wurde Rudolf Taschner zum »Wissenschaftler des Jahres« gewählt. 2011 erhielt er den Preis der Stadt Wien für Volksbildung. Seine Bücher wurden vielfach ausgezeichnet.

Rudolf Taschner
Die Zahl, die aus der Kälte kam

Wenn Mathematik zum Abenteuer wird

GOLDMANN

Verlagsgruppe Random House FSC® N001967
Das FSC®-zertifizierte Papier *Lux Cream* für dieses Buch
liefert Stora Enso, Finnland.

1. Auflage
Taschenbuchausgabe Februar 2015
Wilhelm Goldmann Verlag, München,
in der Verlagsgruppe Random House GmbH
Copyright © der Originalausgabe 2013
by Carl Hanser Verlag München
Umschlaggestaltung: UNO Werbeagentur, München
in Anlehnung an die Umschlaggestaltung der Originalausgabe
(Hauptmann & Kompanie Werbeagentur, Zürich)
Umschlagmotiv: © Carl Hanser Verlag/www.corn.at
KF · Herstellung: Str.
Druck und Bindung: CPI – Clausen & Bosse, Leck
Printed in Germany
ISBN: 978-3-442-15824-9
www.goldmann-verlag.de

Besuchen Sie den Goldmann Verlag im Netz

Inhalt

Vorwort 9

Erst die Null macht Zahlen groß

Das Geheimnis des vierten Jahres 11
Die mächtigen Zahlen des Drachen Tiamat 16
Zahl und Schrift 21
Mit Mathematik beginnt die Aufklärung 26
Der Maharadscha und die große Zahl 29

Die größten Zahlen der Natur

Von den kleinen zu den großen Zahlen 37
Die Vermessung der Erde 41
Astronomisch große Zahlen 46
Die größte Zahl des Universums 50
Nicht Rechnen, Schätzen will gelernt sein 53

Der größte Mathematiker

Ein Märtyrer der Mathematik 57
Die geniale Idee 59

Inhalt

Zweiter zu sein zählt nicht	66
Ägyptische Brüche	70
Die Rinder des Sonnengottes	75

Die größten Zahlen der Mathematik

Eine Zahl nach der anderen	81
Quadrat- und Kubikzahlen	85
Potenzen und Prozente	90
Die wichtigste Rechnung und das viele Geld	95
Donald Knuths Zahlenmonster	97

Geheimnisvolle Zahlen

4 294 967 297	101
Die Sucht nach Primzahlen	107
Eine Zahl, die aus der Kälte kam	111
Geheimnisse schmieden und lüften	115
Große Primzahlen	120
Illusion und Wirklichkeit	124
Die absolut sichere Methode	126
Der Zufall verspricht Sicherheit	131
Normale Zahlen	133
Kreatives Durcheinanderwerfen	137

Denken mit Zahlen

Ken Jennings' und Brad Rutters Debakel	141
Die „Pascaline", zur Unzeit konstruiert	144
Leibnizens Zahlen und Lovelaces Programme	149
Die elektrische Geburt der Zahlenmaschinen	154
Gelernters Skeptizismus und Turings Test	158

Inhalt

Der Anspruch auf Allwissenheit

Ein Gigant aus Göttingen 163
Kein „Ignorabimus" 166
Hilbert verbannt das geometrische Empfinden 170
Unendliche Dezimalzahlen 174
Ein Hotel voll Paradoxien 178
Ein unendliches Frage- und Antwortspiel 182
Hilberts Programm 185

Allmacht statt Allwissenheit

Der Mathematiker der Intuition 193
Eine Wissenschaft, auf Sand gebaut 196
Der größte Logiker des Jahrhunderts 199
Gespenster in Princeton 203
Die Ortung der Unendlichkeit 207

Anmerkungen 211

Vorwort

Nichts ist kälter als die Zahl.

Wobei „kalt" im Sinne von unpersönlich, gefühllos, unerbittlich verstanden wird. Und in der Tat: Wenn jemand im hitzigen Disput „Zahlen auf den Tisch legt", verstummen die Gegner. An den Zahlen gibt es nichts zu rütteln. Sie stehen für Endgültiges. Das mit Zahlen Versiegelte ist unumstößlich und unwiderruflich.

Während Heraklit den Wandel der Welt im Feuer, in der wärmenden Flamme verwirklicht sah, tritt ihm kühl Parmenides von Elea entgegen, der mit glasklarer Logik verkündet: Es kann kein Entstehen und kein Vergehen geben: Wie kann etwas aus nichts hervorgehen? Wie kann etwas, das existiert, plötzlich nicht mehr sein? Der Wandel, so Parmenides, ist nur Illusion. Seine Botschaft verheißt Bestand und damit Sicherheit. Null bleibt ewig null, eins bleibt ewig eins, und beide bleiben ewig voneinander verschieden. Nicht umsonst fordert der durch die eleatische Schule geprägte Platon von allen, die seine Akademie betreten, von allen, die er zu den künftigen Herrschern der Welt, zu den Philosophenkönigen heranzuziehen verspricht, mathematisches Wissen.

Wer die entscheidenden Zahlen kennt, gar mit ihnen zu manipulieren versteht, hat das letzte, das alles bestimmende Wort. Jenes Wort, das in den Augen aller anderen „zählt". Es ist das Wort des Mächtigen. Und es ist ein kaltes Wort.

Doch Parmenides irrt.

Davon erzählt dieses Buch. Aus einer Legion von Geschichten über die vermeintliche Macht der Zahlen sind willkürlich einige wenige

Vorwort

herausgegriffen. Nicht auf die historische Überprüfbarkeit in allen Einzelheiten – se non è vero, è ben trovato – wurde Wert gelegt, sondern auf die Botschaft, die mit den Erzählungen verbunden ist: Zahlen sind nicht einfach da. Zahlen sind erfunden worden, um Ordnung und Übersicht schaffen zu können. Zahlen haben uns zu dienen, nicht zu beherrschen. Zahlen sind nicht das Fundament des Daseins, denn dieses ist sicher nicht „kalt". Aber verbindliche Markierungen zu seinem besseren Verständnis sind Zahlen sehr wohl.

Geschichten über Zahlen zu erzählen, Mathematik als eminente kulturelle Errungenschaft einer breiten Öffentlichkeit vorzustellen, ist seit mehr als zehn Jahren das Ziel von „math.space", angesiedelt im Wiener Museumsquartier, unterstützt von den österreichischen Ministerien für Unterricht, Wissenschaft, Technologie und Finanzen und organisiert von meiner Frau Bianca, in dem in mehreren hundert Veranstaltungen pro Jahr die vielseitigsten Bezüge der mathematischen Zahlenwelt zur Wirklichkeit vor Augen geführt werden. Manches, wenn auch nicht alles von dem, was in diesem Buch berichtet wird, ist im „math.space" angedeutet, teilweise nur skizziert worden. Schon allein darum, aber auch weil sie mir in allen Phasen meines Lebens unermüdlich und verlässlich zur Seite steht, will ich meiner Frau an dieser Stelle von ganzem Herzen danken. Unsere Tochter Laura lehrte mich durch ihre Fragen, dass jede tiefe Erkenntnis eine zwingende und zugleich einleuchtende Erklärung hat, und unser Sohn Alexander hat mein Manuskript genau gelesen, mich auf peinliche Fehler aufmerksam gemacht und mir mit Zuspruch, aber auch mit Kritik sehr geholfen.

Gedankt sei auch dem Verlag Hanser, ein besonderes merci cordialement Herrn Christian Koth, für das uneingeschränkte Vertrauen in mich als Autor, für die wunderbare Zusammenarbeit, für die schöne Ausstattung des Buches, das, wie ich hoffe, allen Leserinnen und Lesern die Scheu vor den kalten Zahlen nimmt. Denn die Geschichten, die um sie herum gesponnen werden, lassen ihre Frostigkeit vergessen.

Erst die Null macht Zahlen groß

Das Geheimnis des vierten Jahres

Es war der Stich einer Mücke, der Tutanchamun das Leben raubte. Sie übertrug ihm, dem Pharao, dem Herrscher über Ägypten, die Malaria, eine mit hohem Fieber verbundene Krankheit, an der Menschen mit schwacher Gesundheit sterben können. Und Tutanchamun war sehr schwach. Schon von Geburt an hatte er kaputte Knochen, nur mit Krücken konnte er gehen, seine Wirbelsäule war verkrümmt. Der Malaria-Erreger hatte bei dem gebrechlichen jungen Mann, der bereits als neunjähriges Kind Pharao wurde und danach nur zehn Jahre regierte, ein leichtes Spiel.

Als 1922 der englische Altertumsforscher Howard Carter und sein Team das Grab des Bedauernswerten fanden, waren sie begeistert: Es war nicht so verwüstet wie die zuvor entdeckten Gräber der Pharaonen. Bei denen hatten sich schon vor Jahrtausenden Grabräuber der in ihnen gelagerten Schätze bemächtigt. Auch aus dem Grab des Tutanchamun wollten Räuber das viele Gold und den wertvollen Schmuck entwenden. Aber sie wurden offenbar bei ihrem Vorhaben gestört, ließen die Beute zurück und flüchteten. Und so fand Carter das Innere des Grabes fast unversehrt vor. Im Licht der Fackeln und Lampen strahlte in der düsteren Gruft das viele Gold, das 3244 Jahre lang – so viel Zeit war seit des Pharaos Tod vergangen – im Dunkel seiner Entdeckung geharrt hatte.

Was veranlasste die Ägypter, ihrem Herrscher, der in Wahrheit nur ein gebrechliches Menschenkind gewesen war, solche Verehrung entgegenzubringen? Eine Verehrung, die über seinen allzu frühen Tod hinausreichte, so dass sie seine letzte Ruhestätte mit wertvollen Schätzen, mit reichen Grabbeigaben, mit Prunk und Zier ausstatteten? Die meisten der Ägypter haben ihren Pharao nie gesehen. Sie schufteten als Bauern und Handwerker an den Ufern des Nils, jenes gewaltigen Flusses, der die ägyptische Wüste bis hin zum Mittelmeer durchzieht und der den Menschen das Leben in der sonst unwirtlichen Gegend ermöglicht. Der Nil spendet ihnen das dringend nötige Wasser, vor allem aber überflutet er immer wieder das Land. Bei diesen Überschwemmungen bringt er von seinem Oberlauf im fernen Süden fruchtbare Erde mit. Sie setzt sich, wenn der Nil wieder in sein Flussbett zurückfindet, am Ackerboden ab und bildet so den Dünger für überreiche Getreideernten. Der Pharao war für die Bauern und Handwerker ein fernes, ein mächtiges Wesen. Sie hörten wundersame Geschichten von diesem geheimnisvollen König, der – so wurde geraunt – ein Sohn der Götter selbst sein solle, vom Himmel herabgekommen, um über Ägypten zu herrschen. Er sei Gebieter über die Welt, so wurde dem einfachen Volk weisgemacht. Er befehle den Fluten des Nils zu kommen und zu gehen.

Und selbst die ganz wenigen, die den Pharao wirklich zu Gesicht bekamen, werden ihn nur an besonders heiligen Tagen erblickt haben. Angetan mit wertvollstem Geschmeide, goldenen Gewändern, die seinen von Leiden geschlagenen Körper verhüllten, wenn er, das Henkelkreuz, das Zeichen des Lebens, wie ein Szepter in der Hand haltend vom Thron aus feierlich verkündete: Nun kämen wieder die Tage, dass

Das Geheimnis des vierten Jahres

der Nil über seine Ufer tritt, das trockene Land befruchtet, Nahrung und Leben schenkt. Nur eine Handvoll Auserlesener wird es gewesen sein, die wirklich um des Pharaos Zustand als kranker und wohl auch schwacher Mensch gewusst haben. Aber diese Kenntnis durfte nicht nach außen dringen, keiner außerhalb des innersten Beraterkreises durfte wissen, dass der Pharao weder stark noch göttlicher Herkunft war. Denn dann wäre der Glaube der Ägypter an dessen Herrschergewalt zerstört, das ganze riesige Reich vom Zerfall bedroht gewesen. Einer musste ja, so waren die Berater des Pharaos überzeugt, die Oberherrschaft über die Arbeit der Bevölkerung haben, einer musste ihnen befehlen, wann zu säen und wann zu ernten sei. Und dieser eine war der Pharao, der Sohn seines Vaters und der Nachfahr seiner Ahnen, die auch schon Pharaonen gewesen waren, egal um was für eine kümmerliche Gestalt es sich bei ihm handelte.

Auch wusste Tutanchamun nicht selbst, wann der Nil mit dem fruchtbaren Schwemmland über seine Ufer treten würde. Seine Berater teilten ihm dieses Wissen mit. Sie waren die eigentlichen Herrscher des Landes, verbargen sich aber hinter der Figur des Pharaos. So hielten es die Berater in jahrtausendealter Tradition – und sie taten es nicht allein aus Respekt vor dem Herrscherhaus, sondern auch, weil sie es wollten: So konnten sie sich von den mühseligen Pflichten fernhalten, die ein Pharao auf sich nehmen musste: Könige und Gesandte anderer Länder empfangen, wenn nötig an der Spitze seines Heeres Feldzüge unternehmen und Kriege führen, bei den hohen Festtagen in den schweren Gewändern stundenlang bei Zeremonien zu Ehren der Götter mit ernsthafter Miene Würde zeigen. Die Berater hatten ein angenehmes, ruhiges, unbeschwertes Leben im Schatten des ruhmreichen Pharaos.

Ein solch schönes Leben konnten sie sich leisten, weil sie wussten, wie man den Zeitpunkt des Nilhochwassers berechnen konnte. Sie beobachteten die Sterne, die über der Wüste Ägyptens Nacht für Nacht

Erst die Null macht Zahlen groß

glanzvoll strahlten. Und sie stellten fest, dass immer nach dem Erscheinen eines besonders hellen Sterns knapp vor Sonnenaufgang, des Sirius im Sternbild der Hunde, der Nil über die Ufer trat. Diese besondere Zeit des Jahres hieß Hundstage, ein Name, der sich bis in die Gegenwart erhalten hat. Vor allem aber verstanden die Berater des Pharaos etwas, das sonst niemand in Ägypten beherrschte:

Sie konnten zählen.

Nicht nur bis acht oder bis zwölf, das werden die Bauern auch gekonnt haben, sondern weit über hundert, zweihundert, dreihundert hinaus. Dies verstanden damals sicher nur ganz wenige Menschen. Denn fast niemand konnte schreiben, und große Zahlen wie 365 oder 1460 hat man nur dann im Griff, wenn man sie aufzuschreiben versteht.

Tatsächlich waren zuerst diese beiden die entscheidenden Zahlen, die den Beratern des Pharaos zu ihrer Macht verhalfen.

Die Bedeutung der Zahl 365 liegt auf der Hand: Die Priester und Schriftgelehrten Ägyptens wussten, dass es fast genau 365 Tage von einem heliaktischen Aufgang des Sirius bis zum nächsten dauert. So viele Tage umfasst daher das ägyptische Jahr. Die Berater hatten ihre Beobachtungen des Himmels über die Jahrzehnte allerdings sehr sorgfältig vollzogen und ein noch tieferes Geheimnis gelüftet: Schleichend verzögert sich der Aufgang des Sirius so, dass er sich gleichsam jedes vierte Jahr um einen Tag verspätet. Dieses zusätzliche Wissen behielten sie für sich, die Dauer des ägyptischen Jahres teilten sie freizügig dem ganzen Volke mit. Um es den Zahlenunkundigen beibringen zu können, unterteilten sie das Jahr in zwölf Monate und jeden Monat in drei Dekaden, wobei eine Dekade aus zehn Tagen besteht. Somit bestanden alle Monate aus 30 Tagen. Die Gesamtheit der zwölf Monate umfasst 360 Tage. Und wenn die zwölf Monate vorüber waren, fügten die Ägypter zum Jahresabschluss fünf feierliche Zusatztage ein. So gelangten sie zu den 365 Tagen des ägyptischen Jahres[1].

Das Geheimnis des vierten Jahres

Die genaue Kenntnis darüber, wann der Sirius aufgeht, behielten die Berater für sich: Jedes vierte Jahr war es ein anderer Tag, an dem verkündet wurde, dass der Sirius das Kommen des Nils anzeigt. Den Bauern war das ein Rätsel, den Beratern hingegen nicht. Sie wussten: Nach vier Jahren ereignet sich der Aufgang des Sirius um einen Tag später. Nach zehn mal vier Jahren, also nach 40 Jahren, daher schon um eine Dekade später. Nach 30 mal vier Jahren, also nach 120 Jahren, somit um einen Monat später. Und wenn vier mal 365 Jahre vergangen sind, das sind 1460 Jahre, dann ist der große Zyklus zu Ende: jener von den Priestern nach der Göttin Sothis benannte Zyklus, an dem jeder Tag des Jahres an jeweils vier aufeinanderfolgenden Jahren als Tag des Aufgangs des Sirius gefeiert wurde. Doch niemand, außer den Gebildetsten der Schriftgelehrten, konnte mit einer so großen Zahl wie 1460 verfahren.

Und die Schriftgelehrten waren darauf bedacht, dass es so für immer bleiben möge. Also ließen die Zahlenkundigen das Volk im Glauben, der Pharao erführe immer aufs Neue von den Göttern den genauen Zeitpunkt der Anschwellung des Nils. Selbst als im Jahr 237 v. Chr. – drei Generationen, nachdem Alexander der Große mit seinem griechischen Heer Ägypten erobert hatte, die nach ihm benannte Stadt Alexandria mit ihrer weltberühmten Bibliothek gegründet war und mehr Menschen als je zuvor zu lesen, zu schreiben und zu rechnen verstanden – der Pharao Ptolemäus III., auch er ein hochgebildeter Grieche, jedes vierte Jahr einen Schalttag einführen wollte, wehrte sich die Priesterschaft Ägyptens energisch dagegen. Sie setzte nach des Ptolemäus Tod sein Dekret wieder außer Kraft. Denn dann wäre der Nil immer an den gleichen Tagen des Jahres über die Ufer getreten, die Bevölkerung hätte die Weissagungen des Pharaos nicht mehr gebraucht, die Schriftgelehrten hätten ihren Einfluss verloren.

Große Zahlen bedeuten große Macht.

Die mächtigen Zahlen des Drachen Tiamat

Blickten in Ägypten die Zahlenkundigen auf den Sirius, so verfolgten die Astronomen des Zweistromlandes, der Wüstengegend, durch die Euphrat und Tigris als lebenspendende Ströme fließen, den Lauf der beiden auffälligsten Gestirne des Himmelszeltes: der Sonne und des Mondes. Beide gehen in östlicher Richtung auf, erreichen im Süden ihren höchsten Punkt über dem Horizont und gehen in westlicher Richtung unter. Wir wissen heute, dass diese scheinbare Bewegung durch die Drehung der Erde vom Westen zum Osten um ihre eigene Achse entsteht. Auch das ganze Himmelsgewölbe führt innerhalb von 24 Stunden diese scheinbare Drehbewegung von Osten nach Westen durch.

Allerdings bleiben Sonne und Mond nicht an ihrem Ort am Himmelszelt verankert, sondern durchlaufen entlang der Himmelskugel nahe beieinanderliegende Kreise, welche die Sonne beziehungsweise den Mond entlang der zwölf Sternzeichen Widder, Stier, Zwillinge, Krebs, Löwe, Jungfrau, Waage, Skorpion, Schütze, Steinbock, Wassermann und Fische führen. Der Kreis auf der Himmelskugel, den die Sonne durchzieht, heißt Ekliptik. Das Wort stammt vom griechischen ekleípein und bedeutet „verschwinden". Warum dieser eigenartige Name gewählt wurde, werden wir bald verstehen. Ziemlich genau 365 Tage und einen Vierteltag benötigt die Sonne, um die Ekliptik zu durchlaufen. Wenn ein Astronom des alten Babylon den Stand der Sonne anvisierte und genau zwölf Stunden später entlang dieser Visierlinie auf das Sternenzelt blickte, wusste er, welches der zwölf Sternzeichen der Sonne genau gegenübersteht.

Unser modernes heliozentrisches Weltbild lehrt, dass nicht die Sonne entlang der Ekliptik läuft, sondern dass sich die Erde im Laufe eines Jahres einmal um die Sonne bewegt. Es sind die verschiedenen Positionen entlang der Erdbahn, die bewirken, dass sich die Sonne entlang der Ekliptik scheinbar vor die Sternzeichen stellt.

Die mächtigen Zahlen des Drachen Tiamat

Der Mond hingegen umrundet tatsächlich die Erde, und seine Bahn entlang des Sternenzeltes ist ebenfalls eine geschlossene Kreislinie, die er sehr schnell, nämlich innerhalb von 27 Tagen und knapp acht Stunden, einem sogenannten siderischen Monat, durchläuft. Weil aber in dieser Zeitspanne auch die Sonne scheinbar entlang der Ekliptik weitergewandert ist, wird der Mond nach diesem siderischen Monat nicht im gleichen Winkel von der Sonne beleuchtet. Um gegenüber der Sonne wieder die gleiche Position einzunehmen, braucht der Mond ein wenig länger, nämlich den sogenannten synodischen Monat, der ziemlich genau 29 Tage und zwölf Stunden dauert. Nach einem synodischen Monat sieht man den Mond wieder in der gleichen Phase. Die Monate, welche die Astronomen des Zweistromlandes zur Einteilung der Zeit definierten, richteten sich nach diesen Mondphasen: Sie dauerten abwechselnd 29 und 30 Tage. Immer bei Vollmond feierte das Volk des Zweistromlandes seine Götter und pilgerte zu den Tempeln. Man machte sich nicht während des glühend heißen Tages auf den mühsamen Weg, sondern in der angenehm kühlen Nacht. Und um sich nicht zu verlaufen, benötigte man das Licht des Mondes. Auch der jüdische Festkreis ist auf den Vollmond ausgerichtet: Pessach, das Fest, bei dem der Befreiung aus dem ägyptischen Joch gedacht wird, wird am Vollmond des ersten Frühlingsmonats Nissan gefeiert. Und das Osterfest, das sich am jüdischen Pessach orientiert, ist auf den Sonntag danach festgesetzt.

Der Kreis, den der Mond auf dem Himmelszelt durchläuft, führt auch durch die zwölf Sternzeichen des Tierkreises. Er stimmt aber nur fast, nicht genau mit der Ekliptik überein. Fiele die Mondbahn präzise mit der Ekliptik zusammen, erblickten wir bei jedem Neumond eine Sonnenfinsternis, weil sich der Mond, dessen von der Erde abgewandte Seite bei Neumond von der Sonne beschienen wird, direkt vor die Sonne schöbe und sie verdeckte. Und wir erblicken bei jedem Vollmond eine Mondfinsternis, weil zu diesem Zeitpunkt die Erde genau in den Strahl von der Sonne zum Mond träte und ihren Schatten auf den Mond würfe. Weil jedoch die Mondbahn zur Ekliptik in einem Winkel von rund fünf Grad geneigt ist, kommt es bei Neumond nur selten zu einer Sonnenfinsternis und bei Vollmond nur selten zu einer Mondfinsternis.

All dies war den babylonischen Gelehrten bekannt – das Volk selbst wusste davon nichts.

Mit großer Präzision vermaßen die Astronomen die Bahn des Mondes von ihren Zikkuraten aus, den gestuften Tempeltürmen, die sie nicht nur über den Dunst der Stadt, sondern auch über das gemeine Volk erhoben. Zur einen Hälfte liegt die Mondbahn über der Ekliptik, zur anderen Hälfte liegt sie unter ihr. An zwei diametral gegenüberliegenden Stellen auf der Himmelskugel schneidet die Mondbahn die Ekliptik. Diese zwei Punkte auf der Ekliptik heißen die Knoten der Mondbahn. Die babylonischen Gelehrten nannten sie den „Drachenkopf" und den „Drachenschwanz".

Denn, so erzählten die Gelehrten ihren staunenden Zuhörern, auf dem Himmelszelt haust der geheimnisvolle Drache Tiamat. Wo sein Kopf lauert, beginnt die Mondbahn sich über die Ekliptik zu heben. Wo auf der Gegenseite der Himmelskuppel sein Schwanz ist, stößt die Mondbahn wieder auf die Ekliptik und sinkt unter sie. Und manchmal, zu einer Zeit, die nur die Götter kennen, verschlingt der Drache mit seinem Kopf die Sonne. Oder der Drache schnürt mit seinem Schwanz die Sonne ein.

Angsterfüllt fragten die Zuhörer die gelehrten Priester: „Was geschieht, wenn der Drache mit seinem Maul die Sonne verschlingt, wenn sein Schwanz die Sonne erdrückt?"

„Die Sonne verschwindet, Finsternis bedroht uns", antworteten die Priester.

„Und wann wird dies geschehen?"

„Wir müssen die Götter befragen, vielleicht geben sie uns die Antwort. Und wenn Ihr ihnen ein gefälliges Opfer darbietet, werden die Götter den Drachen bezwingen, so dass er die Sonne wieder freilässt und sie weiter auf uns scheinen kann."

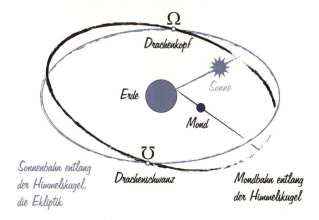

Abb. 1: Von der Erde aus gesehen scheint die Sonne während des Jahres eine durch die Tierkreiszeichen führende Bahn entlang der Himmelskugel zu ziehen, welche die Ekliptik heißt. Die scheinbare Mondbahn entlang der Himmelskugel ist zur Ekliptik ungefähr 5 Grad geneigt und wird vom Mond in einem (siderischen) Monat durchlaufen. Die Schnittpunkte der scheinbaren Mondbahn mit der Ekliptik heißen die Mondknoten Drachenkopf und Drachenschwanz. Nur wenn Sonne und Mond auf der Geraden vom Drachenschwanz zum Drachenkopf liegen, ereignen sich Finsternisse: Sind dabei Sonne und Mond auf gegenüberliegenden Seiten der Erde, erlebt man eine Mondfinsternis. Sind hingegen Sonne und Mond vor der Erde auf dem Sehstrahl des Beobachters zum Mondknoten, erlebt der Beobachter eine Sonnenfinsternis.

Aber statt die Götter zu befragen, beobachteten die Gelehrten mit ihren Visiergeräten haargenau den Mond: Präzise maßen sie die Zeitspannen, die der Mond auf seiner Himmelsbahn benötigt, um vom Drachenkopf zum Drachenschwanz und vom Drachenschwanz wieder zurück zum Drachenkopf zu gelangen. Ein voller Durchlauf ist ein klein wenig kürzer als der siderische Monat. Lange Listen dieser Zeitspannen dürften die Gelehrten angelegt haben. Denn sie verrieten ihnen, was sie dem Volk als Botschaft der Götter verkündeten: Nur wenn sich der Mond in einem der beiden Knotenpunkte befindet, kann sich eine Finsternis ereignen. Doch zugleich muss entweder Vollmond oder aber Neumond herrschen. Dafür ist die Zeitspanne von einem Vollmond zum nächsten maßgeblich, der den Astronomen Babylons wohlbekannte synodische Monat. Mit diesem Wissen konnten die Gelehrten Babylons Sonnenfinsternisse vorausberechnen: Sie finden nur dann statt, wenn sich der Neumond im Drachenkopf oder im Drachenschwanz befindet. Sie können zuweilen sehr lange auf sich warten lassen. Von einer totalen oder ringförmigen Sonnenfinsternis bis zur nächsten über einem bestimmten Ort der Erde muss man im Schnitt 140 Jahre ausharren. So selten dieses Ereignis ist, so faszinierend ist es – und für Menschen, die es sich nicht erklären können, erschreckend.

Am 4. Juli 587 v. Chr. herrschte Vollmond, und zusammen mit vielen anderen beobachtete der griechische Philosoph Thales von Milet in dieser Nacht eine Mondfinsternis. Irgendwie ist es Thales gelungen, den babylonischen Gelehrten das Zahlengeheimnis des Drachen Tiamat zu entlocken: 23 Monate und einen halben Monat später, so verrieten sie ihm, werde der Neumond, nachdem er bereits fünfundzwanzig Mal durch den Drachenkopf und fünfundzwanzig Mal durch den Drachenschwanz gelaufen sein wird, sich zusammen mit der Sonne im gegenüberliegenden Mondknoten befinden und dort eine Sonnenfinsternis hervorrufen. Jetzt brauchte Thales nur mehr zu rechnen: 23 ½ synodische Monate sind 693 Tage, um 37 Tage weniger als zwei Jahre. Folglich wird die Sonnenfinsternis 37 Tage vor dem 4. Juli 585 v. Chr., also 33 Tage vor dem 30. Juni 585 v. Chr., folglich am 28. Mai 585 v. Chr. stattfinden.

Man stelle sich vor: Ein babylonischer Priester spricht zu seinem Volk und sagt:

Zahl und Schrift

„Morgen wird der Drache Tiamat die hell leuchtende Sonne mit seinem Maul verschlingen. Schwärze wird sie umhüllen, der Himmel sich verfinstern, Dämmerung einbrechen, Düsternis herrschen. Aber wir haben zu den Göttern gebetet. Die Götter werden dem Drachen gebieten, die Sonne wieder freizulassen. Preist die Götter und bringt in den Tempeln Eure Opfer dar!"

Am nächsten Tag geht kein Bürger Babylons in Ruhe seiner Arbeit nach, alle starren gebannt in den Himmel. Und wirklich: Die Sonne verfinstert sich, wie es der Priester verkündete, und nach Minuten der Düsternis tritt sie wieder aus dem unheimlichen Schatten hervor. Für sein weiteres Dasein und das Dasein seiner Kinder und Kindeskinder hat der Priester mit der Erfüllung seiner Prophezeiung ausgesorgt. Keiner der Babylonier würde es wagen, an seiner Autorität zu zweifeln.

In Wahrheit steckt hinter seiner Vorhersagekraft nichts anderes als Rechenfertigkeit mit großen Zahlen.

Der Legende nach soll Thales tatsächlich die Sonnenfinsternis des 28. Mai 585 v. Chr. vorhergesagt haben. Aber er beförderte nicht mehr wie die Gelehrten Babylons den Aberglauben, sondern bekundete erstmals, dass er sein Wissen dem Vermögen verdankte, mit großen Zahlen rechnen zu können. Es sind nüchterne Zahlen, die sich hinter der magischen Geschichte des Drachen Tiamat verbergen. Allerdings so große Zahlen, dass sie dem lese- und rechenunkundigen Volk unverständlich blieben.

Zahl und Schrift

Mit Zahlen umgehen zu können, war in alter Zeit das Tor zu einem reichen und sorgenfreien Leben. Ägyptische Vermessungsbeamte hatten bereits einen wichtigen Schritt zu diesem Ziel getan: Sie konnten mit Zahlen hantieren, die über ein Dutzend hinausgingen und bei einigen Hundert endeten. So weit musste man rechnen können, um den Bauern die Felder nach den Anzahlen der Klafter, die diese Felder lang und breit waren, zuteilen zu können. Auch um die Getreidesäcke zählen zu können, welche die Bauern ablieferten. Und die Ochsenkarren, die das Getreide zu den Kornkammern lieferten. Aber ein wirklich großes Lebensziel hatte jener Beamte und Schreiber des alten Ägypten erreicht, der sogar über mehrere Hundert, ja über tausend hinaus zu zählen und zu rechnen verstand. Dann durfte er erwarten, einmal in den Hof des Allerhöchsten, zum Pharao, vorgelassen zu werden.

Das Zählen der Ägypter, aber auch das der anderen frühen Hochkulturen, das der Babylonier, der Mayas, der Chinesen, endete im Allgemeinen in Größenordnungen von ein paar Tausend. Beamte und Händler brauchten im alltäglichen Geschäft damals – ganz im Unterschied zu heute – nicht an Millionenbeträge zu denken. Und wenn wirklich im wahrsten Sinne des Wortes Unsummen zu bewältigen waren, bündelten die Rechenmeister bestimmte Mengen zu neuen Einheiten. So wie wir es auch heute noch tun, wenn wir von Dutzenden sprechen, große Entfernungen in Kilometern und nicht in Metern, große Massen in Tonnen und nicht in Gramm messen.

Auch die Zahlzeichen der alten Kulturen kommen kaum über ein paar Tausend hinaus. Nur zuweilen findet man Symbole für etwas viel Größeres, das aber zugleich als so groß gedacht wird, dass man es bloß bewundern, aber nicht mehr vernünftig mit ihm rechnen kann. Es steht einfach für eine Zahl, die alle menschliche Vorstellungskraft übersteigt, vielleicht nur den Gottheiten zugänglich ist.

Heute kennen nur mehr Experten der Frühgeschichte und Spezialisten der Hochkulturen des Orients und der Antike diese alten Zahlensymbole. Auch wissen nur wenige, dass zum Beispiel die Griechen in der Zeit der Antike ihre Buchstaben zugleich als Zahlzeichen verwendeten. Der erste Buchstabe A, alpha, steht zugleich für 1, der zweite

Zahl und Schrift

Buchstabe B, beta, für 2, der dritte Buchstabe Γ, gamma, für 3, und so geht dies fort bis zum Buchstaben I, jota, der für 10 steht. Dann zählten die Griechen in Zehnerbündeln weiter: Die auf jota folgenden Buchstaben K, kappa, Λ, lambda, M, my, stehen für 20, 30, 40. Wenn sie ΛB schrieben, meinten sie 32, und wenn sie KΓ schrieben, meinten sie 23. Und nach den Zehnerbündeln benannten die letzten Buchstaben Hunderter: P, rho, symbolisiert 100, Σ, sigma, symbolisiert 200, T, tau, symbolisiert 300 und so weiter. Mit den 24 Buchstaben ihres Alphabets, wobei noch drei Sonderzeichen, archaische Buchstaben ihrer eigenen Frühgeschichte, hinzukamen, gelang es ihnen, die für ihr tägliches Geschäft nötigen Zahlen zu schreiben.

Allgemein bekannt ist, wie die Römer die Zahlen bezeichneten. Noch heute lehren wir unsere Kinder, wenn wir zum Beispiel bei Stadtspaziergängen an Inschriften alter Denkmäler vorbeikommen, die römischen Zahlzeichen. Auch sie bestehen aus Buchstaben. Allerdings vermengt mit einer sehr leicht verständlichen Zeichensprache: I ist nicht bloß ein Buchstabe, sondern zugleich ein Strich, der für 1 steht. Dass die Römer dann II, III und IIII für 2, 3 und 4 schrieben, ergibt sich unmittelbar aus dieser Strichsymbolik. Und auch V ist nicht bloß ein Buchstabe – der, nebenbei bemerkt, im alten Rom zugleich für U steht –, sondern zugleich das Symbol einer Hand, bei der die vier Finger und der Daumen voneinander weggestreckt sind, also das Symbol für die Zahl 5. Und aus zwei solchen „Händen", die zweite verdreht und unter die erste gesetzt, bildeten sie den Buchstaben X, der für die Zahl 10 steht.

Noch im Mittelalter schrieb man in unseren Breiten alle Zahlen nur in römischen Zahlzeichen. Borgte sich ein Bürger von einem anderen einen bestimmten Betrag Geld, ritzte man die Anzahl der verliehenen Gulden in ein kleines Brett, das man das Kerbholz nannte. Das Wort „Zahl" selbst hieß im Althochdeutschen dal. Das englische Wort tell, welches nicht nur „er*zähl*en" bedeutet, sondern früher auch „zählen" bedeutete, ist damit verwandt. Das althochdeutsche dal ist sprachverwandt mit dem Wort Delle, denn damals verbanden die Menschen Zahlen mit dem Bild von Kerben, die in Hölzer geritzt wurden und Geldbeträge symbolisierten. Und zuweilen behauptete ein Schuldner, er sei seinem Gläubiger nur fünf Gulden schuldig, obwohl die Zahl zehn auf dem Kerbholz eingeritzt sei. Der Gläubiger habe ihm „ein X für ein U vorgemacht", also die Striche des Zahlzeichens V nach unten zu einem X verlängert. Diese Redeweise ist uns bis heute erhalten geblieben.

Das römische Zahlzeichen für 100 lautet C. Denn centum ist das lateinische Wort für „hundert". Und wenn man nur die untere Hälfte dieses Buchstabens ritzt, verbleibt ein Symbol, das dem Buchstaben L ähnelt, darum steht L als römisches Zahlzeichen für die Hälfte von 100, also für 50. Das römische Zahlzeichen für 1000 lautet M. Denn mille ist das lateinische Wort für „tausend". Doch in den Anfängen der römischen Geschichte schrieben die Römer statt des M den griechischen Buchstaben Φ, phi. Sie notierten ihn, indem sie direkt an ein C ein I setzten und gleich danach ein gespiegelt geschriebenes C, also CIↃ. Wenn man dies zu einem einzigen Symbol verbindet, erhält man CD, ein stilisiertes M. Und als rechte Hälfte davon bleibt IↃ übrig, ein Zeichen, das an den Buchstaben D erinnert. Darum ist D die römische Abkürzung für 500.

So weit sind die römischen Zahlzeichen uns allen bekannt. Wie aber zählten die Römer über 4999, das sie noch mühselig als MMMM DCCCCLXXXXVIIII notieren konnten, hinaus? (Dass man statt IIII einfacher IV, statt VIIII einfacher IX, statt XXXX einfacher XL, statt LXXXX einfacher XC, statt CCCC einfacher CD und statt DCCCC einfacher CM schrieb, die Zahl 4999 also als MMMMCMXCIX – immer noch umständlich genug – abkürzte, hat sich erst relativ spät eingebürgert.) Und wie konnte ein römischer Finanzminister Zehntausende, gar Hunderttausende von Sesterzen in seiner Buchhaltung notieren?

Zahl und Schrift

Eine Lösung bestand darin, dass man die Zeichen C, die für die Darstellung von 500 und 1000 dienten, einfach öfter schrieb: Steht IƆ für fünfhundert, so bezeichnen die Symbole IƆƆ und IƆƆƆ die Zahlen fünftausend und fünfzigtausend. Und steht CIƆ für tausend, so bezeichnen die Symbole CCIƆƆ und CCCIƆƆƆ die Zahlen zehntausend und hunderttausend.

Doch all dieser Finessen zum Trotz: Mühsam war das Schreiben von Zahlen mit römischen Zeichen allemal. Noch mühsamer aber war das Rechnen mit diesen Zeichen. Addieren und Subtrahieren mit römischen Zahlzeichen mag ja noch angehen. Wobei die Römer ein Rechengerät, den Abakus, zur Verfügung hatten, der ihrer Zahlenschreibweise entgegenkam. Aber das Multiplizieren ist mit römischen Zahlzeichen kein einfaches Unterfangen: Wie kann man ermitteln, was LVII, also 57, mit LXXV, also mit 75, multipliziert ergibt?[2] Das Dividieren mit römischen Zahlzeichen gar war eine wahre Kunst. Sie wurde an den besten Universitäten des Mittelalters gelehrt.

Selbst die wenigen Menschen höheren Standes, die im Mittelalter lesen und schreiben lernten und denen die römischen Zahlzeichen bekannt waren, konnten wohl nur Zahlen addieren und subtrahieren. Das Multiplizieren und das Dividieren waren ihnen sicher unzugänglich. Es gab aber eine eigene Gilde auserlesener Gelehrter, sogenannter Cossisten, die in den Städten als Rechenmeister angestellt waren, um gegen Bezahlung für die Stadtverwaltung, für die Gewerbetreibenden und für die Kaufleute zu rechnen. Oft galt es, Multiplikationen und Divisionen auszuführen. „Che cosa?", fragte damals die steinreiche Philippine Welser den Rechenmeister, „was ist das Ergebnis"? Sie ruft ihn einen „Cossisten" und entlohnt ihn dafür fürstlich, denn er berechnet, was „cosa", was „Sache" ist.

Mit Mathematik beginnt die Aufklärung

Nach 1550 verdarb einer der klügsten unter den Rechenmeistern nördlich der Alpen, der aus Staffelstein bei Bamberg stammende Gelehrte Adam Ries, den Kollegen seiner Zunft ihr einträgliches Geschäft. Denn Adam Ries veröffentlichte ein Buch – geschrieben in deutscher Sprache, damit jede Bürgerin und jeder Bürger es lesen könne –, worin er das Rechnen, auch das Multiplizieren und das Dividieren, lehrte.

In diesem Buch erläutert Adam Ries im ersten Kapitel, „Numerirn", also „Zählen", übertitelt, dass man statt der so mühseligen römischen Zahlzeichen eine viel einfachere und bequemere Schreibweise für die Zahlen einüben sollte: Sehr sorgfältig erklärt er die arabischen Ziffern 1, 2, 3, 4, 5, 6, 7, 8, 9, die für die ersten neun Zahlen stehen. Er verdeutlicht, dass man noch eine zehnte Ziffer, die Null, benötigt, um noch größere Zahlen aufschreiben zu können, und führt seine Leserinnen und Leser in die Geheimnisse des Dezimalsystems ein: In einer Zahl besitzt jede Ziffer einen Stellenwert. In 4205 hat zum Beispiel 5 den Stellenwert einer Einer-, 0 den Stellenwert einer Zehner-, 2 den Stellenwert einer Hunderter- und 4 den Stellenwert einer Tausenderziffer. Adam Ries zeigt damit zugleich, wie wichtig die Null als Ziffer ist. Denn 4205 ist eine ganz andere Zahl als 425 und auch eine ganz andere Zahl als 4250 oder gar 42 050.

Die nächsten Kapitel, mit „Addiren", also Addition, „Subtrahirn", also Subtraktion, „Multiplicirn", also Multiplikation, und „Dividirn", also Division, übertitelt, erklären, wie man mit diesen, in arabischen Zahlzeichen geschriebenen Zahlen die Grundrechnungen durchführt. Die Methode des Adam Ries entspricht genau jener, die noch heute unsere Kinder in den Grundschulen lernen. Vor allem kommt es ihm darauf an, dass man die Methode nicht bloß ungefähr begreift, sondern dass man sie an einer Unzahl von Beispielen übt, um sie sicher beherrschen zu können.

Mit Mathematik beginnt die Aufklärung

Den Abschluss des Buches bildet ein Kapitel, das mit „Regula Detri" überschrieben ist. Hier erklärt Ries den sogenannten „Dreisatz", oder, wie man in Österreich und im süddeutschen Raum sagt, die „Schlussrechnung", das Herzstück aller in der Wirtschaft wichtigen Rechnungen.

Die Aufgabe besteht immer aus drei Sätzen, zwei Aussagen und einer Frage: „Fünf Maurer errichten in fünf Tagen eine fünf Meter lange Mauer. Jetzt arbeiten zehn Maurer zehn Tage lang. Wie lang ist die Mauer, die sie errichten?" „6 Ellen Stoff kosten 42 Kreuzer. 91 Kreuzer werden bezahlt. Wie viel Stoff wurde gekauft?" Fragen dieser Art werden zuhauf gestellt, und Adam Ries zeigt geduldig und ausführlich, wie man ihnen beikommt.

Das Buch des Adam Ries verkaufte sich prächtig. Noch zu seinen Lebzeiten wurde es in mehr als hundert Auflagen gedruckt. Nach dem Werk des Adam Ries hatten die Cossisten ausgedient. Niemand brauchte sie mehr, denn nahezu jede und jeder konnten von da an selber rechnen.

Geistesgeschichtlich kann man die Leistung des Adam Ries nicht hoch genug einschätzen. Zum ersten Mal erlebten die Menschen, dass sie nicht mehr von geldgierigen Gelehrten abhängig waren, die geheimnisvoll Berechnungen durchführten, welche wichtig waren, jedoch dem gemeinen Volk verborgen blieben. Nun gab es diese Geheimnisse nicht mehr. Niemand brauchte mehr Rechenmeister zu bezahlen. Alle konnten das Rechnen genauso leicht lernen wie das Schreiben und das Lesen. Adam Ries befreite die Bürgerinnen und Bürger aus ihrer Unmündigkeit, sie erlebten nach dem Mittelalter zum ersten Mal *Aufklärung*.

Wenn zuweilen provokant gefragt wird, warum Mathematik in der Schule unterrichtet wird, so lautet die Antwort in Hinblick auf diese Geschichte: *Weil Mathematik das erste und das erfolgreichste Projekt der Aufklärung ist.*

Erst die Null macht Zahlen groß

Doch Adam Ries war nicht der Erste, der arabische Zahlzeichen in Europa einzuführen versuchte. Lange vor ihm, zu Beginn des 13. Jahrhunderts, hatte der italienische Mathematiker Fibonacci ein Buch mit dem Titel „Liber Abaci" veröffentlicht, worin erstmals außerhalb des arabischen Raumes die Ziffern und das Stellenwertsystem erklärt wurden. Doch was den Verkaufserfolg betraf, war Fibonaccis Buch ein glatter Reinfall: Es wurde kaum gelesen. Womöglich lag es einerseits an der damals viel schwierigeren Verbreitung, der Buchdruck war noch nicht erfunden, andererseits an der lateinischen Sprache, in der es geschrieben war und die nicht mehr die Sprache des Volkes war.

Viele Jahrzehnte vor Fibonacci war der französische Geistliche Gerbert d'Aurillac im Zuge seiner Studien an den Universitäten von Cordoba und Sevilla mit den arabischen Zahlzeichen in Berührung gekommen. Im Jahre 999 wurde Gerbert zum Papst gewählt und nahm den Namen Sylvester II. an. Doch das Wesentliche bei seinem Studium der Zahlen hatte seine Heiligkeit damals nicht verstanden: was es nämlich mit der eigenartigen Ziffer 0 auf sich hat.

Tatsächlich ist Null eine Zahl voller Rätsel. Aber für das Darstellen der Zahlen ist an ihr allein wichtig, dass man mit der Null mühelos riesige Zahlen erschaffen kann: 1 000 000 ist eine Million, 1 000 000 000 eine Milliarde, 1 000 000 000 000 eine Billion und so weiter. Da es bei noch größeren Zahlen umständlich ist, alle Nullen anzuschreiben, kürzt man ihre Anzahl einfach durch eine hochgestellte Zahl ab: 10^6 steht für eine Million, 10^9 für eine Milliarde und so weiter.

Wobei nicht außer Acht gelassen werden darf, dass man im englischsprachigen Raum die großen Einheiten ganz anders nennt: Zwar bleibt 10^6 ähnlich wie im Deutschen „one million", aber 10^9 ist bereits „one billion" und 10^{12} heißt „one trillion". Dass man „billion" mit „Milliarde" und „trillion" mit „Billion" zu übersetzen hat, kann auch bei sonst hochgebildeten Menschen zuweilen zu heillosen Verwirrungen Anlass geben. Bei Fachleuten, die alltäglich mit astronomisch großen

Zahlen zu tun haben, spielen allerdings die Namen, seien es Million, Milliarde, Billion, Billiarde, Trillion im Deutschen, seien es million, billion, trillion, quadrillion, quintillion im Englischen, praktisch keine Rolle. Sie sprechen einfach nur von „zehn hoch elf", wenn sie 10^{11}, also hundert Milliarden, eine 1 mit elf Nullen, meinen. So kommt es nie zu Irrtümern beim Übersetzen.

Allerdings: Sich zum Beispiel hundert Milliarden Euro so vorstellen zu können wie zehn oder hundert Euro, bleibt ein Ding der Unmöglichkeit. Man darf mit Recht jemanden, der einige Millionen Euro sein Eigen nennt, wohlhabend nennen. Auch der Milliardär ist wohlhabend, sogar immens reich, aber Geld hat für ihn eine völlig andere Bedeutung als für einen Millionär. Geld wird in zunehmender Menge abstrakter. Niemand, der Milliarden Euro besitzt, errichtet wie Dagobert Duck dafür einen Geldspeicher, worin die Münzen gehortet werden. Anscheinend bilden gigantische Summen Geldes eine gänzlich andere Währung als überschaubare. Dies war schon vor mehr als 500 Jahren, zur Zeit der Fugger so, die dem Kaiser für seine Unternehmungen riesiges Kapital zur Verfügung stellten und sich dabei ihrer Verantwortung als Bankiers eines ganzen Staatswesens bewusst waren. Ganz anders als die Prasser und Spieler, die es damals schon gab, mit ihrem vergleichsweise mickrigen und ohnehin ständig schrumpfenden Besitz.

Der Maharadscha und die große Zahl

Es ist bezeichnend, dass die berühmteste Geschichte, in der eine riesige Zahl die Hauptrolle spielt, aus Indien stammt, dem Land, in dem die Null und das Stellenwertsystem erfunden wurden. Es ist die Geschichte von den Reiskörnern und dem Schachbrett, die in verschiedenen Varianten erzählt wird. Wenn man sie wie eine Art Märchen fasst, lautet diese Geschichte so:

Erst die Null macht Zahlen groß

In ferner Vergangenheit regierte ein junger Maharadscha sein riesiges und fruchtbares Land. Er verliebte sich in eine wunderschöne Prinzessin. Die beiden heirateten, und dem glücklichen Paar stand eine wunderbare Zukunft bevor. Das Land wurde vom Maharadscha weise regiert, die Bauern ernteten gewaltige Mengen Reis, und alle Untertanen des Maharadschas lebten in Wohlstand und Zufriedenheit. Doch das Schicksal schlug böse zu: Die Prinzessin erkrankte schwer, kein Arzt konnte helfen, und innerhalb von wenigen Tagen starb sie. Die Trauer im Land war groß, aber die Trauer des verwitweten Maharadschas war unermesslich. Nichts schien ihn trösten zu können. Er vergaß unter seinen Tränen seine ganze Umgebung, sein ganzes Land, seine Aufgabe, für das Wohl seines Volkes zu sorgen. Und so kam es, dass immer weniger Ernten eingefahren wurden, immer weniger Geld verdient wurde, immer weniger Wohlstand herrschte. Die Verarmung der Bevölkerung nahm ungeahnte Ausmaße an. Die Höflinge des Maharadschas waren ratlos, wussten nicht, wie man den Verfall verhindern könne. Bis einer unter ihnen sich erinnerte, von einem weisen alten Mann gehört zu haben, der weit entfernt in einer Klause in den hohen Bergen wohnte und als der beste aller Ratgeber galt. Die Zeit drängte, man entschied, den weisen Mann an den Hof des Maharadschas zu rufen und ihn zu beauftragen, den Herrscher von seiner Trauer zu befreien und von seinem Schmerz über die verlorene Frau abzulenken.

Als der weise Mann in das Gemach des Maharadschas trat, trug er ein quadratisches Brett mit sich, das in acht mal acht quadratische Felder, abwechselnd schwarz und weiß gefärbt, unterteilt war: ein Schachbrett. Vor den tränenüberströmten Augen des Maharadschas, der ihm gegenübersaß, legte er das Brett auf den Tisch und stellte eigenartige Holzfiguren auf die Felder: acht sogenannte Bauern auf der vorletzten Reihe und auf der letzten Reihe von außen nach innen je zwei Türme, zwei Springer und zwei Läufer. Ganz im Inneren der letzten Reihe einen König, das Abbild eines Maharadschas, und eine Dame, das Ab-

Der Maharadscha und die große Zahl

bild seiner Frau. Die Figuren, die der weise Mann auf seiner Seite des Brettes aufstellte, waren schwarz, und dann stellte er die gleichen Figuren in Weiß in der gleichen Formation auf der Seite des Maharadschas auf. Der weise Mann erklärte wie in einem Selbstgespräch – der Maharadscha blickte scheinbar teilnahmslos zu, aber der weise Mann wusste sehr gut, dass er seine Worte genau hörte –, wie die einzelnen Figuren gezogen werden: die Türme zum Beispiel nur waagerecht und senkrecht, die Läufer nur schräg, der König majestätisch, aber schwerfällig, immer nur ein Feld weiter, die Dame jedoch – der Maharadscha horchte merkbar auf –, die Dame ist die mächtigste Figur: Sowohl waagerecht, wie auch senkrecht, wie auch schräg darf sie sich in alle Richtungen beliebig weit bewegen. Auch erläuterte der weise Mann die Bewegungen der Bauern und der Springer, wie Figuren geschlagen werden und was „Schach" und „Schachmatt" bedeuten.

„Wollen wir vielleicht eine Partie versuchen?", fragte dann der weise Mann charmant, und nach so viel Bemühungen um die Vorbereitung konnte der Maharadscha ihm diese Bitte nicht abschlagen. Also nickte er und begann mit dem ersten Zug. Unter der einfühlsamen Anleitung des weisen Mannes gelang es dem Maharadscha sogar, die Partie zu gewinnen. „Nun aber verlange ich Revanche", sagte der weise Mann, als er Schachmatt gesetzt wurde. Und in der zweiten Partie unterlag der Maharadscha. „Nun verlange ich Revanche", forderte darauf dieser, und der weise Mann willigte ein, aber erst für den Morgen des nächsten Tages. Für heute sei es genug, es gelte, die Tagesgeschäfte des Regierens zu erledigen.

Tatsächlich gelang es dem weisen Mann, den Maharadscha von seiner Trauer abzulenken. Wie früher wurde das Land wieder klug und gerecht regiert, der Wohlstand des Bevölkerung kehrte zurück, die Ernten waren wieder üppig und die Reislager überfüllt. Jeden Morgen spielten der Maharadscha und der weise Mann zwei Partien Schach, wobei sich der Maharadscha mit der Zeit zu einem begnadeten Schachspieler entwickelte. Und danach widmete sich der Maharadscha seinen Regierungsgeschäften und der weise Mann seinen Meditationen.

So ging es über Wochen und Monate, bis der weise Mann eines Tages dem Maharadscha eröffnete, dass er seine Aufgabe in diesem Land als erfüllt betrachte und wieder in die hohen Berge zurückkehren wolle. „Aber ich kann dich nicht ohne Lohn ziehen lassen", entgegnete ihm der Maharadscha, „wünsche dir, soviel du willst, ich werde es dir geben. Denn im Vergleich zu meiner Trauer, von der du mich erlöst hast, kannst du dir gar nicht zu viel wünschen."

„Unermesslich viel soll ich mir wünschen?", fragte der weise Mann. Als der Maharadscha mit heftigem Nicken bejahte, nahm der weise Mann ein Reiskorn und legte es auf das erste Feld links oben auf das Schachbrett. „Nun gib auf das jeweils nächste Feld doppelt so viel Reis wie auf das vorige, und den ganzen Reis, der sich auf dem Schachbrett stapelt, den magst du mir geben."

„So wenig!", empörte sich der Maharadscha, beruhigte sich aber gleich, weil ihm in den Sinn kam, dass der weise Mann zeit seines Lebens fast nichts besessen hatte und eine Schüssel Reis für ihn ein Vermögen bedeutete. Ein Diener wurde gerufen, er solle einen Löffel Reis bringen und die Körner nach der Regel auf die Felder legen, dass er links oben mit einem Korn beginnt und danach auf jedes folgende Feld doppelt so viel geben soll wie auf das vorherige. Also begann der Diener den Reis auf die oberste Reihe der ersten acht Felder aufzuteilen:

1, 2, 4, 8, 16, 32, 64, 128

Körner. Nachdem der Diener die 128 Körner abgezählt hatte – insgesamt wurden bisher 255 Körner verteilt –, war der Löffel leer. Darum kam auf das erste Feld der zweiten Reihe ein ganzer Löffel Reis. Und auf den folgenden Feldern musste die Menge verdoppelt werden. Daher hatte der Diener auf die acht Felder der zweiten Reihe

Der Maharadscha und die große Zahl

1, 2, 4, 8, 16, 32, 64, 128

Löffel Reis aufzuteilen. 128 Reislöffel, dies ist ein halber Topf Reis. Nun wurde bereits eine ganze Dienerschaft beauftragt, den Reis im Saal zu stapeln. Für die acht Felder der dritten Reihe waren

1, 2, 4, 8, 16, 32, 64, 128

Töpfe Reis herbeizuschaffen. Jetzt dämmerte dem Maharadscha, dass er dem weisen Mann eine große Menge Reis überlassen musste. Denn 128 Töpfe Reis, entsprechen schon einem 50 Kilogramm schweren Sack Reis. Ab nun begnügte man sich damit, nur die zur Verfügung zu stellende Menge Reis aufzuschreiben: Für die acht Felder der vierten Reihe waren es

1, 2, 4, 8, 16, 32, 64, 128

gewaltige Reissäcke, jeder 100 Kilogramm schwer. Auf dem letzten Feld muss man sich so viel Reis aufgestapelt denken, wie eine Kolonne von einem Dutzend Ochsenwägen, alle mit Reis beladen, tragen können.

Die Reisernte im Land des Maharadschas war dieses Jahr phänomenal. Vielleicht, so hoffte der Herrscher, würde es sich gerade noch ausgehen. Aber im Verlauf der Rechnungen, wie viel Reis auf die Felder der fünften Reihe zu stapeln sei, musste der Maharadscha aufgeben. Es war einfach zu viel.

Der weise Mann wusste es – wenigstens ungefähr. Mit Hilfe der Ziffer Null gelingt es, die Menge des Reises auf dem Schachbrett abzuschätzen: Auf dem ersten Feld ist nur ein Korn, und danach kommt es zum dauernden Verdoppeln. Die Zahl der Körner auf den nächsten zehn Feldern lautet daher:

2, 4, 8, 16, 32, 64, 128, 256, 512, 1024.

Auf dem 11. Feld sind daher 1024 Reiskörner. Wollen wir großzügig sein und statt 1024 nur 1000 Körner auf das elfte Feld legen. Dann ist die Zahl der Körner auf den folgenden zehn Feldern jeweils

2, 4, 8, 16, 32, 64, 128, 256, 512, 1024

mit 1000 multipliziert. Wenn wir, wie oben, den letzten Faktor 1024 großzügig durch 1000 ersetzen, finden wir daher auf dem 21. Feld mehr als $1000 \times 1000 = 1\,000\,000 = 10^6$ Körner. So geht dies weiter: Zehn Felder später, auf dem 31. Feld, sind mehr als $1000 \times 10^6 = 10^9$ Körner, weitere zehn Felder später, auf dem 41. Feld sind mehr als $1000 \times 10^9 = 10^{12}$ Körner, auf dem 51. Feld sind mehr als $1000 \times 10^{12} = 10^{15}$ Körner, und auf dem 61. Feld mehr als $1000 \times 10^{15} = 10^{18}$ Körner. Das ist eine Menge von mehr als einer Trillion Reiskörnern. Auf dem 62., 63. und 64. Feld kommen daher mehr als zwei Trillionen, vier Trillionen, acht Trillionen Reiskörner zu liegen. Die Summe der Zahlen aller Reiskörner auf dem ganzen Schachbrett beträgt daher mehr als 16 Trillionen. Wer es genau wissen will:[3] Die Summe der Zahlen aller Reiskörner auf dem ganzen Schachbrett lautet 18 446 744 073 709 551 615!

Wie geht die Geschichte vom Maharadscha und dem weisen Mann zu Ende? Wir wissen es nicht. Es mag sein, dass der Maharadscha dem weisen Mann, nachdem er bestürzt festgestellt hatte, dass er unmöglich mehr als 16 Trillionen Reiskörner auftreiben kann, die folgende Antwort gab:

„So viel Reis kannst du doch gar nicht in deine Klause bringen. Nicht einmal, wenn ich dir alle meine Diener als Träger zur Verfügung stelle."

„Du hast recht, das ist undenkbar", antwortete der weise Mann. „Würde man den Reis aufschichten, entstünde eine Pyramide, ähnlich den hohen Pyramiden von Gizeh im fernen Ägypten. Aber diese Pyramide wäre viel größer: Nicht 140 Meter, wie die Pyramide des Cheops, sondern fast fünf Kilometer wäre sie hoch. Mehr als 40 000-mal passte die Cheopspyramide in sie hinein."

Und nach einer langen Pause betretenen Schweigens erhob sich der weise Mann mit den Worten:

„Dich, erhabener Maharadscha, nicht nur Schach spielen, sondern auch lehren zu dürfen, was sich hinter Zahlenriesen verbirgt, ist mir Lohn genug." Sagte es, verbeugte sich und verließ Saal, Palast und Land des Maharadschas.

Die größten Zahlen der Natur

Von den kleinen zu den großen Zahlen

Niemand weiß, wie das Zählen in urgeschichtlicher Zeit begann. Sicher waren weder Eins noch Zwei die ersten Zahlen, die der Steinzeitmensch entdeckte. Denn bei Eins und bei Zwei zählte er nicht. Zwei gleichartige Dinge erfasste er sofort als ein Paar. Er brauchte sie nicht, gleichsam mit dem Finger auf die beiden zeigend, mit den Worten „eins", „zwei" abzuzählen. Vielleicht war Drei die erste und anfangs auch die einzige Zahl: Der Urmensch sieht ein Paar von Dingen, und noch ein weiteres Ding tritt hinzu. Drei steht daher für „zwei plus eins". Es muss den am Beginn des Denkens stehenden Menschen große Mühe gekostet haben, dies geistig zu fassen. Drei war für ihn schon *sehr* viel; nicht umsonst sind die französischen Wörter très, das „sehr" bedeutet, und trois, das „drei" bedeutet, verwandt. Kommt aber noch ein weiteres, viertes Ding hinzu, versagt dem Steinzeitmenschen die Vorstellungskraft. Jetzt sieht er einfach nur „viele". So gesehen war damals Drei nicht nur die erste, sondern zugleich die größte Zahl. Vier als Zahl gab es noch nicht. Der Urmensch zählt: „ein Paar und eins dazu: drei". Später zählt er wie in einem Gesang: „Eins, zwei, drei". Es ist der gleiche Rhythmus wie bei den Worten „Auf die Plätze, fertig, los", mit dem sportliche Wettkämpfe in Gang gesetzt werden. Mit dem Spruch „Eins, zwei, drei" waren neben der älteren Drei die Zahlen Eins und Zwei geboren.

Doch spätestens als die Menschen der Jungsteinzeit Haustiere hielten, waren sie gezwungen, über drei hinaus zu zählen. Wer nicht zählen konnte, bemerkte nicht, dass seine Schafherde immer kleiner wurde, wie sehr sich die Schafe auch vermehrten. Denn das Diebsgesindel in den umliegenden Wäldern raubte ihm hemmungslos die Tiere, bis schließlich nur mehr drei übrig blieben. Das aber bedeutete bereits den wirtschaftlichen Ruin. Darum galt schon damals der Leitspruch: Wer überleben will, muss zählen können.

Wenigstens sollte der Hirte die Zahl der Tiere mit den eigenen Fingerkerben, den Zwischenräumen zwischen den Fingern, vergleichen können. Eine Herde bis zu acht Tieren durfte man einem solchen Hirten anvertrauen. Eine neue Entdeckung war, dass man sogar über acht hinaus zählen kann. Die neue Zahl nach acht heißt darum auch neun; die Wörter „neun" und „neu" sind sprachverwandt. Im Lateinischen genauso: „novem" und „novum". Und das französische „neuf" bedeutet „neun" und „neu" zugleich. Ab jetzt zählte der Urmensch nicht die Kerben zwischen den Fingern, sondern die Fingerspitzen: Zehn wurde zur größten Zahl.

Doch danach gab es kein Halten mehr. Noch mehr Gliedmaßen als die Finger allein wurden zum Zählen verwendet. Es ist gut denkbar, dass in manchen Stämmen Finger- und Zehenspitzen fürs Zählen herangezogen wurden, so dass man zu zwanzig gelangt. In der französischen Sprache finden sich Fragmente dieses Brauchs: „quatre-vingt", das Wort für achtzig, bedeutet wortgetreu übersetzt „vier-zwanzig", meint also vier Bündel zu je zwanzig Stück. Für neunundneunzig lautet das französische Wort: quatre-vingt-dix-neuf, wortgetreu übersetzt: „vier-zwanzig-zehn-neun".

Die Wohlhabenden zählten sogar weit über hundert hinaus:

> Welcher Mensch ist unter euch,
> der hundert Schafe hat und, so er der eines verliert,
> der nicht lasse die neunundneunzig in der Wüste
> und hingehe nach dem verlorenen, bis dass er's finde?
> Und wenn er's gefunden hat,
> so legt er's auf seine Achseln mit Freuden.
> Und wenn er heimkommt,
> ruft er seine Freunde und Nachbarn und spricht zu ihnen:
> Freuet euch mit mir;
> denn ich habe mein Schaf gefunden, das verloren war.

Jesus muss beim Erzählen dieser Geschichte einen wunderbar zahlenkundigen Hirten vor Augen gehabt haben. Denn es ist bei einer Herde gar nicht so leicht zu erkennen, dass nicht hundert, sondern nur neunundneunzig Schafe vorhanden sind. Aber natürlich kam es Jesus nicht auf die genaue Zahl der Schafe an. Die Geschichte verlöre ihren Reiz, wenn er davon gesprochen hätte, dass einer 42 Schafe besitzt und plötzlich eines verliert. Seine Zuhörer wären durch die Zahl 42 – warum gerade diese und keine andere? – von der eigentlichen Botschaft der Geschichte abgelenkt worden, die ihnen der unglaublich begnadete Erfinder von Gleichnissen vermitteln wollte. Hundert steht einfach für „sehr viele".

Doch mehr als hundertmal muss man seinem Nächsten vergeben:

> Da trat Petrus zu ihm und sprach:
> Herr, wie oft muss ich denn meinem Bruder, der an mir sündigt, vergeben?
> Ist's genug siebenmal?
> Jesus sprach zu ihm:
> Ich sage dir: Nicht siebenmal, sondern siebzigmal siebenmal.

Die größten Zahlen der Natur

Wohl wird der Heiland gewusst haben, dass dem Petrus die Rechnung 70 × 7 zu schwer fällt. Und selbst wenn sie ihm gelungen wäre: Siebenmal zu verzeihen, das kann man sich mit ein wenig Mühe noch einzeln merken und sich danach vornehmen: Jetzt aber ist mit dem Vergeben Schluss. Aber bei siebzigmal siebenmal führt nur ein psychisch Gestörter eine Liste mit sich, in der er bei jedem Akt des Verzeihens einen weiteren Strich malt, um nach dem vierhundertneunzigsten Strich endgültig das Vergeben zu beenden.

Die Bibel schwelgt in großen Zahlen, die in der Zeit, als das Buch der Bücher verfasst wurde, über das Vorstellungsvermögen der Menschen hinausgingen:

> Als Jared hundert Jahre und zweiundsechzig Jahre gelebt hatte,
> zeugte er Chanoch,
> und nach Chanochs Erzeugung lebte Jared achthundert Jahre,
> er zeugte Söhne und Töchter,
> und aller Tage Jareds waren neunhundert Jahre und
> zweiundsechzig Jahre,
> dann starb er.
> Als Chanoch fünfundsechzig Jahre gelebt hatte,
> zeugte er Metuschalach,
> und nach Metuschalachs Erzeugung ging Chanoch dreihundert
> Jahre mit Gott
> und zeugte Söhne und Töchter,
> und aller Tage Chanochs waren dreihundert Jahre und
> fünfundsechzig Jahre.
> Chanoch ging mit Gott um,
> dann war er nicht mehr,
> denn Gott hatte ihn genommen.
> Als Metuschalach hundert Jahre und siebenundachtzig Jahre
> gelebt hatte,

zeugte er Lamech,
und nach Lamechs Erzeugung lebte Metuschalach
siebenhundert Jahre und zweiundachtzig Jahre,
er zeugte Söhne und Töchter,
und aller Tage Metuschalachs waren neunhundert Jahre und
neunundsechzig Jahre,
dann starb er.

365 Jahre lebte Chanoch hier auf Erden. Die Zahl 365 hängt sicher mit der Zahl der Tage des ägyptischen Jahres zusammen. Der Autor dieses Teils der Bibel will damit zum Ausdruck bringen, dass Chanoch „ein Mann zu jeder Jahreszeit" gewesen ist, in seinem ganzen Leben von der frühlingshaften Jugend bis in den Winter des Alters gottgefällig. Er ist zudem von den Urvätern zwischen Adam und Noah der einzige, von dem es nicht heißt, er sei gestorben, sondern nur, dass ihn Gott von dieser Erde hinwegnahm. Das sprichwörtlich biblische Alter des von Martin Buber und Franz Rosenzweig Metuschalach genannten Methusalem von 969 Jahren und das nur um sieben Jahre kürzere Alter seines Großvaters Jared übersteigen schließlich jegliche Vorstellungskraft.

Die Vermessung der Erde

Sobald die Menschen sesshaft wurden, lernten sie sehr schnell die elementarsten Begriffe der Geometrie. Sie wollten wissen, wie groß der Grund ist, den sie bewirtschafteten: Ein Bauer sieht vor sich eine Strecke. Um sie messen zu können, vergleicht er sie mit einer Längeneinheit, zum Beispiel einem Klafter, der bei ausgestreckten Armen von der einen Spitze der Hand zur anderen reicht. Wenn sein rechteckiges Beet einen Klafter breit und sieben Klafter lang ist, glaubt er sich gleich reich wie sein Nachbar, der ein quadratisches Beet bepflanzt, das vier

Die größten Zahlen der Natur

Klafter breit und lang ist. Denn im Umfang stimmen die beiden Beete überein: Bei beiden beträgt dieser 16 Klafter. Zuerst versteht es der Bauer nicht, dass sein Nachbar mehr als doppelt so viel erntet wie er selbst. Doch dann wird ihm bewusst, dass es nicht auf den Umfang, sondern auf den Flächeninhalt ankommt, und er begreift des Rätsels Lösung: In sein schmales rechteckiges Beet passen nur sieben Quadrate, jedes von ihnen mit einem Klafter Seitenlänge. In das quadratische Beet des Nachbarn jedoch viermal vier, also 16 derartige Quadrate.

Was für den Bauern mit seinen Feldern galt, das galt noch viel mehr für die Herrscher und Könige, die wissen wollten, über wie viel Land sie geboten. Bei ihren Feldzügen begleiteten sie die Geometer, die nach den gewonnenen Schlachten eifrig die Größe des eroberten Gebiets vermaßen.

Mit 6,2 Millionen Quadratkilometern war das von Alexander dem Großen in nur wenigen Jahren eroberte Weltreich gigantisch groß. Es erstreckte sich von Makedonien bis nach Indien, vom Kaspischen Meer bis zum Oberlauf des Nils. Erst das Imperium Romanum, das römische Weltreich, das unter Kaiser Trajan mit 8,3 Millionen Quadratkilometern seine größte Ausdehnung erfuhr, sollte es in der Antike noch übertreffen. Die Europäische Union ist im Vergleich dazu, obwohl sie von Skandinavien bis zum Mittelmeer, vom Atlantik bis zum Schwarzen Meer reicht, kleiner, nicht einmal 5 Millionen Quadratkilometer groß. Gleichgültig, ob sie über gewaltige oder über nicht so riesige Reiche verfügten, die einstigen Herrscher hätten gerne erfahren, wie viel von der ganzen Welt ihnen unterworfen war.

Eine Generation nach Alexander dem Großen gelang es Eratosthenes, dem Direktor der Bibliothek von Alexandria, die Größe der Erde zu messen: Am Mittag des 21. Juni jeden Jahres, wenn die Sonne am höchsten steht, warf der senkrecht errichtete Obelisk von Alexandria den kürzestmöglichen Schatten. Seine Länge ließ Eratosthenes genau vermessen und stellte aufgrund der ermittelten Daten fest, dass die

Sonnenstrahlen zur lotrechten Richtung des Obelisken einen Winkel von 7 Grad und 12 Minuten, modern gesprochen: von 7,2 Grad aufspannten. Eratosthenes war weiterhin aufgefallen, dass die Sonne 800 Kilometer südlich von Alexandria, in der Stadt Syene am Oberlauf des Nils, an diesem Tag genau im Zenit stand. Ihre Strahlen trafen senkrecht auf die Erde; sie spiegelten sich damals im Wasser des tiefen Brunnens von Syene. Der Schatten des Obelisken, so schloss Eratosthenes, kam durch die Krümmung der Erde zustande. Denn dass die Erde Kugelgestalt besitzt, war spätestens seit Aristoteles allen gebildeten Griechen bewusst. Der Bogen des Großkreises auf der Erdkugel durch Syene und Alexandria, der dem Winkel von 7,2 Grad entspricht, ist 800 Kilometer lang. Den ganzen, den vollen Winkel von 360 Grad umfassenden Großkreis erhält man, wenn man die 7,2 Grad mit 50 multipliziert. So errechnete Eratosthenes, wie lang der Umfang dieses Großkreises ist: 800 Kilometer mit 50 multipliziert, 40 000 Kilometer.

So einfach diese Rechnung scheint, mit so vielen Unwägbarkeiten ist sie behaftet:

Woher, so stellt sich die erste Frage, wusste Eratosthenes, dass die Sonnenstrahlen in Syene und in Alexandria zueinander parallel stehen? Exakt parallel sind sie nicht, denn die Sonne ist nicht unendlich weit von der Erde entfernt. Doch schon zur Zeit des Eratosthenes waren sich die Gelehrten sicher: Der Abstand der Sonne zur Erde ist so riesengroß, dass man getrost von parallelen Sonnenstrahlen ausgehen darf.

Doch ist Syene, so stellt sich die nächste Frage, wirklich genau im Süden von Alexandria gelegen? Die Antwort lautet: nein. Syene befindet sich ein paar Grad östlich von Alexandria. Dadurch hat Eratosthenes in Wahrheit einen etwas größeren Wert als 40 000 Kilometer ermittelt, aber der Fehler liegt nur im einstelligen Prozentbereich.

Wieso konnte, so die dritte Frage, Eratosthenes den Umfang des Großkreises in Kilometern benennen? Konnte er natürlich nicht. Die Längeneinheit Kilometer war ihm unbekannt. Er benutzte die Einheit

Die größten Zahlen der Natur

des Stadions. Und um der Wahrheit die Ehre zu geben: Ganz genau kennt man die Umrechnung des antiken Stadions, der von Eratosthenes verwendeten Längeneinheit, zum modernen Kilometer nicht. Aber wir wissen, dass Eratosthenes die Entfernung von Alexandria zu Syene mit dem Faktor 50 multiplizierte. Das ist der wesentliche Kern seiner Rechnung.

Schließlich kann man auf der modernen Landkarte schnell feststellen, dass sich Syene, jener antike Ort, wo sich heute Assuan befindet, nicht präzise auf dem nördlichen Wendekreis befindet. Ganz genau im Zenit steht die Sonne dort am 21. Juni zu Mittag nicht. Aber auch hier ist der Fehler so geringfügig, dass er das von Eratosthenes ermittelte Ergebnis nicht ernsthaft gefährdet.

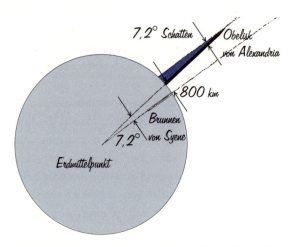

Abb. 2: Prinzip der Erdvermessung des Eratosthenes: Am 21. Juni jeden Jahres leuchtet zu Mittag der Sonnenstrahl in den Brunnen von Syene. Würde man ihn ins Erdinnere verlängern, landete er schließlich beim Erdmittelpunkt. Der zu ihm parallele Sonnenstrahl steht im nördlich gelegenen Alexandria nicht im Zenit: Der senkrechte Obelisk wirft einen Schatten von 7,2 Grad. Diese 7,2 Grad entsprechen dem Kreisbogen von Syene nach Alexandria, der 800 km lang ist. Dies ist genau ein Fünfzigstel des Erdkreises.

Die Vermessung der Erde

Wenn man von der Erdkugel weiß, wie lang der Umfang des Äquators ist, kann man mit Formeln, die Archimedes entdeckt hat, die Oberfläche der Erde ermitteln. Diese Formeln kannte man zu dieser Zeit bereits. Archimedes war nicht nur Zeitgenosse, sondern auch Bekannter des Eratosthenes. Das Ergebnis lautet: Die Erdoberfläche umfasst ungefähr 510 Millionen Quadratkilometer. Nicht einmal ein Prozent davon überdeckt die heutige Europäische Union. Aber auch das Reich Alexanders des Großen und das Imperium Romanum waren jeweils keine zwei Prozent der gesamten Erdoberfläche groß!

Kein Wunder, dass dieses Ergebnis die Herrscher und Könige erstaunte und dass nach Eratosthenes andere Geometer versuchten, die Größe der Erde erneut zu vermessen. Schon damals trat ein eigentümlicher Effekt zutage, den wir aus der Gegenwart nur zu gut kennen: Wenn es politisch opportun ist, bemühen sich Anpasser und Liebediener unter den Experten, den Herrschenden nach dem Mund zu reden. Wie von Geisterhand wurde die Erde plötzlich kleiner. Bis sie zur Zeit des Kaisers Trajan am Äquator nur mehr den Umfang von 27 000 Kilometer besaß – so jedenfalls behaupteten es die damals maßgebenden Geometer. Dadurch verkleinerte sich auch die Oberfläche der Erde beträchtlich: von den 510 Millionen Quadratkilometern des Eratosthenes zu weniger als halb so vielen 230 Millionen Quadratkilometern. Die Weltreiche begannen, sich ihren Namen zu verdienen.

Noch Christoph Kolumbus dürfte von der Annahme ausgegangen sein, die Erde habe am Äquator nur den Umfang von 27 000 Kilometern. Die Landmasse Europas und Asiens würde dann einen Großteil der Nordhalbkugel überdecken; die Entfernung von Lissabon bis zum chinesischen Quanzhou, von dem schon Ende des 13. Jahrhunderts der Venezianer Marco Polo berichtete, beträgt mehr als 11 000 Kilometer. Unter dieser Annahme konnte es Kolumbus wagen, auf der Westroute über den Atlantik China oder Indien erreichen zu wollen. Die Berater des portugiesischen Königshauses rieten davon ab, das

Die größten Zahlen der Natur

Unternehmen zu finanzieren; sie vertrauten der alten Rechnung des Eratosthenes. Vom spanischen Hof wurde Kolumbus nach zähen Verhandlungen hingegen unterstützt, so dass er am 3. August 1492 in See stechen konnte. Bis zu seinem Lebensende war Kolumbus davon überzeugt, dass das Land, an dem er am 12. Oktober 1492 anlegte, „Hinterindien" sei.

Eine falsche Messung ermöglichte die Entdeckung Amerikas.

Astronomisch große Zahlen

Ist ein Kreis mit 40 000 Kilometer Umfang schon schwer vorstellbar,[4] versagt unsere Vorstellungskraft völlig, wenn wir die Erde verlassen und kosmische Dimensionen in den Blick nehmen. Gar nicht lange nach Eratosthenes hatte der Astronom Hipparch den Abstand der Erde vom Mond vermessen. Sehr grob lässt sich dieser aufgrund der folgenden Beobachtung schätzen: Bei einer Mondfinsternis bedeckt der Erdschatten die Scheibe des Vollmonds. Der Rand des Erdschattens ist dabei immer kreisförmig – dies war, nebenbei erwähnt, für Aristoteles der Grund dafür, dass die Erde eine Kugel sein muss, denn nur ein kugelförmiger Körper wirft in jeder seiner Positionen einen kreisrunden Schatten. Hält man bei einer Mondfinsternis eine Ein-Euro-Münze eine Armlänge, also etwa 75 Zentimeter vom Auge entfernt in Richtung Mond, stimmt der Rand der Münze ziemlich genau mit dem Schattenrand der Erde überein. Weil der Rand der Münze etwa 75 Millimeter Umfang hat und die Münze zehnmal weiter vom Auge entfernt gehalten wurde, als ihr Umfang beträgt, kann man daraus schließen, dass der Mond rund zehnmal weiter von der Erde entfernt ist, als der Erdumfang beträgt. Das ergibt einen geschätzten Mondabstand von 400 000 Kilometern. Im Vergleich zum genau vermessenen mittleren Abstand des Mondes von der Erde von 384 000 Kilometern ist das keine üble Schätzung. Hipparch selbst hatte eine weitaus ausgeklügeltere Methode ersonnen,[5] mit der er den Abstand zwischen Erde und Mond bis auf wenige Prozent genau bestimmen konnte.

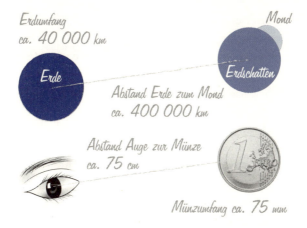

Abb. 3: Der Erdschatten berandet bei einer Mondfinsternis den Vollmond so, dass seine Größe der einer 75 cm vom Auge entfernt gehaltenen Ein-Euro-Münze entspricht. Hieraus kann man grob den Abstand der Erde vom Mond schätzen.

Kennt man den Abstand des Mondes von der Erde, lässt sich – so glaubte es wenigstens der noch vor Eratosthenes lebende Astronom Aristarch – sogar der Abstand der Sonne von der Erde bestimmen. Sieht man nämlich am Tageshimmel den genauen Halbmond, braucht man, so Aristarchs Idee, nur den Winkel zu messen, der sich zwischen dem Sehstrahl vom Auge zur Sonne und dem Sehstrahl vom Auge zum Mond erstreckt. Denn bei Halbmond ist auf dem Mond der Winkel zwischen dem Sehstrahl vom Auge zum Mond und dem Sonnenstrahl auf den Mond ein exakter rechter Winkel. Kennt man die Winkel des Dreiecks mit Erde, Mond und Sonne als Ecken, weiß man, welche Form das Dreieck besitzt. Und kennt man zusätzlich eine Seite dieses Dreiecks – in unserem Fall: die Länge der Strecke von der Erde zum Mond –, dann kennt man auch die beiden anderen Dreieckseiten.

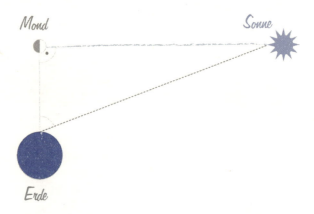

Abb. 4: Prinzip der Abstandsmessung der Erde von der Sonne nach Aristarch: Bei genauem Halbmond schließen der Sehstrahl des Auges von der Erde zum Mond und der Strahl der Sonne zum Mond einen rechten Winkel ein. Wenn man den Winkel zwischen dem Sehstrahl von der Erde zum Mond und dem Sehstrahl von der Erde zur Sonne misst, kennt man die Figur des dabei gebildeten rechtwinkligen Dreiecks. Aus ihr kann man entnehmen, um wie viel weiter die Sonne von der Erde entfernt ist als der Mond. Allerdings ist der zu messende Winkel so nahe dem rechten Winkel, dass Aristarch kein valides Resultat erhalten konnte.

Theoretisch ist das Verfahren des Aristarch einwandfrei. Doch will man es praktisch verwerten, erweist es sich als undurchführbar. Der zu messende Winkel, der sich zwischen dem Sehstrahl vom Auge zur Sonne und dem Sehstrahl vom Auge zum Mond erstreckt, ist fast ein rechter Winkel. Für Aristarch war der Unterschied zu einem exakten rechten Winkel unmessbar klein. Der Sonnenstrahl auf den Halbmond und der Sehstrahl vom Auge zur Sonne sind fast parallel. Die Sonne ist daher um ein beträchtliches Vielfaches weiter von der Erde entfernt als der Mond: 19-mal so weit, schätzte Aristarch. Doch mit dieser Schät-

Astronomisch große Zahlen

zung lag er weit daneben: Die Sonne ist etwa 400-mal weiter von der Erde entfernt als der Mond.

Ungefähr 150 Millionen Kilometer beträgt dieser Abstand. 150 Millionen spricht sich leicht aus, aber die mit dieser Zahl verbundene Distanz unserer Vorstellung zugänglich zu machen, gelingt nicht. Was will das schon besagen, dass man die Erde 3750-mal umrunden müsste, um diese Distanz nur einmal bewältigt zu haben? Oder dass das Licht, das in einer Sekunde 300 000 Kilometer zurücklegt, von der Sonne bis zu uns acht Minuten lang unterwegs ist? All das stimmt, aber übersteigt trotzdem unsere Vorstellungskraft.

Mit dem Abstand von der Erde zur Sonne fangen die astronomischen Distanzen aber erst an. Die uns am nächsten kommenden Sterne sind über 250 000-mal weiter von uns entfernt als die Sonne. Das sind rund 40 Billionen Kilometer. Neuneinhalb Billionen Kilometer legt das Licht innerhalb eines Jahres zurück, auch dies eine unvorstellbare Distanz, die mit dem Wort „ein Lichtjahr" niedlich abgekürzt wird. Es ist eine Abkürzung, die dringend benötigt wird. Denn die Milchstraße, jene Sterneninsel, in der unsere Sonne als ein durchschnittlicher unter Hunderten Milliarden Sternen enthalten ist, besitzt einen Durchmesser von mehr als 100 000 Lichtjahren. Die nächste ungefähr gleich große Sterneninsel ist der Andromedanebel. Über zwei Millionen Lichtjahre ist er von uns entfernt, aber bei einer sternenklaren Nacht als diffus leuchtender Punkt gerade noch mit bloßem Auge erkennbar. In Kilometer umgerechnet sind zwei Millionen Lichtjahre mehr als 18 Trillionen Kilometer. Eine Zahl, die an die Zahl der Reiskörner erinnert, die der weise Mann vom Maharadscha verlangte.

Doch das ist erst der Anfang, wenn ein Kosmologe über die Größe des Weltalls spricht. Denn Sterneninseln wie die Milchstraße oder der Andromedanebel gibt es zuhauf, wohl mehr als 100 Milliarden. Mit riesigen Teleskopen auf der Erde und mit großen Fernrohren, die in Satelliten eingebaut sind, werden sie in den Tiefen des Alls wahrgenommen. Fast 50 Milliarden Lichtjahre weit kann man theoretisch mit diesen Geräten in die Ferne dringen, danach beginnt der „Ereignishorizont" des Universums, hinter den, vertraut man Einsteins Allgemeiner Relativitätstheorie, kein Auge und kein Messgerät zu blicken vermag. Rechnet man die 50 Milliarden Lichtjahre in Kilometer um, ergibt dies mehr als 450 Trilliarden Kilometer.

Aussprechen kann man das leicht. Vorstellen kann man es sich nicht.

Die größte Zahl des Universums

Die riesigen Dimensionen des Kosmos verleiteten Archimedes dazu, die, wie er meinte, größte Zahl, die es auf Erden gibt, zu berechnen. Denn Archimedes war der Ansicht, dass es vielleicht nicht sinnlos, wohl aber nutzlos sei, von größeren Zahlen zu sprechen als jener, die sich als Antwort auf die Frage ergibt, wie viele der allerkleinsten Teile der Welt im ganzen Universum Platz finden.

Die allerkleinsten Teile der Welt, das sind, so schreibt Archimedes, die Sandkörner. Dabei sollte man eher von einem Staubkorn sprechen, das er sich gedacht hat, denn er geht von folgendem Gedanken aus: Ein Mohnkorn umfasst nicht mehr als zehntausend Sandkörner. Und 25 Mohnkörner aneinandergereiht ergeben die Breite eines Fingers. Doch um ganz sicherzugehen, machte Archimedes das Mohnkorn so klein, dass 40 Mohnkörner aneinandergereiht nur eine einen Zentimeter lange Strecke ergeben. Stellt man sich das kleine Mohnkorn als einen Würfel mit einer Kantenlänge von einem Viertel Millimeter vor, besitzt dieser Würfel ein Volumen von rund 0,016 Kubikmillimetern. Archimedes machte es sogar noch kleiner: 0,01 Kubikmillimeter sollte es bloß groß sein. Zehntausend Sandkörner enthält dieses Korn. Darum hat das Sandkorn, der nach Archimedes allerkleinste Teil der Welt, ein Volumen von mickrigen 0,000001 Kubikmillimetern. Mit

Die größte Zahl des Universums

anderen Worten: In einen Kubikmillimeter passen eine Million Sandkörner.

Die größte Zahl des Universums ist nun die *Sandzahl*. Die Zahl der Sandkörner, die im Universum Platz finden.

Den Durchmesser des Kosmos schätzte Archimedes sehr großzügig ab, wobei er sich auf die – wie wir bereits wissen falschen – Daten des Aristarch über den Abstand der Erde von der Sonne berief. Nach Aristarchs Meinung ist die Sonne mehr als 19-mal weiter von der Erde entfernt als der Mond. Der von Aristarch vermutete Abstand zur Sonne ist also, aufgerundet, der Mondabstand von 400 000 Kilometern mal zwanzig: Das macht acht Millionen Kilometer. Sicher passt das Universum, so vermutete Archimedes, in einen Würfel, dessen Kante eine Million mal größer als der Abstand der Erde von der Sonne ist. Das wäre eine Kante mit acht Billionen Kilometer Länge. Noch größer ist ein Würfel, der zehn Billionen Kilometer als Kantenlänge hat. Von diesem ging Archimedes aus. Sein Volumen beträgt eine Sextilliarde Kubikkilometer, also 10^{39} Kubikkilometer, das bedeutet nach der Ziffer 1 folgen 39 Nullen.

In einen Kubikmillimeter passen eine Million, also 10^6 Sandkörner. Und weil eine Milliarde Kubikmillimeter, also 10^9 Kubikmillimeter, in einen Kubikmeter und genauso eine Milliarde Kubikmeter, also 10^9 Kubikmeter, in einen Kubikkilometer passen, lautet die Sandzahl des Archimedes $10^6 \times 10^9 \times 10^9 \times 10^{39}$. Das ist 10^{63}, in Worten: eine Dezilliarde.

Die genaue Größe der Sandzahl interessierte Archimedes aber gar nicht wirklich. Was er mit seiner Rechnung mitteilen wollte, war zweierlei:

Erstens: So wie die Griechen der Antike Zahlen schrieben – ihre Buchstaben waren zugleich Symbole der Zahlen –, war es ihnen verwehrt, riesige Zahlenungetüme zu bezeichnen. Archimedes hatte für den Zweck, eine Dezilliarde darstellen zu können, ein eigenes Zahlen-

Die größten Zahlen der Natur

system geschaffen. Eine Myriade, vom griechischen mýrios, das „unzählig" bedeutet, bezeichnet im archimedischen System zehntausend. Sodann potenzierte Archimedes die Myriaden und konnte damit, ohne Verwendung der Null, deren Wesen ihm eigenartigerweise verschlossen blieb, beliebig große Zahlen wenigstens in Worte fassen.

Zweitens: Eine Dezilliarde ist, so meinte Archimedes, die größte Zahl des Universums. Nirgendwo in der Welt wird man es je mit einer größeren Anzahl zu tun haben. Aber in der Mathematik, so war Archimedes überzeugt, kommen noch viel größere Zahlen vor. Er selbst erwähnt in seiner Schrift über die Sandzahl das Zahlenungetüm $10^{80\,000\,000\,000\,000\,000}$, in heutiger Schreibweise eine 1 gefolgt von 80 Billiarden Nullen – und auch diese ist aus mathematischer Sicht noch *klein*. Denn aus der Perspektive der Mathematik *ist jede Zahl klein*. Nur endlich viele können vor ihr genannt werden, wenn man von eins bis zu dieser Zahl zählt, aber unendlich viele sind immer noch ungenannt und warten darauf, gezählt zu werden.

Es mag reizvoll sein, eine ähnliche Abschätzung wie die des Archimedes durchzuführen, wobei wir nicht mehr Sandkörner und das viel zu kleine Sonnensystem des Aristarch, sondern die kleinstmögliche und die größtmögliche Länge benutzen, welche die moderne Physik gegenwärtig kennt: Wenn man die Gravitationskonstante, die seit Newton und Einstein das Referenzmaß der Schwerkraft ist, die Lichtgeschwindigkeit, seit Maxwell und Einstein das Referenzmaß aller elektrodynamischen Prozesse, und das Wirkungsquantum, seit Planck und Bohr das Referenzmaß der Quantentheorie, geeignet kombiniert, erhält man die sogenannte Plancksche Länge, die 0,000 000 000 000 000 000 000 000 000 000 000 016 162 Meter groß ist. Man schreibt dafür kurz $1{,}6162 \times 10^{-35}$ Meter, weil die erste von Null verschiedene Ziffer 1 erst an der 35. Stelle nach dem Komma auftritt. Wir berechnen nun, wie viele „Würfel" mit einer „Kantenlänge" von 10^{-35} Meter in ein Universum passen, das 50 Milliarden Lichtjahre als Ereignishorizont besitzt, also in einen „Würfel" mit der „Kantenlänge" von 100 Milliarden Lichtjahren. Weil 100 Milliarden Lichtjahre geringfügig weniger lang als 100 Milliarden mal 10 Billionen Kilometer, also $10^{11} \times 10^{13} \times 10^3$ Meter sind, das sind $10^{11+13+3} = 10^{27}$ Meter, ist das der Wahrnehmung zugängliche All in einem Volumen von $10^{27 \times 3}$, also von 10^{81} Kubikmeter enthalten. Der „Planck-Würfel" mit einer „Kantenlänge" von 10^{-35} Meter hat $10^{-35 \times 3}$, also 10^{-105} Kubikmeter Rauminhalt. In das Universum passen folglich nicht mehr als 10^{81+105}, das sind 10^{186} „Planck-Würfel", eine Untrigintillion: Auf die Ziffer 1 folgen sage und schreibe 186 Nullen. Das ist, wenn man so will, die moderne „Sandzahl".

Bei der Zeit kann man eine ähnliche Spielerei – mehr ist es in Wirklichkeit natürlich nicht – durchführen. Es gibt nicht nur eine Plancklänge, es gibt auch eine Planckzeit, die kleinste noch physikalisch sinnvolle Zeiteinheit, welche rund 5×10^{-44} Sekunden beträgt. Soweit wir wissen, ist das Universum vor 13,8 Milliarden Jahren entstanden, in Sekunden umgerechnet ist diese Zeitspanne etwas kürzer als 5×10^{17} Sekunden. Somit passen in die bisherige Geschichte des Weltalls höchstens 10^{17+44}, das sind 10^{61} plancksche „Augenblicke", zehn Dezillionen. Das ist erstaunlicherweise „nur" ein Hundertstel der archimedischen Sandzahl.

Sobald man mit Zahlenungetümen zu rechnen beginnt, wird man richtig unbescheiden …

Nicht Rechnen, Schätzen will gelernt sein

Kehren wir noch einmal zu menschlichen Dimensionen zurück. Mit dem Alltag haben die astronomisch großen Zahlen zwar nichts zu tun, aber die Überlegungen, wie Archimedes und seine modernen Epigonen mit groben Schätzungen zu Zahlen gelangten, sind auch jenseits der

Die größten Zahlen der Natur

Schnurren, in denen Dezillionen und Untrigintillionen vorkommen, von Interesse. Schon immer nämlich zeichnen sich kluge Köpfe dadurch aus, dass sie Größenordnungen gut zu überschlagen verstehen. Geradezu ein Magier des geschickten Schätzens war der aus Rom stammende und bis zu seinem frühen Tod 1954 in Chicago lehrende theoretische Physiker Enrico Fermi. Von ihm konnte man am eindrucksvollsten lernen, dass die Kunst bei der Anwendung von Mathematik nicht darin besteht, alles fehlerfrei zu berechnen, sondern vielmehr darin, die unvermeidlichen Fehler nicht zu groß werden zu lassen, sie jedenfalls sicher im Griff zu haben.

„Wie viele Klavierstimmer gibt es wohl in Chicago?", soll Fermi einmal einen verdutzten Studenten gefragt haben. Der hatte natürlich keine Ahnung. Aber Fermi wusste, wie man zur Antwort gelangt: Wenn Chicago vier Millionen Einwohner hat, ein Durchschnittshaushalt aus vier Personen besteht und jeder fünfte Haushalt ein Klavier besitzt, dann gibt es zweihunderttausend Klaviere in der Stadt. Wenn jedes Klavier alle vier Jahre gestimmt wird, müssen jährlich fünfzigtausend Klaviere gestimmt werden. Wenn ein Stimmer vier Klaviere pro Tag schafft, sind das bei 250 Arbeitstagen 1000 Klaviere pro Jahr pro Stimmer. Folglich gibt es in Chicago rund 50 Klavierstimmer.

Der weltberühmte Wiener mathematische Physiker Walter Thirring beherrscht solche Rechnungen souverän. Als ihm einst als Schüler gesagt wurde, Alfred Wegeners Theorie, die Kontinente könnten wie Eisschollen auf der Erdoberfläche treiben, sei Unsinn, antwortete er, ihm käme das Bild eines Erdbebens in den Sinn, bei dem sich die Erde eine Handbreit auftut. Wenn sich irgendwo pro Jahr ein solches Beben ereignet, verschiebt sich die Erdkruste pro Jahr um zehn Zentimeter, in 100 Millionen Jahren daher um eine Milliarde Zentimeter, also um zehntausend Kilometer, da hat der Abstand zwischen Europa und Amerika bequem Platz. Damals ermahnten die Lehrer den jungen

Thirring, solche Zahlenspielereien bleiben zu lassen. Heute ist die Kontinentaldrift das Dogma einer ganzen Wissenschaft.

Das Faszinierende dieser Rechnungen ist, dass sie zwar alles andere als genau sind, aber gut die Größenordnung der gesuchten Antwort liefern – und all das ohne großen Informationsbedarf, allein gewonnen aus vernünftigen Argumenten. Das Schönste daran: Man kann die Rechnungen leger ohne technische Hilfsmittel meistern. Wie schwer das Wasser in einem Schwimmbecken ist, wie viel Müll ein Haushalt im Jahr wegwirft, aus wie vielen Zellen der menschliche Körper besteht – all diese mehr oder weniger sinnvollen Fragen lassen sich mit Fermi-Rechnungen beantworten.

Oder wie sich die Zahl der Pensionsbezieher des Staates zu jener der Berufstätigen verhält. Auch ohne die Daten von einem statistischen Amt abzufragen, kann man die Größenordnung des erschreckend hohen Werts schätzen. Eine Fermi-Rechnung genügt. Sie ist so genau, dass der Zwang deutlich wird, in diesem heiklen Bereich politische Maßnahmen zu treffen.

Ob die deutsche Bundeskanzlerin als studierte Physikerin so wie Fermi berechnet hat, ob beim großen Energiebedarf ihres Landes andere CO_2-neutrale Energiequellen den Ausfall der Kernenergie abfedern können, wurde von den deutschen Medien, die sonst eigentlich alles wissen, nicht verraten.

Fehlerfrei rechnen hat wenig mit Mathematik zu tun. Fehlerfrei rechnen kann auch ein Computer. Mathematische Genauigkeit bedeutet: abschätzen zu können und sich der dabei in Kauf genommenen Fehler bewusst zu sein. „Durch nichts zeigt sich", behauptete Gauß, „mathematischer Unverstand deutlicher als durch ein Übermaß an Genauigkeit im Zahlenrechnen."

Der größte Mathematiker

Ein Märtyrer der Mathematik

Wir wissen nur wenig über das Leben des Archimedes. Sicher ist, dass ihn, als er schon ein alter Mann war, im Jahre 212 v. Chr. ein römischer Soldat erschlug. Syrakus, die Stadt, in der Archimedes lebte und wirkte, war gerade im Zuge des Zweiten Punischen Krieges von Rom erobert worden. Aber dass Archimedes genau im 75. Lebensjahr starb, ist nicht gesichert, sondern eine vage Annahme. Ebenso ist es eine schöne Legende, dass sein Mörder ihn im Atrium seines Hauses bei einer Rechnung im Sand antraf. Der tollpatschige Soldat sei in den mit geometrischen Figuren beschriebenen Sand gestapft, Archimedes habe ihn darauf mit den Worten „Störe meine Kreise nicht!" angeherrscht, und der sich beleidigt wähnende Römer habe sofort zum Schwert gegriffen. In einer reizvollen Variante dieser Legende bat Archimedes, bevor der Soldat zuschlug, noch um eine kurze Frist, damit er seinen Beweis zu Ende führen könnte. Aber der brutale Barbar stach sofort auf ihn ein.

Eigentlich handelte der Soldat gegen den ausdrücklichen Befehl seines Generals, des römischen Feldherrn Marcellus. Denn dieser wollte Archimedes' lebend habhaft werden. Der griechische Gelehrte hatte

Der größte Mathematiker

nämlich zur Verteidigung seiner Heimat Syrakus außerordentlich wirksame Kriegsmaschinen konstruiert, welche die anstürmenden römischen Schiffe lange von der Stadt fernhielten. Riesige Kräne wurden, so erzählt man, von Archimedes entworfen, die weit hinaus in Richtung Meer gelenkt werden konnten und mit Hilfe von Flaschenzügen große Lasten zu heben imstande waren. Als sich die römischen Schiffe der Stadt näherten, wurden die Kräne in ihre Richtung ausgeschwenkt. Seile, die in mächtigen Greifhaken endeten, wurden herabgelassen. Die Greifhaken verkrallten sich in die Buge der Schiffe, und auf Befehl des Archimedes zogen die syrakusischen Soldaten an den Flaschenzügen: Die Schiffe wurde in die Höhe gezogen, die in voller Rüstung an Deck angetretenen Römer fielen über das Heck ins Meer, und Rom erlitt eine bittere Niederlage.

Bei der nächsten Angriffswelle der Römer wurden diese vor den Stadtmauern von Syrakus mit riesigen Steinen beworfen. Archimedes hatte, das von ihm entdeckte Hebelgesetz ausnützend, große Katapulte konstruiert. Riesige Felsbrocken wurden mit derart großer Wucht in die Höhe geschleudert, dass sie über die Stadtmauern hinweg ins Meer fielen und so große Wellen schlugen, dass die angreifenden Schiffe in Seenot gerieten.

Historisch unverbürgt ist die Sage, dass Archimedes die römische Flotte zudem mit Hilfe geschickt aufgestellter Spiegel besiegte. Ganz undenkbar aber ist es nicht, denn die geometrischen Grundlagen für diesen Verteidigungstrick waren ihm wohlbekannt: Archimedes könnte vorgeschlagen haben, einige Spiegel so zu montieren, dass die Verbindung ihrer spiegelnden Flächen eine sogenannte Parabel bildet. Diese geometrische Kurve besitzt die schöne Eigenschaft, dass sie parallel einfallende Strahlen nach der Reflexion an ihr in einem Punkt, dem sogenannten Brennpunkt, bündelt. In diesem möglichen Szenario ließ Archimedes zuerst die Spiegel verdecken und wartete, bis die herankommende römische Armada in den von ihm vorausberechneten

Die geniale Idee

Brennpunkt auf hoher See zusteuerte. Sobald eines der Schiffe in diesen geriet, befahl er, die Spiegel abzudecken, und das auf die Spiegel parallel einfallende Sonnenlicht konzentrierte sich nach der Reflexion genau auf dieses Schiff. Dessen staubtrockene Segel fingen, vom gebündelten Sonnenlicht erhitzt, sofort Feuer. Die abergläubischen Römer fühlten sich durch diese ihnen unerklärliche Katastrophe vom Fluch der Götter verfolgt und zogen blitzartig ab.

Erst mit Hinterlist gelang es Marcellus, Syrakus vom Landweg her einzunehmen: Nach ihren Siegen über die römische Flotte feierten die Syrakuser überschwänglich bis in die tiefe Nacht, aber eine von den Römern bestochene Truppe von Wächtern ließ das römische Heer in die Stadt eindringen. Danach war es ein leichtes Spiel für die Römer, denn die Gegner lagen zum Großteil betrunken in ihren Betten. Und Marcellus gab Order, den Ingenieur Archimedes lebend zu ihm zu bringen, einen derart raffinierten Konstrukteur von Kriegsmaschinen konnte die aufstrebende Weltmacht Rom gut gebrauchen.

Es wurde bereits erzählt, dass dieses Unternehmen nicht gelang. Möglicherweise weigerte sich Archimedes aus patriotischen Gründen, dem Soldaten zu folgen. Vielleicht aber war er wirklich so sehr in ein mathematisches Problem vertieft, dass ihm die Aufforderung des Soldaten, sofort zu Marcellus zu eilen, schlicht lästig war. Und der Römer griff, von Wut und Hilflosigkeit verleitet, zum Schwert und teilte den tödlichen Hieb aus. Er verstand einfach nicht, dass der alte Mann ihm nicht zu gehorchen gewillt war und unverständliches Zeug in den Sand schrieb.

Die geniale Idee

Die zweite Annahme entspricht eher dem Bild, das wir uns von Archimedes bewahren sollten. Die Syrakuser nannten ihn den „Erzgrübler". Hatte er sich in ein Problem vertieft, war es fast unmöglich, ihn abzu-

Der größte Mathematiker

lenken. Er vergaß sogar die den Griechen so wichtige und angenehme Hygiene. Griechische Bürger liebten es, in die Badehäuser zu gehen und ihre Körper dort stundenlang von den Sklaven verwöhnen zu lassen, während sie sich über Politik, Geschäfte oder Belangloses unterhielten. Nicht so Archimedes, wenn ihn ein mathematisches Rätsel plagte. Selbst wenn ihn seine Freunde ins Badehaus schleiften, griff er wortlos mit seinen Fingern in die Asche, die vom Feuer stammte, mit dem das Badewasser gewärmt wurde. Stumm lag er dann in der Badewanne und schrieb mit seinen Fingern auf den Fliesen arithmetische Symbole und geometrische Figuren, alles andere um ihn herum beachtete er nicht.

Dieses Bild erinnert an die berühmte Geschichte, dass Archimedes in der Badewanne das Gesetz des Auftriebs entdeckt habe, daraufhin ohne sich anzukleiden aus dem Badehaus geeilt und mit dem Ausruf „Heureka, ich hab's gefunden!" durch die Straßen von Syrakus nach Hause gelaufen sei. Denn diese Entdeckung erlaubte ihm ein Rätsel zu lösen, welches der Herrscher der Stadt, Hieron II., im Übrigen ein Verwandter des Archimedes, dem Gelehrten gestellt hatte: herauszufinden, ob eine Krone, die ein Goldschmied für ihn verfertigt hatte, aus reinem Gold oder mit unedlem Material verfälscht worden sei. Tagelang quälte sich Archimedes mit dieser Frage, es war ihm untersagt, die Krone anzukratzen oder gar einzuschmelzen, um auf diese martialische Weise eine Prüfung des Materials vornehmen zu können. Nein, ganz unversehrt solle die Krone bleiben und trotzdem galt es festzustellen, ob dem Gold unedles Metall beigemischt war oder nicht.

Mit dem Gesetz des Auftriebs gelang Archimedes die Beantwortung dieser Frage. Er entdeckte es wohl deshalb, weil er kindlich naiv darüber staunte, dass man sich im warmen Badewasser so angenehm leicht fühlt. Warum ist das so, fragte er sich. Schnell fand er die Lösung: Mein Körper taucht in das Wasser und hebt dadurch den Wasserspiegel. Mit anderen Worten: Mein eingetauchtes Volumen verdrängt das gleiche

Die geniale Idee

Volumen Wasser in die Höhe. Das Gewicht des von mir verdrängten Wassers ist genau jene Kraft, die mich leichter macht, denn ich habe ja dieses Wasser durch mein Eintauchen gehoben. Anders gesagt: Im Wasser bin ich nicht so schwer wie auf der Waage. Von meinem Gewicht auf der Waage muss man das Gewicht jenes Wasservolumens abziehen, das ich durch meinen eingetauchten Körper in die Höhe hob.

Man muss sich vorstellen, dass Archimedes, als ihm dieser Gedanken durch den Kopf schoss, für ein paar Augenblicke wie erstarrt im Wasser lag. Intuitiv ahnte er, dass dieses Gesetz des Auftriebs den Schlüssel zum Problem der Krone bildete. Und plötzlich, mit einem Schlage, wurde ihm die Ahnung zur Gewissheit. Darum sprang er aus der Wanne und raste, von seiner Entdeckung wie von einem Dämon verfolgt, splitterfasernackt nach Hause. In aller Eile, aber zugleich mit der gebotenen Sorgfalt, führte er dort folgendes Experiment durch: An die eine Seite des Balkens einer Hebelwaage hängte er die Krone seines Herrschers, an die andere so viel reinstes Gold, dass es mit dem Gewicht der Krone übereinstimmte und so ein Gleichgewicht herstellte. Der Waagbalken schwang sich in eine präzise waagerechte Position ein. Nun stellte er hinter die aufgehängte Krone und hinter das aufgehängte Gold je einen großen, mit Wasser gefüllten Topf. Er nahm vorsichtig die Waage, hob sie, führte sie mit der Hand so weit zurück, dass sowohl die Krone wie auch das Gold über den Öffnungen der Töpfe baumelten, und versenkte dann die beiden Gewichte in das Wasser, indem er die Waage wieder vorsichtig auf den Boden stellte. Der Waagbalken pendelte hin und her und beruhigte sich nach einiger Zeit, wobei er nicht mehr eine waagerechte, sondern eine schräge Position einnahm: Der Hebelarm, der die Krone hielt, war höher als der Hebelarm mit dem Gold als Gewicht.

Die Krone muss neben Gold auch unedles, leichteres Metall enthalten, war sich Archimedes nun sicher. Denn durch die Zugabe des

Der größte Mathematiker

unedlen Metalls mit der geringeren Dichte besaß die Krone ein etwas größeres Volumen als das reine Gold. Beim Eintauchen in das Wasser war der Auftrieb auf der Seite der Krone deshalb größer als auf der Seite des Goldes, denn das versenkte reine Gold hatte weniger Wasservolumen gehoben als die Krone.

Beeindruckender als das physikalische Gesetz, das Archimedes entdeckte und sogleich anzuwenden verstand, ist bei dieser Geschichte, dass sie uns erahnen lässt, wie Genies zu einer Erkenntnis gelangen. Die äußeren Umstände liegen auf der Hand: das knifflige, von Hieron gestellte Rätsel; die Ablenkung davon, als Archimedes sich ins Bad begab und im Wasser Krone und Rätsel vergaß; in der Muße, beim Liegen in der Wanne, reift in ihm die Idee, die zum Gesetz des Auftriebs führt; und plötzlich fügt sich das eine zum andern.

Wären zur Zeit des Archimedes die modernen Diagnoseverfahren der Gehirnphysiologie zur Hand gewesen und hätte man ihm während seines Liegens im Bad ein Gerät über seinen Kopf gestülpt, das die Neuronentätigkeit seines Gehirns aufzeichnete: Dieser Moment der Einsicht hätte sich in einem veritablen Neuronengewitter im Gehirn des Archimedes geäußert: eine wahre Fundgrube für Neurophysiologen, die die Vernetzungen in den verschiedensten Regionen des Gehirns hätten verfolgen können.

Aber so wertvoll derartige Untersuchungen auch sein mögen und so großen Nutzen man hoffentlich in Zukunft für die Therapie von Hirnschädigungen und Geisteskrankheiten aus ihnen wird ziehen können, der Geniestreich selbst wird den Anwendern solcher Methoden ewig verborgen bleiben. Sie sind vergleichbar mit Untersuchungen an einem Konzertflügel, auf dem ein Pianist eine Beethoven-Sonate erklingen lässt. Mit ausgefeilten Sensoren, die man im Korpus des Instrumentes anbringt, könnte man Schwingungsamplituden der einzelnen Saiten verfolgen, die Ausschläge der Hämmerchen vermessen, die Resonanzen an den verschiedensten Stellen des Stimmstocks aufzeichnen. Wenn die

Die geniale Idee

Geräte mit entsprechenden Programmen ausgerüstet wären, ließe sich aus diesen Messungen sogar errechnen, aus welcher Epoche das jeweilige Musikstück stammt. Solche Aufzeichnungen könnten durchaus dienlich sein, um die Qualität der jeweiligen Instrumente zu kalibrieren. Sie haben aber überhaupt nichts damit zu tun, was wir Hörenden als erhebend oder auch zuweilen als platt empfinden. Denn die Musik selbst ist nicht im Instrumentenkorpus verborgen, aus dem sie nur scheinbar tritt.

Sie befindet sich auch nicht im Gehirn oder in den Händen des Pianisten, auch nicht in den Ohren und Gehirnen derer, die ihm zuhören, und am allerwenigsten in den Luftschwingungen, die vom erklingenden Instrument aus den Saal erfüllen. All dies ist notwendig, um sie zu manifestieren, aber nirgendwo ist – um das Beispiel einer einfach zu spielenden, aber zugleich sehr schönen Komposition zu nennen – das Präludium in C-Dur aus dem Wohltemperierten Klavier von Johann Sebastian Bach als solches anzutreffen. Auch nicht im Notentext, der gleichsam wie ein Fußabdruck zurückblieb, nachdem Bach diesen musikalischen Einfall zu Papier gebracht hatte. Dieses Präludium irgendwo und irgendwann in Raum und Zeit fixieren zu wollen, wäre ein geradezu lächerliches Unterfangen. Bach selbst war sich des abstrakten Wesens seiner Komposition bewusst. Er verweigerte beim Wohltemperierten Klavier sogar die übliche Vorschrift, es auf einem Klavichord, einem Cembalo oder einer Orgel wiederzugeben. Im Grunde sind alle diese Instrumente hinfällige Krücken; „Erdenrest, zu tragen peinlich", so Bachs eigene Worte.

Bei einem mathematischen Einfall ist es ähnlich. Natürlich ist er mit einer bestimmten Verteilung des Neuronenstroms im Gehirn verbunden und nur dann überhaupt möglich, wenn die körperliche Disposition ihn zu denken erlaubt. Trotzdem ist der Gehalt des mathematischen Einfalls weder im Raum noch in der Zeit fixierbar und von der jeweiligen Person, welche ihn gerade hat, völlig unabhängig.

Der größte Mathematiker

Umso besser verstehen wir, dass Archimedes keine Sekunde zögerte, als ihm plötzlich einleuchtete, wie man das Gesetz des Auftriebs auf das Problem mit der Krone des Hieron anwenden konnte. Denn als er auf diese Lösung kam, stand sie ihm so klar und manifest vor Augen, dass er gleichsam erschrak, warum noch niemand vor ihm die gleiche Idee gehabt hatte. Denn diese Lösung lag, wie man bildhaft sehr schön formuliert, in der Luft. In diesem Augenblick befiel den ehrgeizigen Archimedes die Furcht, jemand anderer könnte sie ihm vor der Nase wegschnappen – im drögen Syrakus mit seinen an Wissenschaft, gar an Mathematik desinteressierten Kaufleuten und Bauern zwar unbegründet, aber man weiß ja nie. Denn dessen war er sich wie alle ehrgeizigen Mathematiker vor und nach ihm gewiss: Wenn seine Lösung existierte, und zwar vor allen Zeiten und allüberall, dann war der Ruhm des Forschers einzig darin begründet, als Erster hier auf Erden der Welt die Existenz dieser Lösung vor Augen zu führen.

Der Göttinger Mathematiker Hans Grauert behauptete einmal über sein Fach: „Mathematik ist keine Naturwissenschaft und keine Geisteswissenschaft. Mathematiker sind Künstler: Sie schaffen Geistesdinge." Allerdings sind die „Geistesdinge", von denen Grauert spricht, von der Persönlichkeit, die sie „schafft", unabhängig. Genau genommen ähneln Persönlichkeiten, die Mathematik betreiben, selbst wenn sie sich forschend im Neuland bewegen, eher reproduzierenden als kreativen Künstlern. Auch Gauß, der größte Mathematiker der Neuzeit, hatte seine tiefsten Erkenntnisse, die er mit klingenden Namen wie „theorema egregium", „theorema elegantissimum", „theorema aureum" versah, eher entdeckt als geschaffen. Sie können gar nicht anders als so lauten, wie sie uns Gauß präsentierte. Dies ist beim kreativen Künstler ein wenig anders: Das Kunstwerk ist untrennbar mit seiner Persönlichkeit verknüpft. Es lag einfach in der autonomen Entscheidung des Johann Sebastian Bach, die Harmonien im ersten Präludium des Wohltemperierten Klaviers gerade so und nicht anders aufeinanderfolgen zu

Die geniale Idee

lassen. Nun aber ist es da, wir hören es in einer Aufnahme von Rosalyn Tureck, von Friedrich Gulda oder von Till Fellner, und jede dieser Künstlerpersönlichkeiten entdeckt Neues, Unerwartetes in ihm und teilt uns diese Entdeckung mit. Der Leistung dieser Interpreten ist die Tätigkeit der Mathematikerin oder des Mathematikers vergleichbar, wenn man von Mathematik als Kunst spricht.

Wobei, jedenfalls in der großen Kunst, die Grenze zwischen „schaffen" und „deuten" fließend ist. Man bedenke: Tolstoi hatte, als er am Ende seines Romans Anna Karenina sterben ließ, bitterlich geweint, so sehr ist ihm der Tod der Heldin, die nichts anderes als eine von ihm geschaffene Figur war, nahegegangen. Mozart verfasste seine Kompositionen so, dass ihm das Kunstwerk in seiner endgültigen Fassung wie in einem einzigen Gedanken bewusst war und er gleichsam nur mehr die Noten „abschreiben" musste. Michelangelo sah im kruden Marmorblock, den ihm die Arbeiter in sein Atelier stellten, bereits den David ruhen, den er schließlich aus dem Stein löste.

Bei mathematischen Erkenntnissen aber ist die Sache klar: Eine Persönlichkeit findet sie als Erste, ihr kommt der Ruhm des Entdeckers zu. Nach diesem strebt die Forscherin oder der Forscher. Selbst wenn die Erkenntnis nicht gerade weltbewegend ist. Ich selbst habe dies in jungen Jahren eindrücklich erfahren, als ich einmal einen Gedanken, den ich entwickelt hatte, meinem akademischen Lehrer Edmund Hlawka, einem der bedeutendsten Mathematiker Österreichs, vortrug. Was ich ihm erzählte und auf die Tafel in seinem Zimmer schrieb, war zwar neu, aber keine besonders tolle Angelegenheit. Sie gefiel Hlawka trotzdem recht gut, doch gleich, nachdem ich auf der Tafel fertig geschrieben hatte, wies er mich an, alles wieder zu löschen. Denn man könne nie wissen: Vielleicht käme nach mir jemand ins Zimmer, der mir diesen netten Gedanken raubt …

Zweiter zu sein zählt nicht

Wie bitter der Streit um die Priorität einer Entdeckung ausgetragen werden kann, erlebte die mathematische Welt, als es darum ging, den Entdecker des „Kalküls", wie man in alter Zeit die Infinitesimalrechnung nannte, ausfindig zu machen. Tatsächlich handelte es sich um eine grandiose Entdeckung:

Der „Kalkül" erlaubte, die Geschwindigkeiten von Bewegungen, und zwar auch ungleichmäßigen entlang krummer Kurven, auszurechnen. Mit dem „Kalkül" findet man heraus, wie sich sogenannte dynamische Systeme entwickeln – so in der Astronomie das Planetensystem, in der Technik mechanische oder elektrische Schwingungen, in der Meteorologie die Luftströmungen der Atmosphäre, in der Ökonomie die Börsenkurse. Wie groß die Flächen sind, welche von Kurven eingeschlossen werden, wie groß die Volumina von Körpern sind, die krumme Oberflächen begrenzen: Der „Kalkül" gibt darauf die Antwort.

Wer jedoch entdeckte den „Kalkül"?

Im England des 18. Jahrhunderts war die Antwort klar: es war Sir Isaac Newton, Britanniens größter Sohn. Der Einzige, den Gauß, wenn er von Mathematikern sprach, „clarissimus", herausragend, nannte. Im Jahre 1666, als in England die Pest wütete und die Universität Cambridge ihre Pforten schloss, zog sich der damals 23-jährige Newton in sein Heimatdorf Woolsthorpe zurück. In diesem einen Jahr entwickelte er den „Kalkül". Nachdem ihm, so erzählt Newtons größter Bewunderer, der französische Philosoph Voltaire, ein Apfel auf den Kopf gefallen war, er daraufhin den Blick zum Mond richtete und zur Überzeugung gelangte, dass die Bewegung fallender Äpfel, des Mondes und der Planeten einem einzigen mathematischen Gesetz zu gehorchen hätte. Einer Gleichung, die nur in der Sprache des „Kalküls" formuliert werden kann.

Zweiter zu sein zählt nicht

Doch Newton zögerte, seine Erkenntnisse zu veröffentlichen. Er fürchtete panisch die Kritik seiner Kollegen in Cambridge. Vor allem jene Robert Hookes, eines kleinwüchsigen, eitlen, Newton seit jeher missgünstig gesinnten Gelehrten, den Newton aus tiefstem Herzen hasste. Jahrelang ruhten Newtons Aufzeichnungen im verschlossenen Schreibtisch. Nur Freunden gegenüber machte er dunkle Bemerkungen, dass ihm der mathematische Schlüssel zum Verständnis der Planetenbewegungen in die Hand gegeben sei, dass jedenfalls die Annahme seines Feindes Hooke, es seien Kräfte wie die einer gespannten Feder, welche die Planeten an die Sonne binde, völlig in die Irre führe.

Sogar in den „Prinzipien der Naturphilosophie", dem Buch, das Newton nach jahrelangem Drängen seines Verehrers, des Astronomen, Geophysikers und Kartographen Edmond Halley und erst, als die Neuvermessungen des Abstandes von der Erde zum Mond in Newtons Gleichungen eingesetzt zu einer völligen Übereinstimmung der mathematisch erhaltenen Resultate mit den Beobachtungen führten, zum Druck freigab, war der „Kalkül" nur so weit erläutert worden, wie es Newton gerade benötigte.

Denn Newton wusste nicht mit letzter mathematischer Sicherheit, warum der „Kalkül" so gut funktioniert. Der „Kalkül" liefert zwar raffinierte und elegante Verfahren zur Berechnung von Geschwindigkeiten oder von Flächen- und Rauminhalten, aber das Fundament, auf dem der „Kalkül" gründet, war noch unerforscht.

Umso befriedigter war Newton, dass die Öffentlichkeit, nicht nur die Kollegenschaft seiner Universität, sondern die gesamte internationale Forschergemeinde, ja sogar das an der aufkommenden Naturwissenschaft interessierte Laienpublikum sein Buch über die Prinzipien der Naturphilosophie als Meilenstein einer neuen Ära anerkannte. Er erwarb den Adelstitel, wurde Präsident der Royal Society, der ehrbarsten wissenschaftlichen Gesellschaft der Welt – als der er unter anderem dafür sorgte, dass alle Gemälde seines verhassten Kollegen Hooke, derer er habhaft werden konnte, vernichtet wurden. Als man Newton einmal fragte, wie es ihm gelungen sei, die Mathematik des Planetensystems, ja der gesamten Mechanik zu entdecken, gab er zur Antwort: „Weil ich auf den Schultern von Riesen gestanden bin." Das klingt bescheiden; anderen vor ihm sei dafür zu danken, dass er so weit hatte blicken können. In Wahrheit aber ist diese Antwort als Attacke gegen Hooke zu lesen, der zwergenhaft klein war.

Über die Verachtung Hookes hinaus aber ging der abgrundtiefe Hass Newtons auf Gottfried Wilhelm Leibniz, den damals größten Gelehrten des europäischen Festlands, den Newton zwar nie persönlich traf, mit dem er aber in jungen Jahren brieflich korrespondierte. Warum hasste Newton ihn so? Leibniz hatte in der Zeitschrift *Acta eruditorum* einige Artikel veröffentlicht, in denen er den „Kalkül" präsentierte, jene mathematische Theorie, als deren Entdecker sich Newton wähnte. Womöglich, so vermutete der argwöhnische Newton, hatte dieser Deutsche die Grundzüge des „Kalküls" aus seinen Briefen herausgelesen, ihn regelrecht bestohlen. Und das Ärgerlichste aus der Sicht Newtons war, dass die Artikel in der *Acta eruditorum* viel früher erschienen als Newtons Buch über die Prinzipien der Naturphilosophie. Auf dem Kontinent galt in wissenschaftlichen Kreisen – ohne dass man Newtons Leistungen im Bereich der Physik schmälern wollte – Leibniz als Entdecker des „Kalküls".

Dass Newtons Gefolgsleute zu jeder sich bietenden Gelegenheit betonten, Newton sei der Erste gewesen, dem die Idee für den „Kalkül" gekommen war, genügte dem sich in seiner Ehre tief gekränkt Fühlenden nicht. Er wollte, dass ein für alle Mal dokumentiert sei, nur ihm, Sir Isaac Newton, komme der Ruhm zu, den „Kalkül" entdeckt zu haben. Sich diese Ehre mit einem Zweiten zu teilen, war in seinen Augen undenkbar, denn der Zweite, also Leibniz, sei nicht genialer Entdecker, sondern hinterlistiger Plagiator. Also wurde auf Drängen Newtons von der Royal Society eine Kommission eingesetzt, die in einem Untersuchungsverfahren zu klären hatte, wer als Erster den „Kalkül" entworfen hatte. Die Tücke dahinter war, dass Newton als Präsident der Royal Society die Mitglieder dieser Kommission wie Marionetten beherrschte und von seiner Sicht der Dinge zu überzeugen verstand. Der Endbericht, den die nur scheinbar unabhängige und nach objektiven Kriterien urteilende Kommission erstellte, wurde von Newton im Voraus Wort für Wort diktiert. Carl Djerassi, weltberühmter amerikanischer Chemiker mit österreichischen Wurzeln, hat im Zuge seiner zweiten Karriere als Schriftsteller im Drama „Kalkül" diese von Newton inszenierte Schmiere effektvoll beschrieben.

Nun, dreihundert Jahre später, sind wir angesichts der bekannten Korrespondenz zwischen Newton und Leibniz und der übrigen historischen Umstände sicher, dass die Entdeckung des „Kalküls" beiden Forschern ungefähr zur gleichen Zeit gelang, aber jedenfalls ohne dass der eine vom anderen abkupferte. Wobei französische Wissenschaftshistoriker nie versäumen, auf die Leistungen des Rechtsgelehrten und Hobbymathematikers Pierre de Fermat hinzuweisen, der bereits vor Newton und Leibniz die Grundzüge des „Kalküls" erahnt hatte. Aber da Fermat seine Erkenntnisse bloß in Briefen, oft verschleiert, oder in privaten Notizen aufzeichnete, waren sie damals nur dem kleinen Zirkel seiner engsten Freunde bekannt. Erst Jahrzehnte später hat der Schweizer Mathematiker Euler die bahnbrechenden Ideen Fermats einer breiten mathematischen Öffentlichkeit vermittelt.

Der „Kalkül" dürfte im 17. Jahrhundert wirklich „in der Luft gelegen" sein: Völlig unabhängig von Fermat, Newton oder Leibniz hatte der japanische Mathematiker Seki Takakazu ein Rechenverfahren entwickelt, das dem in Europa entdeckten „Kalkül" auf wundersame Weise entspricht.

Aber in Wahrheit hatte bereits Archimedes im dritten vorchristlichen Jahrhundert jedenfalls zu einem gewichtigen Teil den „Kalkül" vorweggenommen. Ja, er verstand sogar besser als Newton oder Leibniz, wie man ihn präzise begründen kann. An einem einfachen Rechenbeispiel, das Archimedes vielleicht anlässlich seiner Reise nach Alexandria im fernen Ägypten kennengelernt hatte, können wir den Unterschied zwischen dem unbeschwerten Rechnen der ungestümen Draufgänger Leibniz und Newton, die wie Reiter über den Bodensee hinwegfegten, und der tiefsinnigen Gedankenführung des Archimedes gut verstehen:

Ägyptische Brüche

Ägypten war neben Mesopotamien jenes Land, in dem die erste Hochkultur der Menschheit entstand. Wie viele andere Völker der grauen Vorzeit glaubten auch die Ägypter an eine Vielzahl von Göttern, die das Schicksal der Menschen und der Welt bestimmen. Der Götterhimmel der Ägypter ist verwirrend groß: Einer der vielen verschiedenen Traditionen gemäß ist Atum der Sonnengott, Schu der Gott der Luft, Tefnut die Göttin der Feuchtigkeit, Geb der Gott der Erde, Nut die Göttin des Himmels, und die Gottheiten Isis, Osiris, Seth, Nephtys sind Urenkel des Atum. Horus, der Sohn von Isis und Osiris, ist der meistverehrte ägyptische Gott. Der Pharao gilt als Verkörperung des Horus auf der Welt. Die Augen des Horus sind Sonne und Mond, wobei der Mond das „Udjat-Auge" genannt wird.

Der Sage nach riss Seth, der Bruder von Osiris, Horus das Auge aus, als sich beide Rivalen im Kampf um den Thron von Osiris befanden, und zerbrach es. Thot, der weise Mondgott, Schutzpatron der Wissenschaften und der Schreibkunst, sah die unzählig vielen Teile, große und kleine, und versuchte, sie wieder zusammenzusetzen.

Das größte Bruchstück war genau die Hälfte des Udjat-Auges, das zweitgrößte genau ein Viertel des Udjat-Auges. Als Thot sie zusammenfügte, heilte er schon drei Viertel des Auges. Der nächstgrößte Teil war genau ein Achtel des Udjat-Auges. Thot gab es zu dem bereits geheilten

Ägyptische Brüche

Stück hinzu und heilte so schon sieben Achtel des Auges. Der nächstgrößte Teil war genau ein Sechzehntel des Udjat-Auges. Thot gab es zu dem bereits geheilten Stück hinzu und heilte so 15 Sechzehntel des Auges. Der nächstgrößte Teil war genau ein Zweiunddreißigstel des Udjat-Auges. Thot gab es zu dem bereits geheilten Stück hinzu und heilte so 31 Zweiunddreißigstel des Auges. Der nächstgrößte Teil war genau ein Vierundsechzigstel des Udjat-Auges. Thot gab es zu dem bereits geheilten Stück hinzu und heilte so 63 Vierundsechzigstel des Auges. So arbeitete Thot geduldig und setzte bis auf ein Vierundsechzigstel das von Seth zerbrochene Auge des Horus wieder zusammen.

In dieser eigenartigen Geschichte hatten die Ägypter die Bruchzahlen

$$\frac{1}{2}, \frac{1}{4}, \frac{1}{8}, \frac{1}{16}, \frac{1}{32}, \frac{1}{64}$$

entdeckt. Der Name „Bruchzahl" ist dabei sehr treffend gewählt, weil er an das zerbrochene Auge des Horus erinnert.

Wir wissen nicht, ob Archimedes die Geschichte vom zerbrochenen Auge des Gottes Horus gehört hat. Wir wissen nicht einmal mit letzter Bestimmtheit, ob er tatsächlich jemals in Ägypten war. Aber wenn Archimedes diese eigenartige Erzählung vernommen hat, wird er sich sofort die Frage gestellt haben: Was ist, wenn der Gott Thot nicht nur die sechs größten Bruchteile des Auges zusammengesetzt hätte, sondern die Heilung des Auges weiter vorangetrieben hätte? Jeder nachfolgende Bruchteil ist halb so groß wie der vorangegangene; in *unendlich* viele Bruchstücke ist das Auge zerfallen. Wäre es Thot gelungen, das Auge vollständig wiederherzustellen?

Ganz sicher nicht, so würde Archimedes geantwortet haben. Denn wie lange er auch geduldig die Bruchstücke addierte, immer noch würden Splitter, gar unendlich viele, übrig bleiben. Aber Archimedes hatte auch erkannt: Je geduldiger Thot arbeitete, umso besser geriet sein Werk. Denn was fehlte, wenn er einmal nach mühsamer Arbeit das

Der größte Mathematiker

Zusammensetzen beendete? Nur jener kleine Teil des Auges, der so groß ist wie das kleinste Bruchstück, das er als Letztes hinzugefügt hatte. Die Lücke wird mit jedem Arbeitsschritt in ihrer Größe halbiert und daher mit der Zeit unscheinbar klein. Allein wenn Thot die ersten 64 Bruchstücke des Auges zusammengesetzt hätte, bliebe nur mehr eine Lücke übrig, die genau

$$\frac{1}{18\ 446\ 744\ 073\ 709\ 551\ 616},$$

also weniger als ein Achzehntrillionstel des ganzen Auges ausmacht – wir erinnern uns hier an die Geschichte vom Maharadscha, dem weisen Mann und dem Schachbrett, bei dem auf den 64 Feldern die Anzahl der Reiskörner jeweils verdoppelt wird.

Daher legen wir Archimedes die folgende Antwort in den Mund: Je geduldiger Thot das Auge des Horus zusammensetzt, umso besser gerät sein Heilungswerk; selbst den kleinsten Hauch einer Lücke, den Horus als winzigen „blinden Fleck" empfindet, kann Thot nach weiterem mühseligem Aneinanderfügen der Bruchstücke verkleinern.

Wie schon bei Archimedes wissen wir auch bei Newton oder Leibniz nicht, ob sie die Geschichte vom zerbrochenen Auge des Gottes Horus kannten. Doch ganz sicher hätten die beiden Erfinder des „Kalküls" anders, deutlich unbefangener als Archimedes geantwortet, hätte man sie gefragt, ob es Thot jemals gelingen würde, das Auge vollständig wiederherzustellen:

Ganz sicher, so hätten sie geantwortet. Denn sie glaubten sich vorstellen zu können, dass Thot – und bei Göttern ist ja vieles uns Menschen Undenkbare möglich – unendlich lange an der Zusammensetzung des Auges arbeitet, dass er nicht nur die ersten sechs Bruchstücke zusammensetzt, sondern alle *unendlich* vielen. Dann hätte er das ganze Auge lückenlos geheilt. In einer Formel geschrieben:

$$\frac{1}{2}+\frac{1}{4}+\frac{1}{8}+\ldots=1.$$

Ägyptische Brüche

Das Ungeheuerliche an dieser Formel sind die drei Punkte ... nach dem letzten Pluszeichen. Denn sie symbolisieren, so Newton und Leibniz, *unendlich* viele weiter zu addierende Bruchzahlen, die nachfolgende stets halb so groß wie die zuvor genannte. Aber eine Addition mit unendlich vielen Summanden kann niemand bewerkstelligen. Nicht im Kopf, nicht mit Bleistift und Papier, nicht mit dem Abakus und auch nicht mit einem hochmodernen High Performance Computer.

Den Erfindern des „Kalküls" war dies zwar bewusst, aber sie meinten, dass zwar wir hinfälligen Menschen bloß endlich viele Summanden addieren können, Gott – für Newton und Leibniz ist es nicht mehr einer der ägyptischen Götter, sondern der christliche Gott – hingegen habe in seiner Allmacht auch bei einer Addition mit unendlich vielen Summanden kein Problem. Und insgeheim waren sie stolz, dass ihnen mit dem „Kalkül", wie sich Einstein gerne ausdrückte, ein „Blick in die Karten des Alten" gegönnt war, sie dem Allmächtigen ein Stück des Geheimnisses beim Umgang mit dem Unendlichen entreißen konnten.

Wie gingen die Erfinder des „Kalküls" vor? Wir wollen die unendliche Summe

$$\frac{1}{2}+\frac{1}{4}+\frac{1}{8}+\ldots$$

ausrechnen, behaupten sie. Bei ihr werden unendlich viele Summanden addiert, der erste Summand ist ½ und der jeweils nachfolgende stets um die Hälfte kleiner als sein Vorgänger. Lassen wir den ersten Summanden ½ weg, bleibt

$$\frac{1}{4}+\frac{1}{8}+\ldots$$

übrig. Hier steht offenkundig genau die Hälfte der obigen Summe. Und diese Hälfte ist um ½ kleiner als die obige Summe. Also muss die

Der größte Mathematiker

obige Summe 1 sein. Denn zieht man von 1 die Zahl ½ ab, bleibt ½ übrig, und das ist die Hälfte von 1.

Wer das zum ersten Mal liest, wird anfangs noch stutzig sein, weil das Argument wie der Trick eines Falschspielers klingt. Aber liest man es langsam, mehrfach und lässt man sich auf die Gedankenführung ein, überzeugt sie immer mehr, bis man von ihrer Stringenz beeindruckt ist.

Wer sich davon sicher *nicht* hätte beeindrucken lassen, war Archimedes. Seine Deutung hielt er für überzeugender: Einerseits bleibt jede *endliche* Summe der Bruchstücke des Udjat-Auges kleiner als 1. Andererseits wird jede Zahl, die kleiner als 1 ist, von einer *endlichen* Summe der Bruchstücke des Udjat-Auges übertroffen, wenn Thot nur genügend viele dieser Bruchstücke addiert. Die Summe der Bruchstücke des Udjat-Auges nähert sich daher der Zahl 1 *beliebig genau* an. Mehr aber könne man nicht sagen.

Dass Archimedes mit seiner Skepsis recht hatte, zeigt das folgende Beispiel einer anderen unendlichen Summe, nämlich:

$$1 + 2 + 4 + 8 + 16 + \ldots .$$

Halten wir uns an die Erfinder des „Kalküls", lautet der analoge Gedankengang so: Wir wollen diese unendliche Summe ausrechnen, behaupteten sie. Bei ihr werden unendlich viele Summanden addiert, der erste Summand ist 1 und der jeweils nachfolgende stets um das Doppelte größer als sein Vorgänger. Lassen wir den ersten Summanden 1 weg, bleibt

$$2 + 4 + 8 + 16 + 32 + \ldots$$

übrig. Hier steht offenkundig genau das Doppelte der obigen Summe. Und dieses Doppelte ist um 1 kleiner als die obige Summe. Also muss die obige Summe −1 sein. Denn zieht man von −1 die Zahl 1 ab, bleibt −2 übrig, und das ist das Doppelte von −1.

Es ist wortgetreu das gleiche Argument wie oben. Wer vom obigen Gedankengang überzeugt war, muss es hier genauso sein. Aber das Argument der Erfinder des „Kalküls" führt zu dem wahrhaft paradoxen Ergebnis

$$1 + 2 + 4 + 8 + 16 + \ldots = -1.$$

Da stimmt doch etwas nicht! In der Tat: Die Erfinder des „Kalküls" muteten sich bei ihrer Behauptung, mit unendlichen Summen rechnen zu können, zu viel zu.[6] Sie waren mathematische Genies, aber mathematische Götter waren sie nicht.

Die Rinder des Sonnengottes

Wobei man es sich als bitteres Los vorstellen muss, ein griechischer Gott zu sein, eine jener Gestalten, die Hesiod und Homer in ihren phantasievollen Erzählungen beschrieben haben. Die Götter der Griechen sind – die aufgeklärten Griechen zur Zeit Platons wussten es natürlich – ein Ausbund von Widerlichkeit: der nach allem, was weiblich ist, gierende Göttervater Zeus, die ihn eifersüchtig verfolgende Hera, die aus dem Schaum des Meeres geborene Aphrodite, die jedem Gott und jedem Sterblichen die Augen verdreht, die aus dem Kopf des Zeus entsprungene, ewig jungfräuliche und zickig launische Athene, der dunkle, die Unterwelt beherrschende Hades und die verzweifelt in seinem Schattenreich hausende Persephone: All diese und noch viele andere Gottheiten und Halbgötter sind Produkte überspannter Phantasien. Sie sind glatter Schwindel. Modern gesprochen: Homer und Hesiod erfanden in den Augen der aufgeklärten Griechen das, was man heute Soap-Operas nennt: Am Olymp, jenem Berg, auf dem die Götter hausen, spielen sich Intrigen, Tragödien und Komödien sonder Zahl ab, die – wie bei Soap-Operas üblich – kein Ende finden. Denn der

Der größte Mathematiker

einzige Unterschied zwischen Menschen und Göttern ist, so hören wir von den einfallsreichen Dichtern, dass jene sterblich sind, diese aber nicht sterben können.

Trotzdem wurden die Ilias und die Odyssee, die beiden großen dichterischen Werke des Homer, von den gebildeten Griechen mit Begeisterung gelesen. Weil sich hinter all den vordergründigen Geschichten von Liebe, Hass und Verrat tiefe Wahrheiten verbergen, in der Schönheit der Sprache, in der Pracht der damals gesungenen Verse und in der Kraft des dichterischen Einfallreichtums. Auch Archimedes hatte die Odyssee gut gekannt und eine ihn offenkundig faszinierende Episode für ein mathematisches Rätsel verwendet, das seinesgleichen sucht.

Nachdem Odysseus und seine Gefährten den schrecklichen Ungeheuern Skylla und Charybdis entkommen waren, näherten sie sich der von Helios, dem Sonnengott, beschützten Insel Sizilien, Trinakria genannt, der späteren Heimat des Archimedes. Odysseus selbst wollte an ihr vorbeisegeln, aber seine Gefährten überredeten ihn, auf der paradiesischen Insel Halt zu machen, um für ein paar Tage Ruhe zu finden. Odysseus warnte sie, sich ja nicht an den auf Sizilien weidenden Rindern zu vergreifen. Denn sie waren heilige Tiere, dem Gotte Helios geweiht. Doch als sich die mitgebrachten Vorräte zu Ende neigten und ungünstige Winde keine Weiterfahrt erlaubten, missachteten die hungrigen Gefährten des Odysseus seine Warnung und schlachteten einige der Rinder. Das sollte ihnen nicht gut bekommen. Helios verlangte vom Göttervater Zeus Genugtuung für die frevelhafte Tat. Kaum hatten Odysseus und seine Gefährten Sizilien verlassen, brach ein Unwetter herein. Zeus schmetterte Blitze gegen das Schiff, und bis auf Odysseus, der keines der Rinder des Helios berührt hatte und sich an einen Mast geklammert retten konnte, ging die gesamte Mannschaft unter.

Archimedes stellte nun sich und einem Akademikerfreund die Frage, wie viele Rinder damals eigentlich auf Siziliens sonnendurchtränkten Weiden gegrast hatten.

Die Rinder des Sonnengottes

1773 entdeckte Gotthold Ephraim Lessing, damals Bibliothekar der Herzoglich-Braunschweigischen Bibliothek in Wolfenbüttel, in einem Codex dieser Bibliothek einen von Archimedes verfassten Brief, der an den von Archimedes als Kollegen geschätzten alexandrinischen Gelehrten Eratosthenes gerichtet war. Zum Inhalt hatte er ein ausgeklügeltes mathematisches Rätsel, das in einem aus 44 Doppelzeilen bestehenden Gedicht formuliert war. In ihm stellte Archimedes eben diese Frage: Wie viele Rinder des Sonnengottes Helios gab es an den Gestaden Siziliens?

Als Information teilte Archimedes dem Eratosthenes höchst verwickelte Beziehungen zwischen den Zahlen der weißen, der schwarzen, der braunen und der gefleckten Rinder, sorgfältig nach Kühen und Stieren getrennt, mit.[7] Die Aufgabe bestand aus zwei Teilen. Der erste war – jedenfalls im Vergleich zum zweiten – noch einfach. Archimedes konnte annehmen, dass sein Kollege Eratosthenes dieser ersten Teilaufgabe gewachsen war. Bei ihr brauchte man nur die vier Grundrechenarten zu beherrschen – allerdings musste man sehr geübt sein, denn der Rechenaufwand ist beachtlich. Falls Eratosthenes die erste Teilaufgabe gelöst hat, wird er erkannt haben, dass die Zahl der Rinder ein Vielfaches von 50 389 082 beträgt. Wie groß dieses Vielfache ist, bleibt bei der ersten Teilaufgabe noch offen. Bei der mühseligen Art, wie die Griechen der Antike Zahlen benannten, ist eine so große Zahl wie 50 389 082 zu fassen ein fast unlösbares Unterfangen. Archimedes dürfte sich diebisch gefreut haben, als er sich vorstellte, wie sehr sich Eratosthenes schon beim ersten Aufgabenteil abmühen musste.

Aber der zweite Teil der Aufgabe ist noch viel verwickelter. Er verlangt, wenn man die Angaben des Archimedes richtig übersetzt, dass man zur Berechnung der Gesamtzahl der Rinder, die ein ganzzahliges Vielfaches von 50 389 082 beträgt, noch zwei zusätzliche Zahlen berechnen muss. Aus ihnen ergibt sich nämlich, wie groß das ganzzahlige Vielfache mindestens ist. Und diese beiden zusätzlichen Zahlen stehen, so Archimedes, zueinander in einer sehr subtilen Beziehung, bei der 410 286 423 278 424, ein wahrer Zahlenriese, die entscheidende Rolle spielt.[8] Das Geschick des Archimedes bei seiner Aufgabenstellung bestand überdies darin, dass er die oben genannte 410-Billionenzahl mit keiner Silbe erwähnte, sondern sie in poetischen Worten zu verkleiden verstand.

Allein dass Archimedes das plumpe griechische Zahlensystem überwand und mit einer so großen Zahl wie 410 286 423 278 424 rechnete, ringt Bewunderung ab. Aber noch erstaunlicher ist, dass er offenbar wusste, dass sein zweiter Aufgabenteil jedenfalls im Prinzip einer Lösung zugänglich ist. Im Prinzip, weil niemand die Lösung ohne moderne technische Hilfsmittel berechnen kann. Zu groß sind die dabei auftretenden Zahlen, zu mühselig die dafür notwendigen Rechnungen. Auch Archimedes wird sich nicht damit abgemüht haben. Es wird ihm genügt haben zu wissen, dass es die Lösung sicher gibt. Und vor allem war sich Archimedes einer Tatsache gewiss: Eratosthenes stand bei dem zweiten Teil des Rätsels auf heillos verlorenem Posten. Er, Archimedes, aber wusste um die Existenz der Lösung. Kein anderer, nicht einmal der ihm fast ebenbürtige Eratosthenes, konnte ihn in der Beherrschung der Mathematik übertreffen.

Erst im Jahre 1965 haben Hugh Williams, Gus German und Bob Zarnke mit den damals besten Rechenmaschinen, einer IBM 7040 und einer IBM 1620, nach einer Gesamtrechenzeit von fast acht Stunden aus dem Rätsel des Archimedes die Zahl der Rinder des Sonnengottes ermittelt. Es handelt sich um ein schier überwältigendes Ergebnis, eines Gottes wahrhaft würdig. Sind es doch mehr als $7{,}76 \times 10^{206545}$ Rinder – dies ist eine Zahl, die mit den Ziffern 776 ... beginnt und sage und schreibe 206 546 Stellen besitzt!

Die Zahl der Atome im Universum ist im Vergleich dazu fast ein Nichts. Und ein solch einzigartiges Genie erledigte ein barbarischer Soldat mit einem Handstreich. „O quam cito transit gloria mundi!"

Die Rinder des Sonnengottes

(„Oh wie schnell vergeht der Ruhm der Welt!") klagt zu Recht Thomas von Kempten, der große niederländische Mystiker des ausgehenden Mittelalters.

Die größten Zahlen der Mathematik

Eine Zahl nach der anderen

Eins, zwei, drei, und so weiter. So kommen die Zahlen zustande, Und zwar *alle* Zahlen: Man beginnt mit eins und gibt zur zuletzt genannten Zahl Eins hinzu. So kommt man von eins zu zwei, von zwei zu drei. Und so weiter.

Dieses „und so weiter" verbirgt einen bodenlosen Abgrund.

Denn das Zählen besitzt kein Ende. Zu jeder Zahl kann man eins hinzuzählen. Keine Zahl ist die letzte.

Wenn kleine Kinder zählen lernen, sind sie ganz stolz, über zehn, danach sogar über zwanzig hinaus zählen zu können. Sobald sie einundzwanzig erreicht haben, brauchen sie sich nur mehr die Zahlworte der Zehnerfolge zu merken. Begeistert stimmen sie den Singsang an, der sie von eins über jede Zahl bis zu hundert führt. Und wenn sie erkennen, dass man auch hundert überschreiten kann, zählen sie begierig weiter. Nur ihre Erschöpfung oder die ihrer Eltern setzt dem Zählen ein Ende.

Was aber, wenn man diese Erschöpfung zu überwinden trachtet?

Im Jahr 1965 begann der polnische Maler Roman Opalka – er war

Die größten Zahlen der Mathematik

knapp 34 Jahre alt – das Projekt des Zählens als eine Tätigkeit, die im wahrsten Sinne des Wortes das Leben kostet. Die restlichen 46 Jahre seines Daseins widmete er sich ausschließlich der von ihm selbst gestellten Aufgabe: zu zählen. Auf großen Leinwänden, jede von ihnen 196 Zentimeter hoch und 135 cm breit, malte er mit dem feinsten verfügbaren Pinsel in titanweißer Schrift jeweils links oben Zeile für Zeile bis rechts unten in ein paar Millimeter großer Schrift eine Zahl nach der anderen. Ein paar Monate, nachdem er mit 1 begonnen hatte, war er bei 35 327 angekommen und hatte die dunkle Leinwand vollgeschrieben. Gleich danach fuhr er auf der nächsten Leinwand fort. Hunderte dieser Bildtafeln, die Opalka „Details" seines unvollendbaren Werks „Opalka 1965: 1 – ∞" nannte, beschrieb er, rund vierhundert Zahlen pro Tag. Immer, wenn er mit einer neuen Tafel begann, grundierte er zuvor das Leinen. Die ersten „Details" sind schwarzgrau grundiert. 1972 entschied Opalka, als er bei einer Million, der Zahl 1 000 000 angelangt war, der Grundierungsfarbe bei jedem folgenden „Detail" ein paar Tropfen zinkweißer Farbe beizumengen, so dass mit der Zeit die „Details" immer heller wurden: von schwarzgrau über dunkelgrau, mittelgrau, hellgrau, mattweiß bis zu hellweiß – genauso weiß wie die Schrift der Zahlen.

Schließlich konnte der weit über 70 Jahre alte Opalka die von ihm gemalten Zahlen nur während des Schreibens im feuchten Zustand erkennen. Im getrockneten Zustand muss man in einem bestimmten Winkel auf das „Detail" blicken, um den leisen Unterschied zwischen der zinkweißen Grundierung und der titanweißen Schrift erahnen zu können. Auf jeden Pinsel, den Opalka verwendete, wurde die Zahl eingraviert, die Opalka malte, als er diesen Pinsel zum ersten Mal in die Hand nahm, und jene, die Opalka malte, als er ihn endgültig aus der Hand legte. In die Farbe getaucht wurde ein Pinsel nur in der Atempause zwischen einer vollständig angeschriebenen Zahl und dem Zählbeginn der nächsten Zahl.

Eine Zahl nach der anderen

Während des Malens sprach Opalka die Zahl in seiner polnischen Muttersprache aus und zeichnete sein Zählen mit einem Tonbandgerät auf – kilometerlange Bänder zeugen von seiner monotonen Arbeit. Die polnische Sprache ist dafür deshalb gut geeignet, weil bei ihr die Zahlen in der Folge der Ziffern von links nach rechts genannt werden – nicht so wie im Deutschen, wo man zum Beispiel „vierzig-zwei" schreibt aber „zweiundvierzig" dazu sagt. Am Ende jedes Arbeitstages fotografierte sich Opalka vor dem Gemälde, an dem er gerade arbeitete: immer im weißen Hemd, immer mit nüchtern sachlichem Gesichtsausdruck, immer bei gleichem Lichteinfall. Sein Blick auf den Betrachter erinnert frappant an den Blick Dürers bei seinem „Selbstbildnis im Pelzrock": der gleiche Ernst, die gleiche Erhabenheit, die gleiche Melancholie, der gleiche Stolz.

Mit diesem Stolz antwortet Opalka auf die Feststellung, er sei zum Sklaven seines Konzepts geworden: „Das sagen diejenigen, welche zu Sklaven ihrer Existenz geworden sind." Bei ihm sei es anders: „Wenn ich die Zahlen male, ist das wie ein Spaziergang", erklärte er im Sommer 2008 dem Kunsthistoriker Peter Lodermeyer: „Und dann hat man die Chance, die Freiheit, interessante Fragen zu stellen. Nicht, dass ich beim Malen immer philosophische Fragen habe. Von Zeit zu Zeit ist dieser Moment da, wo ich mich diesen Fragen stellen kann, weil ich dieses Programm realisiere. Nie hat ein Mensch so viel Zeit gehabt, sich mit solchen Fragen zu treffen. Das genau ist das Programm, dieser Weg, dieser Prozess, die Zahlen zu malen. Nie ist ein Mensch so frei gewesen. Die Pharaonen vielleicht, sie haben große Macht gehabt und die Pyramiden. Das ist in gewissem Sinn auch eine Pyramide, was ich da male. Das ist eine Freiheit, die sich vielleicht nicht einmal ein Philosoph schaffen kann. Ein Philosoph hat den Zwang, immer etwas Intelligentes zu produzieren. Ich brauche das nicht."

Zählen ist keine Kunst. Auch der Künstler Roman Opalka war dieser Ansicht – obwohl sich seine „Details" als Kunstwerke gut verkaufen:

Die größten Zahlen der Mathematik

Christie's erzielte 2010 für drei seiner Gemälde stolze 1 285 366 Dollar. Opalka sieht in den „Details" mehr als Kunst, er sieht in ihnen die Dokumente seines Lebens: „Der Sinn meines Lebens liegt in der Sinnlosigkeit, auf dem Aufeinanderreihen von logischen Zeichen zu beharren, ohne bestimmtes Ziel, auf dem Weg zu mir selbst."

Als sich Opalka der Zahl 4 000 000 näherte, lud er ein Kamerateam in sein Atelier im südfranzösischen Bazérac ein, das ihn beim mönchischen Zählen filmte. Dabei waren es nicht einmal so sehr die „runden" Zahlen, die ihn in den Bann zogen, sondern vielmehr jene, die aus der gleichen Ziffer gebildet sind. Ganz besonders angetan war er von diesen Zahlen, wenn auch die Zahl der Stellenwerte mit jener der Ziffer übereinstimmt. Das sind also nach 1 die Zahlen 22, 333, 4444. Sie brachte er auf seiner ersten Bildtafel unter. Danach folgt 55 555; erst in einem späteren „Detail" taucht sie auf. Bis Opalka die Zahl 666 666 malen konnte, musste er schon Jahre vergehen lassen. Wunderbar wäre es, so hoffte er bis kurz vor seinem Tod, bis zu 7 777 777 vordringen zu können. Die Zahl 88 888 888 ist hingegen jenseits seiner irdischen Kraft. Hätte er früher mit seinem Unternehmen begonnen, wäre 7 777 777 für ihn möglicherweise noch erreichbar gewesen. Es mag die bittere Einsicht gewesen sein, die ersten 34 Jahre seines Lebens sinnlos vergeudet zu haben, die ihn schon zu Beginn seines Projekts in eine Krankheit stürzte. Als Peter Lodermeyer ihn fragte: „Aber wann hat Ihr Werk denn angefangen, als Sie die 1 gemalt haben oder damals in Warschau, als Sie im Café auf Ihre Frau gewartet haben und Ihnen die Idee zu dem Konzept gekommen ist?", antwortete er: „Um im Bild zu bleiben, die Liebe hat damals im Café angefangen, aber die Realisierung dieser Liebe kam erst nach ungefähr sieben Monaten. Also, die 1 wäre die Realisierung. Ich hatte es schon in Amsterdam erzählt: Ich hätte sterben können in dem Moment, wo ich eine echte Emotion gehabt habe, weil ich schon wusste, was da anfängt als Konzept. Ich wusste, das wird sich durch mein ganzes Leben ziehen. Wenn du so eine kleine

Zahl malst, die 1, dann hast du eine Emotion, das kannst du dir nicht vorstellen. Nach ein paar Wochen hatte ich ein Herzproblem, denn die Spannung war so unglaublich stark. Nicht nur, weil das so gut war, sondern wegen des Opfers, das ich mein ganzes Leben lang für dieses Werk bringen musste. Das war das Problem. Ich war einen Monat mit Herzrhythmusstörungen im Krankenhaus, das war beängstigend. Nach einem Monat bin ich zurück – und habe weitergemacht, bis heute. Kunst braucht Intelligenz, aber nicht unbedingt mehr als die emotionalen, körperlichen, mentalen Anteile. Leonardo da Vinci hat das gesagt, und wie recht hat er: ‚L'arte e una cosa mentale'. Das ist phantastisch. Dieser Satz enthält eine ganze Welt."

Am 6. August 2011 starb Roman Opalka. Er hat 233 „Details" gemalt, mehr als fünfeinhalb Millionen Zahlen gezählt.

Quadrat- und Kubikzahlen

Schneller kommt man beim Zählen voran, wenn man nur die geraden Zahlen 2, 4, 6, 8, 10, ... zählt und die ungeraden Zahlen 1, 3, 5, 7, 9, ... auslässt. Lange Zeit dürfte in der Geschichte der Menschheit diese Bündelung in Paaren vorgeherrscht haben. Andere Bündelungen kannte man wohl noch nicht. Die Sprache belegt diese Vermutung. Während wir für Zahlen, die durch zwei teilbar sind, den Namen „gerade Zahlen" haben, kennen wir keine Bezeichnung für Zahlen, die durch drei teilbar sind. Und während eine Zahl, die bei der Division durch zwei den Rest eins lässt, mit dem Wort „ungerade" bezeichnet wird, ist für eine Zahl, die bei der Division durch drei den Rest eins oder den Rest zwei besitzt, kein besonderer Name geläufig.

Während die Folge der geraden Zahlen auch von kleinen Kindern in Windeseile begriffen wird, tun sie sich beim Aufzählen der Folgen der durch drei teilbaren, der durch vier teilbaren und der durch noch größere Ziffern teilbaren Zahlen erheblich schwerer. Aber zum Einüben des „kleinen Einmaleins" müssen sie die „Dreierfolge" 3, 6, 9, 12, 15, ..., die „Viererfolge" 4, 8, 12, 16, 20, ... und alle weiteren Folgen bis hin zur „Neunerfolge" 9, 18, 27, 36, 45, ... brav auswendig lernen. Erst bei der „Zehnerfolge" 10, 20, 30, 40, 50, ... fühlen sie sich erlöst, weil sie so einfach wie das Zählen selbst ist.

Zwar erreicht man mit Bündeln gleichen Umfangs, wenn man zum Beispiel in Dutzenden oder – heute fast schon unbekannt – in Schocks, also in 60er-Bündeln zählt, bei ähnlichem Aufwand größere Zahlen als beim Zählen der Einzeldinge. Aber zu Zahlen, die von gänzlich anderer Größenordnung sind, gelangt man dadurch nicht.

Was hingegen das Bündeln die Menschen früher Hochkulturen lehrte, war das Multiplizieren. Und zugleich ein geometrisches Bild dessen, was die Multiplikation bedeutet. Wenn man zum Beispiel ein „Sechserbündel" als sechs dicke Punkte in einer Zeile darstellt und wenn sieben derartige Zeilen untereinander geschrieben werden, hat man die Zahl 42 als „Rechteckzahl", nämlich als 7×6 dargestellt. Töricht ist jener, der die Punkte dieser Rechteckzahl der Reihe nach abzählt, bis er bei 42 zu Ende kommt. Dieses Zählen ist unnötig, denn das Rechnen liefert einem sofort das Ergebnis: es ist die Zahl 7×6.

So kommt man mit dem Multiplizieren zu größeren Zahlen als mit dem Zählen allein. Allerdings nicht zu allen Zahlen. Die sogenannten Primzahlen sträuben sich dagegen – wir kommen später darauf zu sprechen. Aber wenn zum Beispiel Platon verlangt, dass in seinem idealen Staat genau 5040 Bürger leben sollen, braucht er diese nicht einzeln abzuzählen. Es genügt, wenn sie in der Formation eines Rechtecks antreten: 60 Bürger jeweils in einer Reihe. Dann muss es 84 derartige Reihen geben, denn 84×60 stimmt mit 5040 überein.

Ungeschickter wäre es gewesen, Platon hätte die Bürger in einer Zweierreihe antreten lassen. Dann hätte er bis 2520 zählen müssen. Je

Quadrat- und Kubikzahlen

näher also das Rechteck einem Quadrat gleichkommt, umso effektiver ersetzt das elegante Multiplizieren das stümperhafte Zählen.

Können die Punkte, die eine Zahl symbolisieren, zu einem quadratischen Muster geordnet werden, nennt man die Zahl eine Quadratzahl. Es ist klar, dass die ersten Quadratzahlen

$$1 \times 1 = 1, \ 2 \times 2 = 4, \ 3 \times 3 = 9, \ 4 \times 4 = 16,$$
$$5 \times 5 = 25, \ ...$$

lauten. Die Folge 1, 4, 9, 16, 25, 36, 49, 64, 81, 100, 121, 144, ... der Quadratzahlen wächst rasch. Und es ist bemerkenswert, dass die Folge der Differenzen jeder Quadratzahl zu ihrer vorhergehenden, also

$$4 - 1 = 3, \ 9 - 4 = 5, \ 16 - 9 = 7, \ 25 - 16 = 9,$$
$$36 - 25 = 11, \ ...$$

mit 3 beginnend die ungeraden Zahlen liefert.

Multipliziert man nicht zwei, sondern drei Zahlen miteinander, zum Beispiel 3 × 4 × 5, bildet man gleichsam Bündel von Bündeln. Sieht man 4 × 5 als Rechteckzahl, bei der vier aus jeweils fünf Punkten bestehende Zeilen untereinandergeschrieben sind, werden bei 3 × 4 × 5 drei dieser Rechtecke aufeinandergestapelt. Es entsteht ein Quader, der aus insgesamt 60 Punkten besteht. Die Tatsache, dass man die relativ große Zahl 60 so einfach mit drei Ziffern fassen kann, beeindruckte die frühen Rechenmeister in grauer Vorzeit sicher sehr. Die größte auf diese Weise aus drei einstelligen Ziffern gebildete Zahl ist 9 × 9 × 9 = 729, im Vergleich zur Ziffer 9 ein wahres Zahlenmonster.

Allgemein spricht man von einer Kubikzahl, wenn sie sich als dreifaches Produkt einer Zahl mit sich selber schreiben lässt. Ihr geometrisches Bild ist ein Würfel, lateinisch *cubus*, daher ihr Name. Die ersten Kubikzahlen lauten

Die größten Zahlen der Mathematik

$$1 \times 1 \times 1 = 1, \quad 2 \times 2 \times 2 = 8, \quad 3 \times 3 \times 3 = 27,$$
$$4 \times 4 \times 4 = 64, \quad 5 \times 5 \times 5 = 125, \ldots.$$

Wie man sieht, wächst die Folge 1, 8, 27, 64, 125, 216, 343, 512, 729, 1000, 1331, 1728, ... der Kubikzahlen erheblich rasanter als die Folge der Quadratzahlen. Die 200. Kubikzahl lautet 200 × 200 × 200, beträgt also 8 000 000, acht Millionen. Sie ist größer als die Zahl 7 777 777, die Roman Opalka vorschwebte, nach jahrzehntelangem Malen noch erreichen zu können.

Auf den ersten Blick wirkt 200 × 200 × 200 niedlich: Zweihundert Punkte in *einer* Zeile angeschrieben, das kann man sich ganz gut vorstellen. Zweihundert derartige Zeilen der Reihe nach untereinander gesetzt, auch dieses Punktequadrat überfordert unsere Vorstellungskraft kaum. Und zweihundert derartige Quadrate übereinandergeschichtet, was sollte daran gigantisch sein? Aber trotzdem: Roman Opalka nahm sich, bildhaft gesprochen, vor, jeden einzelnen Punkt dieses Kubus zu berühren, seine Nummer auf die Leinwand zu bannen. Und selbst nach 46 Jahren dieser ermüdend monotonen Tätigkeit ist es ihm nicht gelungen, bis zum letzten Punkt dieses Kubus vorzudringen. Opalka erlosch mitten in ihm.

Wie sehr uns die Kubikzahlen narren können, begreifen wir, wenn wir hören, dass die Sonne ziemlich genau hundertzehnmal größer sei als die Erde. Dieses „hundertzehnmal" stimmt schon, wenn man sich auf den Radius der Sonnenkugel und den Radius der Erdkugel bezieht: jener beträgt knapp 700 000 Kilometer, dieser knapp 6400 Kilometer. Und tatsächlich ist 110 × 6400 = 704 000. Aber was das Volumen betrifft, ist die Sonne

$$110 \times 110 \times 110 = 1\,331\,000,$$

also mehr als 1,3 Millionen mal größer als die Erde. Und in Wahrheit kommt es beim Vergleich darauf an, und nicht auf den Radius.

Quadrat- und Kubikzahlen

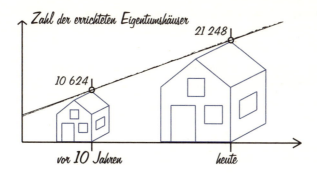

Abb. 5: In der Graphik hat das rechts gezeichnete Haus zwar die doppelte Höhe des linken Hauses, es besitzt aber dessen achtfaches Volumen.

Niemand behaupte, dass ihn diese „Verwirrung im Kubik" im täglichen Leben nie beträfe. Ein simples Beispiel belehrt eines anderen: Eine Nachrichtenagentur meldet, dass sich in den letzten zehn Jahren die Zahl der errichteten Eigentumshäuser verdoppelt habe. Flugs entscheidet die Redaktion einer Zeitschrift, diese Botschaft mit einer anschaulichen Grafik zu verdeutlichen. Auf einer waagrechten Achse werden der Zeitpunkt vor zehn Jahren und der gegenwärtige Zeitpunkt eingetragen, senkrecht über dem Zeitpunkt vor zehn Jahren ein Punkt, dessen Höhe über der waagrechten Achse die damalige Zahl der Eigentumshäuser symbolisiert, und senkrecht über dem gegenwärtigen Zeitpunkt ein doppelt so weit von der waagrechten Achse entfernter Punkt, der die jetzige Zahl der Eigentumshäuser darstellt. So weit, so richtig. Die beiden eingetragenen Punkte werden geradlinig verbunden – was ein wenig gewagt ist, weil niemand weiß, ob die Zahl der Eigentumshäuser wirklich so gleichmäßig stieg. Aber dem Chefredakteur ist diese Grafik immer noch zu abstrakt. „Wir müssen das griffiger hinkriegen", feuert er die Grafiker an, „zeichnen wir zwei Häuser in die Grafik hinein! Ein kleines, das links beim Zeitpunkt vor zehn Jahren

89

errichtet ist und bis zu dem Punkt über ihm reicht, und ein doppelt so hohes für den jetzigen Zeitpunkt." Gesagt, getan: Die Grafik wird damit zum begehrten Blickfang der Leser, die erstaunt sind, wie gewaltig die Zahl der Eigentumshäuser zugenommen hat. Denn die meisten unter ihnen beobachten weder den Verlauf der ansteigenden Geraden, noch lesen sie die angeführten Zahlen, sondern sie werden vom Bild der beiden Häuser gefangen genommen. Und dadurch getäuscht. Denn das größere, graphisch aufgeblasene Haus hat zwar die doppelte Höhe, aber die vierfach größere Fassade und sogar das achtfache Volumen …

Mundus vult decipi – die Welt will betrogen werden.

Potenzen und Prozente

5040 Bürger wünschte sich Platon in seinem idealen Staat. Niemand weiß, warum es genau so viele sein sollen. Ein Grund mag gewesen sein, dass 5040 das Produkt der ersten sieben Zahlen ist: $1 \times 2 \times 3 \times 4 \times 5 \times 6 \times 7 = 5040$. Ein zweiter Grund, dass das Produkt der Zahlen von sieben bis zehn – jener Zahl zehn, die Pythagoras die „Zahl der Allvollkommenheit" genannt haben soll – ebenfalls 5040 ergibt: $7 \times 8 \times 9 \times 10 = 5040$.

Jedenfalls war den Griechen der Antike schon das Multiplizieren mit mehr als zwei oder drei Faktoren bekannt. Und wenn es sich bei diesen Faktoren immer um die gleiche Zahl handelt, spricht man von den Potenzen dieser Zahl. Betrachten wir als Beispiel die Zahl sieben. Ihre Potenzen lauten, abgesehen von 7 selbst,

$$7 \times 7 = 49, \ 7 \times 7 \times 7 = 343, \ 7 \times 7 \times 7 \times 7 = 2401,$$
$$7 \times 7 \times 7 \times 7 \times 7 = 16\,807, \ \ldots$$

Potenzen und Prozente

Die Potenzen einer Zahl, die größer als eins ist, wachsen offenbar rasant. Außerdem ist ab dem vierfachen Produkt einer Zahl mit sich selbst auf den ersten Blick nur schwer zu erkennen, wie oft diese Zahl mit sich selbst multipliziert werden soll. Darum einigten sich Mathematiker auf eine Schreibweise, die schon im 14. Jahrhundert der englische Kardinal, Theologe und Philosoph Thomas Bradwardine verwendet haben soll: Eine rechts oben angeschriebene Hochzahl, der sogenannte Exponent, teilt mit, wie oft die Zahl mit sich selbst multipliziert wird. Wir schreiben also

$$7^1 = 7, \ 7^2 = 49, \ 7^3 = 343, \ 7^4 = 2401, \ 7^5 = 16807, \ \ldots$$

Bei der Zahl 10 haben wir diese Notation bereits mehrfach verwendet: Eine Million, geschrieben als eins mit sechs aufeinanderfolgenden Nullen, besitzt als Zehnerpotenz die Gestalt 10^6, und es ist dies tatsächlich die Zahl 10 sechsmal mit sich multipliziert.

Nur die Potenzen von 1 sind langweilige Gesellen. Denn sie ergeben immer 1. Doch sobald man eins um ein nur kleines Bruchstück vergrößert, wachsen die Potenzen dieser nur ein klein wenig größer als eins seienden Größe anfangs noch harmlos, aber in späterer Folge kometenhaft an.

Dies zu wissen, kann vor finanziellen Katastrophen bewahren:

Davon erzählt eine traurige, aber gottlob nur erfundene Geschichte, die in der Toskana zur Zeit der Renaissance spielt. Der Bauer Simplicio will in der Nähe von Siena Grund erwerben und leiht sich von der Bank „Monte di Pietà" dafür hundert Florin. Jede einzelne dieser hundert schönen und wertvollen Münzen besteht aus mehr als dreieinhalb Gramm reinsten Goldes; hundert Florin sind ein beachtliches Vermögen. „Wir borgen dir gerne dieses Geld", murmelt diskret der Bankbeamte, während Simplicio die Münzen in seinen Sack steckt, „aber bedenke: Deine Schuld wird jedes Jahr um zehn Prozent größer."

Die größten Zahlen der Mathematik

„Zehn Prozent, was bedeutet das?", fragt Simplicio. Und der Bankbeamte erklärt es ihm:

„Wenn du jetzt die hundert Florin nimmst, bist du uns dieses Geld schuldig. Du musst es uns zurückzahlen. Müssen wir ein Jahr warten, bis du uns das Geld zurückbringst, wollen wir nicht nur das bekommen, was du uns heute schuldig bist, sondern überdies zehn Prozent dazu. Zehn Prozent, wörtlich ‚zehn von hundert', bedeuten zehn Hundertstel der Schuld. Das ist ein Zehntel der Schuld, die du noch zusätzlich zahlen musst."

„Ich will aber nicht mehr zurückzahlen, als ich mir von Euch borge", entrüstet sich Simplicio.

„Es tut mir leid, dann kann ich dir das Geld nicht geben", gibt sich der Bankbeamte zerknirscht und greift nach Simplicios Sack. „Aber du kannst in ganz Siena fragen:

Kein Verleiher borgt dir Geld einfach nur so. Sie alle wollen Zinsen. Die meisten von ihnen sogar fünfzehn, manche Wucherer gar zwanzig Prozent. Denk doch nach: Wenn du den Grund erworben und beackert hast, bist du in einem Jahr sicher reicher als heute, samt Sack. Du wirst die Schuld zusammen mit den Zinsen gewiss leichten Herzens zahlen können."

Simplicio willigt ein. Er nimmt das Geld, unterschreibt den Schuldschein, auf dem die zehn Prozent Zinsen vermerkt sind, mit drei Kreuzen, kauft den Grund und hofft auf baldigen Reichtum.

Doch der stellt sich so schnell nicht ein. Sieben magere Jahre suchen Siena und seine Umgebung heim. Fast alle, bis auf die besonders Reichen, haben um das Nötigste fürs Überleben zu kämpfen. An Sparen ist nicht zu denken. Und auch die darauffolgenden sieben Jahre sind nicht sonderlich fett. Mit Müh und Not vermag Simplicio Monat für Monat ein paar Florin zur Seite zu legen, denn der Kredit, den er einst in der „Monte di Pietà" aufgenommen hatte, muss einmal zurückgezahlt werden.

Potenzen und Prozente

Nach 14 Jahren ist es schließlich so weit. Simplicio hat hundert Florin und für jedes der vierzehn Jahre jeweils zehn Florin zusammengelegt, zusammen 240 Florin, mit denen er endlich seine Schuld begleichen möchte.

In der Bank wird er zu einem jungen, arroganten Angestellten geführt, auf dessen Schreibtisch er die 240 Florin legt. Der Schnösel hat den Schuldschein und einen Zettel mit ein paar Rechnungen vor sich liegen, zählt mit widerwilliger Miene das Geld und sagt danach mit eiseskalter Stimme: „Das ist bei Weitem nicht genug." „Wieso nicht", empört sich Simplicio, „ich habe hundert Florin und für jedes der 14 Jahre noch zusätzlich zehn Florin für die Zinsen mitgebracht."

„Ihre Schuld beträgt jetzt 380 Florin. Ich nehme einmal die 240 Florin, aber Sie sind uns noch immer 140 Florin schuldig. Im Übrigen: Für diese 140 Florin werden wir in Zukunft einen Jahreszinssatz von zwölf Prozent …" Simplicio hört den Schluss dieses Satzes nicht mehr. Wutentbrannt stürmt er aus dem Zimmer, läuft durch die Gassen Sienas und findet sich in einer Spelunke wieder, in der sich die Rebellen der Noveschi treffen: Banden, die Siena in Angst und Schrecken versetzen. Bei einem der zahlreichen Aufstände, bei denen Simplicio in erster Reihe mit gezücktem Säbel voranschreitet, verliert sich seine Spur.

Das Schicksal des armen Simplicio war bereits in dem Augenblick besiegelt, als er glaubte, man müsse beim Rechnen mit Prozenten addieren. Dies ist der schwerste Fehler der Prozentrechnung, und er wurde nicht nur von unserem erfundenen Helden Simplicio begangen, er ist bis heute weit verbreitet. In Wahrheit darf man beim Rechnen mit Prozenten nicht addieren, man muss *multiplizieren*.

Simplicio hatte zehn Prozent von hundert Florin berechnet und diese zehn Florin als Zins betrachtet, den er Jahr für Jahr auf seine Schuld aufschlagen muss. Die Cossisten der „Monte di Pietá" aber rechneten so: Ein Zinssatz von zehn Prozent bedeutet, dass sich in einem Jahr das geliehene Kapital um den Faktor $1 + 10\% = 1 + {}^{10}/_{100}$

Die größten Zahlen der Mathematik

vergrößert, also mit der Dezimalzahl 1 + 0,1 = 1,1 *multipliziert* wird. Im ersten Jahr macht das im Vergleich zur Rechnung des Simplicio keinen Unterschied. Nach dem ersten Jahr muss Simplicio

$$100 \times (1 + {}^{10}/_{100}) = 100 \times 1{,}1 = 110 = 100 + 10$$

Florin zurückzahlen. Nach dem zweiten Jahr glaubt Simplicio, dass er 100 + 20, also 120 Florin zurückzahlen muss. Die Bank hingegen vermehrt seine Schuld von 110 Florin wieder um 10 %, indem sie 110 mit 1,1 *multipliziert*, und notiert bereits eine Schuld von 121 Florin in ihre Bücher. Der Unterschied zwischen 120 und 121 nimmt sich noch harmlos aus. Aber schon nach sieben Jahren merkt man, dass er sich zu Simplicios Ungunsten vermehrt: Nach dem siebenten Jahr glaubt Simplicio, dass er 100 + 7 × 10, also 170 Florin zurückzahlen muss. Die Bank hingegen vermehrt seine ursprüngliche Schuld von 100 Florin siebenmal um 10 %, *multipliziert* also 100 siebenmal mit 1,1. Dies ergibt

$$100 \times 1{,}1 \times 1{,}1 \times 1{,}1 \times 1{,}1 \times 1{,}1 \times 1{,}1 \times 1{,}1 = 100 \times 1{,}1^7 =$$
$$100 \times 1{,}9487171,$$

also aufgerundet eine Schuld von 195 Florin.

Das also war die Rechnung, die auf dem Schreibtisch des jungen Angestellten lag: Er hatte die Potenzen von 1,1 bis zu $1{,}1^{14}$ aufgelistet vor sich liegen und festgestellt, dass $1{,}1^{14}$ rund 3,7975 beträgt. Diese Zahl mit den hundert Florin, die Simplicio als Schuld aufgenommen hatte, multipliziert, ergibt aufgerundet jene 380 Florin, die der Angestellte von Simplicio verlangt.

Dass der Angestellte Simplicio nicht erklärt, wie er auf den Betrag von 380 Florin gekommen ist, versteht sich fast von selbst: Simplicio ist ein leseunkundiger Bauer des 15. Jahrhunderts. Ein wenig addieren kann er, aber vom Multiplizieren hat er keine Ahnung. Deshalb rennt er ahnungslos in sein Unglück.

Die wichtigste Rechnung und das viele Geld

Wenn man bei 1,1⁷ = 1,9487171 großzügig aufrundet, stimmt 1,1⁷ etwa mit 2 überein. Dies bedeutet, dass sich bei einem Zinssatz von zehn Prozent im Verlauf von sieben Jahren die ursprüngliche Schuld fast verdoppelt. Wie ist das bei einem anderen Prozentsatz? Nehmen wir an, es wird Geld zu einem Jahreszins von zwei Prozent verliehen. Um festzustellen, nach wie vielen Jahren sich die Schuld verdoppelt haben wird, braucht man nur der Reihe nach die Potenzen von 1 + 2 % = 1 + ²/₁₀₀ = 1 + 0,02 = 1,02 auszurechnen. Sie beginnen anfangs nur langsam zu wachsen: auf jeweils zwei Nachkommastellen gerundet

1,02² = 1,04, 1,02³ = 1,06, 1,02⁴ = 1,08, 1,02⁵ = 1,10.

Diese Rechnungen zeigen: Nach fünf Jahren ist bei zwei Prozent Jahreszins die Schuld um zehn Prozent angewachsen. So viel, wie bei einem Jahreszins von zehn Prozent nach einem Jahr. Darum wird es bei einem Jahreszins von zwei Prozent fünfmal länger dauern, bis sich die Schuld verdoppelt hat, als bei einem Jahreszins von zehn Prozent. Mit anderen Worten: Bei einem Jahreszins von zwei Prozent wird sich nach fünf mal sieben, also nach 35 Jahren eine Verdopplung der Schuld ereignen. Tatsächlich zeigt die Rechnung mit dem Taschenrechner, dass 1,02³⁵ = 1,999889552 …, also praktisch 2 ist. Und was für die Schulden gilt, gilt genauso für das Kapital, das man mit einem bestimmten Jahreszinssatz als Sparguthaben anlegt.

Die beiden genannten Zahlenbeispiele belegen eine Faustregel, die zu den wichtigsten Rechnungen zählt, welche die Mathematik der Menschheit geschenkt hat: Legt man ein Kapital zu einem bestimmten Prozentsatz Jahreszinsen an, braucht man nur *die Zahl 70 durch die Zahl der Prozente zu dividieren,* und man weiß, nach wie vielen Jahren sich das Kapital verdoppelt hat.[9]

Die größten Zahlen der Mathematik

Auf diese Verdopplung kommt es an. Denn wie bereits betont: Das Rechnen mit Prozenten beruht auf der Multiplikation.

Ein Beispiel: Angenommen, der heilige Josef, Marias Bräutigam, legt zu Christi Geburt für das kleine Jesuskind einen Euro bei der Bank von Bethlehem zum Zinssatz von 3,5 Prozent an. Dann hat sich nach 70:3,5, also nach 20 Jahren, der eine Euro zu zwei Euro verdoppelt. Nach 200 Jahren hat er sich zehnmal verdoppelt. Wegen $2^{10} = 1024$ also praktisch vertausendfacht: Aus einem Euro sind rund 1000 Euro geworden. Drei Nullen sind nach 200 Jahren an den einen Euro angehängt worden. Und heute, nach mehr als 2000 Jahren, sind zehn mal drei Nullen an den einen Euro angehängt worden. Jesu Erben könnten 1 000 000 000 000 000 000 000 000 000 Euro von der Bank von Bethlehem abholen. Eine Quintillion Euro. Das ist doch absurd!

Die Lösung des Rätsels besteht weniger darin, dass Jesus keine Erben hatte.

Die Lösung des Rätsels besteht schon eher, aber auch nicht ganz darin, dass die Bank von Bethlehem keine 2000 Jahre durchhält. Die Sieneser Bank „Monte di Pietá" unserer Geschichte gibt es sogar noch heute: Sie wurde 1492 gegründet und 1624 in „Monte dei Paschi di Siena" umbenannt. Es ist die älteste noch existierende Bank der Welt.

Die Lösung des Rätsels besteht vielmehr darin, dass es damals, zu Christi Geburt, keinen Euro gab, sondern Sesterzen. Eine Währung, die es heute nicht mehr gibt. Und Geld dazwischen, Taler, Florin, Gulden, gibt es heute auch nicht mehr. Kriege und Krisen, Inflationen und Währungsreformen vernichteten sie.

Wenn Zahlen ins Unvorstellbare anwachsen, werden sie auch für die Wirtschaft unzähmbar.

Donald Knuths Zahlenmonster

Mit der Erfindung der Potenzen steht der Mathematik ein Mittel zur Verfügung, Zahlen zu benennen, die selbst mit Multiplikationen, von Additionen ganz zu schweigen, kaum erreichbar sind. Denn man kann ja Potenzen noch einmal potenzieren und einen sogenannten „Potenzturm" bilden, so zum Beispiel

$$5^{4^3}.$$

Allerdings ist hier darauf zu achten, dass es zwei Lesarten für diesen Potenzturm gibt. Eine Lesart besteht darin, dass man zuerst 5^4 berechnet, dies ist die Zahl 625, und dann von dieser die dritte Potenz, also $625^3 = 244\,140\,625$. In diesem Fall hat man den Potenzturm als

$$\left(5^4\right)^3 = 625^3 = 244\,140\,625$$

gelesen. Eine andere Lesart wäre, dass man zuerst 4^3 berechnet, dies ist die Zahl 64, und dann 5 zu dieser Potenz erhebt, also 5^{64} ermittelt: Das ist ein Zahlenriese, der mit 5421 … beginnt und aus 45 Stellen besteht. In diesem Fall hat man den Potenzturm als

$$5^{(4^3)} = 5^{64} =$$

$$542\,101\,086\,242\,752\,217\,003\,726\,400\,434\,970\,855\,712\,890\,625$$

gelesen. Schreibt man einen Potenzturm ohne Klammern, einigt man sich darauf, immer die zweite der beiden genannten Lesarten zu meinen. Mit anderen Worten: Man „arbeitet" den Potenzturm von rechts oben nach links unten „ab". Diese Vereinbarung trifft man nicht nur deshalb, weil diese Lesart im Allgemeinen zu den viel größeren Zahlen führt, sondern vor allem darum, weil die andere Lesart den Potenzturm als solchen eigentlich gar nicht benötigt. Denn es ist zum Beispiel

$$\left(5^4\right)^3 = 5^4 \times 5^4 \times 5^4 = 5^{4+4+4} = 5^{4\times3},$$

Die größten Zahlen der Mathematik

getreu dem Merkspruch aus der Schule: „Potenzen werden potenziert, indem man ihre Hochzahlen multipliziert."

Die größte Zahl, die man bloß mit Hilfe von drei Ziffern schreiben kann, lautet demnach

$$9^{9^9}.$$

Es ist der aus drei Neunern bestehende Potenzturm. Dieser Zahlenriese beginnt mit 4281 ... und hat 369 693 100 Stellen.

Der an der Stanford University lehrende Informatiker Donald E. Knuth ersetzte die von Bradwardine erfundene Potenzschreibweise durch eine neue Symbolik, die der einfachen Schrift, mit der Computer programmiert werden, besser angepasst ist: Statt 3^2 schrieb Knuth 3↑2. Der senkrechte Pfeil ersetzt gleichsam den Befehl, die nachkommende Zahl als Hochzahl zu schreiben. Damit, so entdeckte Knuth, kann man auch Potenztürme abkürzen: Es soll 3↑↑2 einen Potenzturm beschreiben, der aus zwei aufeinandergetürmten Zahlen 3 besteht. Das bedeutet: 3↑↑2 = 3↑3 = 3^3 = 27. Hier merkt man es noch nicht, aber dieser Doppelpfeil hat es in sich! Denn 3↑↑3 ist bereits der Potenzturm, der aus drei aufeinandergetürmten Zahlen 3 besteht, also

$$3↑↑3 = 3↑3↑3 = 3^{3^3} = 3^{27} = 7\,625\,597\,484\,987,$$

und 3↑↑4 ist der Potenzturm, der aus vier aufeinandergetürmten Zahlen 3 besteht, also

$$3↑↑4 = 3↑3↑3↑3 = 3^{3^{3^3}} = 3^{7\,625\,597\,484\,987}.$$

Dieser Zahlenriese beginnt mit 1258 ... und hat 3 638 334 640 025 Stellen, ist also noch größer als der aus drei Neunern bestehende Potenzturm, den Knuth mit 9↑↑3 abkürzte.

Knuth baute seine Bezeichnung um einen weiteren Schritt aus: Setzte er zwischen zwei Zahlen einen Dreifachpfeil, so teilte die rechts vom Dreifachpfeil stehende Zahl mit, wie oft die links vom Dreifachpfeil stehende Zahl aufgeschrieben und dazwischen ein Doppelpfeil gesetzt wurde. Ausgewertet werden diese eigenartigen Objekte genauso wie die Potenztürme immer von rechts nach links. Es ist zum Beispiel 3↑↑↑2 die Abkürzung von 3↑↑3. Das ist die noch locker fassbare Zahl 7 625 597 484 987. Hingegen ist

$$3↑↑↑3 = 3↑↑3↑↑3 = 3↑↑7\,625\,597\,484\,987.$$

Bei dieser Zahl handelt es sich um einen Potenzturm, bei dem über der Basis 3 sage und schreibe 7 625 597 484 986 Ziffern 3 übereinandergetürmt sind. Und von der obersten Spitze bis nach unten ist dieser Potenzturm „abzuarbeiten".

Die Zahl 3↑↑↑3 ist so groß, dass nicht die geringste Chance besteht, auch nur annäherungsweise zu beschreiben, aus wie vielen Stellen sie besteht, gar mit welchen Ziffern sie beginnt.[10]

Geheimnisvolle Zahlen

4 294 967 297

Mehr als viereinviertel Milliarden. Auch unter dem Eindruck von Knuths Zahlenmonstern noch eine scheinbar mächtige Zahl. Groß sicher, wenn man sie mit dem Eurozeichen versieht. Es gibt nicht viele Menschen, die über mehr als vier Milliarden Euro Privatkapital verfügen. Finanzminister hingegen reden täglich über solche Summen. Wobei sie eher von „rund" 4,3 Milliarden sprechen. Den Unterschied zum genauen Betrag – er beläuft sich auf ein wenig mehr als erkleckliche fünf Millionen – vernachlässigen sie großzügig. Finanzämter sind bekanntlich penibler. In den Zwanzigerjahren des vorigen Jahrhunderts waren hingegen 4,3 Milliarden Mark lächerlich wenig. Im November 1923 konnte man in Deutschland für zehn Milliarden Mark gerade noch eine Briefmarke kaufen. Geldscheine mit Millionen-Mark-Beträgen wurden beim damals herrschenden kalten Wetter buchstäblich verbrannt. Die 297 Mark am rechten Ende des oben genannten Betrags hatten schließlich nicht einmal den Wert eines Haares. Am 16. November 1923 bekam man für das Tausendfache von 4,2 Milliarden Mark, also erst für 4,2 Billionen Mark Papiergeld, einen ganzen Dollar.

Geheimnisvolle Zahlen

4 294 967 297 Meter. Eine gewaltige Strecke. Sie entspricht mehr als dem Hundertfachen des Erdumfangs. Angestellte von Fluglinien, umherjettende Manager, eine Reihe von Menschen werden sie bereits zurückgelegt haben. Der Mond ist von der Erde weniger als ein Zehntel dieser Strecke entfernt.

Atomdurchmesser hingegen misst man in Ångström, einem Hundertmillionstel Zentimeter. Wenn man 4 294 967 297 Atome mit einem Ångström Durchmesser in einer Linie nebeneinander aufreihen könnte, ergäbe dies eine Kette von weniger als einem halben Meter Länge.

4 294 967 297 Sekunden. Klingt sehr lange. Aber allzu lang ist dieser Zeitraum auch nicht: Er beläuft sich auf 136 Jahre und etwas mehr als 37 Tage, dauert also nur ein wenig länger als vier Generationen.

4 294 967 297 Jahre dauern mehr als dreißig Millionen mal länger, und dies ist wirklich eine gigantische Dauer: Vor mehr als vier Milliarden Jahren hat sich die feste Kruste der Erde gebildet und sind die Weltmeere entstanden; das ganze Universum ist nur gut dreimal so alt.

4 294 967 297 Tonnen scheinen eine gewaltige Masse darzustellen. Dies ist natürlich der Fall, aber im Vergleich zur Erdmasse, die mehr als eine Billion mal schwerer wiegt, fällt dies buchstäblich kaum ins Gewicht.

Wenn man hingegen stolzer Besitzer von 4 294 967 297 Goldatomen ist, dann hat man lächerliche 0,000 000 000 0014 Gramm Gold in der Hand – unwägbar wenig.

So gesehen kann 4 294 967 297 wenig oder viel bedeuten, je nachdem, mit welcher Einheit man diese Zahl versieht.

Was aber, wenn man sie gar nicht mit einer Einheit verbindet, wenn man von Ökonomie, von Raum, Zeit, Materie absieht, wenn man 4 294 967 297 nur als Zahl und als sonst gar nichts betrachtet? Kann man an ihr etwas Besonderes entdecken? Abgesehen von ihrer ungefähren Größe von 4,3 Milliarden stellt man unmittelbar fest, dass diese

4 294 967 297

Zahl ungerade, also nicht durch zwei teilbar ist. Wer sich noch ein wenig an die Schule erinnert, wird wissen, wie man feststellt, ob eine Zahl durch drei teilbar ist. Dies ist nämlich genau dann der Fall, wenn auch deren Ziffernsumme durch drei teilbar ist.[11] Die Ziffernsumme von 4 294 967 297 beträgt

$$4 + 2 + 9 + 4 + 9 + 6 + 7 + 2 + 9 + 7 = 59.$$

59 ist nicht durch drei teilbar, also ist auch 4 294 967 297 keine durch drei teilbare Zahl. Und weil die Einerstelle von 4 294 967 297 weder fünf noch null lautet, kann man diese Zahl auch nicht durch fünf teilen.

Vielleicht ist 4 294 967 297 eine Primzahl?

Zahlen, abgesehen von 1, die sich nicht als Produkt anderer Zahlen schreiben lassen, die also keine echten Rechteckzahlen sind, heißen Primzahlen. Im Unterschied zu Primzahlen sind sogenannte „zusammengesetzte Zahlen" echte Rechteckzahlen. Das heißt, man kann sie als Produkt von zwei Zahlen schreiben, die beide größer als 1 sind. Geometrisch: Man kann ein rechteckiges Raster von so vielen Punkten bilden, wie die zusammengesetzte Zahl angibt. Multipliziert man die Anzahl der Punkte in einer Zeile mit der Anzahl der Punkte in einer Spalte, erhält man die zusammengesetzte Zahl. Weil Pythagoras und seine Schüler – es waren, nebenbei bemerkt, auch Frauen unter ihnen – Zahlen mit Vorliebe als Muster von Punkten schrieben, dürfte der Begriff der Primzahl bereits aus der Zeit stammen, da die Mathematik erfunden wurde: dem sechsten vorchristlichen Jahrhundert.

Primzahlen sind, wie Edmund Hlawka gerne sagte, „spröde Zahlen". Ein wenig erinnern sie an chemische Elemente.

Der Begriff des chemischen Elements entstand, als nach jahrhundertelangen Versuchen der Alchemisten, aus unedlen Materialen Gold herzustellen, die Chemie ihren Siegeszug als Wissenschaft antrat. Der erste große Gegner der Alchemie war der irische Naturforscher Robert

Geheimnisvolle Zahlen

Boyle. 1661 veröffentlichte er ein Buch mit dem Titel „The Sceptical Chymist", in dem er mit den Scharlatanen seiner Zeit abrechnete und sich über die Versuche der zeitgenössischen Goldmacher lustig machte. Nach der Durchführung vieler Versuche erkannte Boyle, woraus sich der „Stoff der Schöpfung" – ein schönes Wort des Physikers Heinz Haber – zusammensetzt. Boyle behauptete, dass die Natur einige elementare Stoffe geschaffen habe, die fundamental existieren und die man nicht künstlich erzeugen könne.

Diese Urstoffe nannte er Elemente. Seiner Meinung nach war jeder Versuch zum Scheitern verurteilt, aus Blei oder Quecksilber Gold machen zu können. Gold sei ein Element – und damit chemisch unzerstörbar und unherstellbar.

Andere Stoffe, wie zum Beispiel Wasser oder Zinnober, sind keine Elemente, sondern chemische Verbindungen. Setzt man Wasser einer elektrischen Spannung aus, zerfällt es in Wasserstoff und Sauerstoff. Erhitzt man Zinnober mit einer Flamme, zerfällt es in Quecksilber und Schwefel.

Was für die Stoffe in der Natur gilt, stimmt auch für die Zahlen in der Mathematik. Auch sie setzen sich aus „Urbausteinen" zusammen. Aber in der Mathematik muss man unterscheiden, ob man die Zahlen mit dem sehr einfachen Rechengesetz der Addition oder dem etwas komplizierteren Rechengesetz der Multiplikation erzeugt.

Die Entstehung der Zahlen aus der Addition ist wirklich simpel. Man geht von der ersten Zahl 1 aus. Wenn man zu ihr andauernd eins addiert, erhält man 2, 3, 4, … – alle Zahlen. Daher gibt es nur ein „Element", aus dem sich alle Zahlen zusammensetzen: die Eins.

Die Entstehung der Zahlen aus der Multiplikation ist ein wenig verworrener, dafür auch interessanter: Wieder gehen wir von der Zahl 1 als erster Zahl aus. Aber man kommt mit der Eins, wenn man multipliziert, nicht über sie hinaus: Wie oft man auch 1 mit sich selbst multipliziert, immer wird nur 1 das Ergebnis sein.

Das erste eigentliche „Element" der Zahlen – aus der Sicht der Multiplikation – ist die Zahl 2. Aus ihr entstehen der Reihe nach die Zahlen $2 \times 2 = 2^2 = 4$, $2 \times 2 \times 2 = 2^3 = 8$, $2 \times 2 \times 2 \times 2 = 2^4 = 16$ und so weiter. Aber alle Zahlen erhält man auf diese Weise noch nicht. Die kleinste Zahl, die in dieser Liste fehlt, ist 3. Daher hat man neben 2 auch noch 3 als „Element" im Zahlenreich aufzunehmen. Solche „Elemente" wie 2 oder 3 nennt man in der Mathematik Primzahlen – ein Wort gebildet aus dem lateinischen „primus", der Erste. Denn man beginnt mit den Primzahlen, alle Zahlen aus Multiplikationen zu bilden.

Mit den Primzahlen 2 und 3 kommt man beim Multiplizieren zu den Zahlen $2 \times 2 = 4$, $2 \times 3 = 6$, $2 \times 2 \times 2 = 8$, $3 \times 3 = 9$, $2 \times 2 \times 3 = 12$ und so weiter: Wie man sieht, werden noch immer nicht alle Zahlen dargestellt. Die nächsten Zahlen, die in der Liste fehlen, sind 5 und 7. Auch sie sind Primzahlen.

Es war der brillante Einfall der griechischen Gelehrten Euklid von Alexandria und Eratosthenes von Kyrene, beide eine Generation nach Alexander dem Großen in der Bibliothek von Alexandria tätig, diesen Gedanken auszubauen:

Euklid fand heraus, dass mit *keiner endlichen* Liste von Primzahlen *alle* Zahlen als Produkte der Primzahlen aus der Liste dargestellt werden können. Welche Produkte man aus den Primzahlen der endlichen Liste auch immer bildet, nie werden alle Zahlen von diesen Produkten erschlossen. Euklid begründet dies so: Er berechnet das Produkt aller Primzahlen der Liste und addiert zu diesem Resultat die Zahl 1. Auf diese Weise hat er eine Zahl gefunden, die durch keine Primzahl der Liste teilbar sein kann. Diese Zahl ist daher kein Produkt von Primzahlen der vorgelegten Liste.

Verdeutlichen wir Euklids Überlegung anhand eines konkreten Beispiels: Angenommen, jemand behauptet, die Zahlen 2, 3, 5, 7, 11 und 13 bildeten die Gesamtheit aller Primzahlen, mehr gäbe es nicht. Dann

Geheimnisvolle Zahlen

müsste, so argumentiert Euklid, die Zahl 2 × 3 × 5 × 7 × 11 × 13 + 1, die sich als 30 031 errechnet, als Produkt von Primzahlen dieser Liste schreiben lassen. Doch das ist sicher falsch: Durch keine der Primzahlen der Liste ist 30 031 teilbar, immer bleibt bei der Division der Rest 1. Und weil 30 031 nicht als Produkt der Primzahlen aus der Liste 2, 3, 5, 7, 11, 13 geschrieben werden kann, muss es mehr Primzahlen als die in der Liste genannten geben. Nebenbei bemerkt: Tatsächlich kommen die Primzahlen 59 und 509 in der genannten Liste nicht vor, und es ist 30 031 = 59 × 509.

Eratosthenes gelang es, systematisch eine Liste der Primzahlen zwischen 2 und 100 zu erstellen. Sie lauten

2, 3, 5, 7, 11, 13, 17, 19, 23, 29, 31, 37, 41,
43, 47, 53, 59, 61, 67, 71, 73, 79, 83, 89, 97

und scheinen gesetzlos aufeinanderzufolgen. So als ob es keine Regelmäßigkeiten gibt. Eratosthenes wusste auch, wie man seine Systematik ausbauen konnte und zum Beispiel alle Primzahlen zwischen 1 und 1000 gewinnt. Aber das Argument des Euklid besagt, dass keine Liste *alle* Primzahlen aufzählen kann. Keine endliche Liste von Primzahlen ist vollständig.

Das eigenartig sporadische Auftreten der Primzahlen setzt sich fort: So klafft zwischen den aufeinanderfolgenden Primzahlen 19 609 und 19 661 eine ziemlich große Lücke. Die Primzahlen 19 697 und 19 699 hingegen unterscheiden sich nur um die Differenz zwei. Ein einfaches Gesetz, das die Folge der Primzahlen beschreibt, scheint nicht zu existieren.

Insbesondere wissen wir noch immer nicht, ob 4 294 967 297 eine Primzahl ist oder nicht …

Die Sucht nach Primzahlen

Im Frankreich zur Zeit Richelieus, zu einer Zeit, als die Adeligen und reichen Bürger genügend Zeit für scheinbar nutzlose Beschäftigungen hatten, dilettierten im besten Sinne des Wortes einige von ihnen über Primzahlen. Zu ihnen zählten der am Cours de Monnaies tätige Finanzbeamte Bernard Frénicle de Bessy, der gebildete Paulanermönch Marin Mersenne und der Rechtsanwalt und parlamentarische Rat Pierre de Fermat. Vor allem bemühten sie sich, Formeln zu finden, die in großer Menge, ja vielleicht überhaupt nur Primzahlen lieferten.

Eines der trügerischen Rezepte für Primzahlen, an dem sie sich abarbeiteten, lautet: „Man nehme eine Zahl, addiere dazu ihr Quadrat und die Zahl 41. Dann erhält man eine Primzahl." Anfangs sehen die Ergebnisse vielversprechend aus: Nimmt man 1, lautet dessen Quadrat $1^2 = 1$, und die beiden Zahlen zu 41 addiert ergeben die Primzahl 43, Nimmt man 2, lautet dessen Quadrat $2^2 = 4$. Die beiden Zahlen zu 41 addiert ergeben die Primzahl 47. Bei der 3 lautet das Ergebnis 53, ebenfalls eine Primzahl. Bei der 4 und der 5 kommt man auf die Primzahlen 61 und 71. Und damit ist es noch lange nicht zu Ende. Nimmt man zum Beispiel 10 und addiert dazu dessen Quadrat $10^2 = 100$ sowie die Zahl 41, bekommt man die Primzahl 151. Oder nimmt man 36 und addiert dazu dessen Quadrat $36^2 = 1296$ sowie die Zahl 41, ist das Resultat die Primzahl 1373. Für alle Zahlen von 1 bis 39 liefert das Rezept Primzahlen. Aber bei 40 ist Schluss. Denn addiert man zu 40 dessen Quadrat $40^2 = 40 \times 40$, berechnet man die Zahl 40×41. Und wenn man zu dieser noch 41 addiert, hat man $41 \times 41 = 41^2$ berechnet. Und das kann keine Primzahl sein. (Es ist schön, dass man für diese Feststellung gar nicht zu rechnen braucht. Natürlich kann man ebenso gut argumentieren, dass 40 zu seinem Quadrat $40^2 = 1600$ addiert die Zahl 1640 ergibt und dies um 41 vermehrt auf 1681 führt. Und man kann leicht bestätigen, dass $1681 = 41^2 = 41 \times 41$ keine Primzahl ist.

Geheimnisvolle Zahlen

Aber offenkundig ist das die Rechnung vermeidende Argument weitaus eleganter.)

Marin Mersenne fand ein anderes Rezept. Er zog von Potenzen von 2, also von den Zahlen

$$2^2 = 4, \ 2^3 = 8, \ 2^4 = 16, \ 2^5 = 32, \ 2^6 = 64, \ 2^7 = 128,$$
$$2^8 = 256, \ 2^9 = 512, \ldots$$

immer 1 ab und stellte fest: Nur wenn die Hochzahl eine Primzahl ist, ergibt die Differenz der Zahl 1 von der Zweierpotenz eine Primzahl. In der Tat sind

$$2^2 - 1 = 3, \ 2^3 - 1 = 7, \ 2^5 - 1 = 31, \ 2^7 - 1 = 127$$

lauter Primzahlen. Die Differenz der Zahl 1 von einer Zweierpotenz mit einer Hochzahl, die zusammengesetzt ist, kann keinesfalls Primzahl sein, wie schon die Rechnungen

$$2^4 - 1 = 15 = (2^2 - 1) \times (1 + 2^2) = 3 \times 5,$$
$$2^6 - 1 = 63 = (2^3 - 1) \times (1 + 2^3) = 7 \times 9,$$
$$2^8 - 1 = 255 = (2^4 - 1) \times (1 + 2^4) = 15 \times 17,$$
$$2^9 - 1 = 511 = (2^3 - 1) \times (1 + 2^3 + 2^6) = 7 \times 73$$

belegen.[12] Allerdings erkannte Mersenne, dass sein Rezept nicht immer, sogar nur selten wirkt: Selbst wenn die Hochzahl von 2 eine Primzahl ist, muss die Differenz der Zahl 1 von dieser Zweierpotenz keine Primzahl sein. Zwar stimmt sein Rezept für die Hochzahlen 2, 3, 5 und 7, aber mit der Primzahl 11 als Hochzahl ist auch hier wieder Schluss. Denn $2^{11} - 1 = 2047$ ist das Produkt von 23 und 89.

Ganz Schluss aber ist nicht. Mersenne überprüfte, ob sein Rezept vielleicht noch bei anderen Primzahlen als Hochzahlen wirkt. Tatsächlich stellt er fest, dass

$$2^{13} - 1 = 8191, \ 2^{17} - 1 = 131\,071 \quad \text{und} \quad 2^{19} - 1 = 524\,287$$

Die Sucht nach Primzahlen

Primzahlen sind. Er behauptete, dies träfe auch für die Hochzahlen 31, 67, 127 und 257 zu, sonst aber für keine dazwischen. Ein wenig irrte er sich: Nicht $2^{67} - 1$, sondern $2^{61} - 1$ ist eine Primzahl, auch $2^{89} - 1$ und $2^{107} - 1$ sind Primzahlen, dafür ist $2^{257} - 1$ keine Primzahl. Die Hochzahlen unter 500, bei denen die Differenz der Zahl 1 von der entsprechenden Zweierpotenz eine Primzahl liefert, lauten:

2, 3, 5, 7, 13, 17, 19, 31, 61, 89, 107, 127.

Die größte dieser Differenzen, die aus 39 Stellen bestehende Zahl

$2^{127} - 1$ = 170 141 183 460 469 231 731 687 303 715 884 105 727,

wurde erst 1876 vom französischen Gymnasiallehrer Edouard Lucas als Primzahl identifiziert. Es ist die größte Primzahl, die jemals mit Hand berechnet wurde.

Erst ab 1950 hat man mit elektronischen Rechnern nach dem Rezept von Mersenne noch größere Primzahlen ermittelt und fand bei über dreißig weiteren Differenzen der Zahl 1 von Zweierpotenzen riesige Primzahlen, darunter welche mit mehr als einem Dutzend Millionen Stellen.

Pierre de Fermat wollte seinen Brieffreund Mersenne in der Suche nach großen Primzahlen übertrumpfen. Er brütete ein anderes Rezept aus, das folgendermaßen lautet: Offenkundig ist 3, die Summe von 1 und 2, eine Primzahl, genauer: die erste ungerade Primzahl. Addiert man zu ihr 2, erhält man wieder eine Primzahl, nämlich 3 + 2 = 5. Nun multiplizierte Fermat diese beiden Primzahlen und addierte wieder 2. Er berechnete also 3 × 5 + 2 und erhielt so 17. Auch dies ist eine Primzahl. Als Nächstes multiplizierte er seine drei so gefundenen Zahlen – ihm zu Ehren werden sie „Fermatsche Zahlen" genannt – und addierte wieder 2. Jetzt bekam er bereits eine recht große Zahl, nämlich

3 × 5 × 17 + 2 = 257,

109

Geheimnisvolle Zahlen

und auch sie ist Primzahl. Fermat war von seinem Rezept fasziniert. Er addierte zum Produkt der ersten vier Fermatschen Zahlen 3, 5, 17, 257 die Zahl 2, erhielt die fünfte Fermatsche Zahl

$$3 \times 5 \times 17 \times 257 + 2 = 65\,537$$

und mühte sich viele Stunden ab, um zu kontrollieren, ob diese Zahl eine Primzahl ist. Sie ist es. Jetzt begann er, an die universelle Gültigkeit seines Rezepts zu glauben. Begeistert schrieb er 1640 in einem Brief an Frenicle de Bessy: „Aber hier ist das, was ich am meisten bewundere: Es ist, dass ich nahezu überzeugt bin, dass die Zahlen[13]

$$1 + 2 = 3,\ 1 \times 3 + 2 = 5,\ 1 \times 3 \times 5 + 2 = 17,$$
$$1 \times 3 \times 5 \times 17 + 2 = 257,$$
$$1 \times 3 \times 5 \times 17 \times 257 + 2 = 65\,537,$$
$$1 \times 3 \times 5 \times 17 \times 257 \times 65\,537 + 2 = 4\,294\,967\,297,$$

und die folgende aus zwanzig Ziffern bestehende Zahl

$$1 \times 3 \times 5 \times 17 \times 257 \times 65\,537 \times 4\,294\,967\,297 + 2 =$$
$$18\,446\,744\,073\,709\,551\,617;\ \text{etc.}$$

Primzahlen sind. Ich habe dafür keinen exakten Beweis, habe aber eine große Anzahl von Teilern durch unfehlbare Beweise ausgeschlossen, und meine Überlegungen beruhen auf einer solch klaren Einsicht, dass ich kaum fehlgehen kann."

Hier ist sie, die Zahl 4 294 967 297, von der wir zu Beginn des Kapitels ausgegangen sind. Sie ist die sechste Fermatsche Zahl. Selbst heute ist es, wenn einem nur Bleistift und Papier zur Verfügung stehen, allzu zeitraubend zu überprüfen, ob diese Zahl eine Primzahl ist.

Zwei große Zahlen miteinander zu multiplizieren ist leicht. Herauszufinden, aus welchen Teilern eine große Zahl besteht, ist hingegen außerordentlich mühsam. 1732, knapp hundert Jahre nachdem Fermat diesen Brief verfasst hatte, entdeckte der emsige Schweizer

Mathematiker Leonhard Euler, dass sich Fermat in seiner Überzeugung irrte: Die sechste Fermatsche Zahl 4 294 967 297 ist durch 641 teilbar.[14]

Dieser kleine Lapsus schmälert keineswegs Fermats überragendes Talent im Aufspüren von geheimen Gesetzen hinter den Zahlen. Übrigens hat man die weiteren, auf 4 294 967 297 und 18 446 744 073 709 551 617 folgenden Fermatschen Zahlen untersucht und bislang keine weitere Primzahl unter ihnen gefunden. Und da die Fermatschen Zahlen explosionsartig wachsen, sind solche Untersuchungen unerhört subtil.

Lange Zeit war es pures Vergnügen weltfremd versponnener Zahlenliebhaber, sich mit Primzahlen zu beschäftigen. Denn es schien nichts zu geben, wozu Primzahlen gut sein könnten. Sie sind einfach im Zahlenreich vorhanden wie Goldkörner im Schlamm Alaskas, aber das Gold der Primzahlen schien wertlos zu sein.

In den Siebzigerjahren des vorigen Jahrhunderts stellte sich plötzlich heraus, dass dem nicht so ist. Primzahlen, vor allem große Primzahlen, sind unerhört viel wert, mehr als Gold und Edelstein. Denn sie verhelfen zu ungeahnter Macht. Um das verstehen zu können, müssen wir uns in die düstere Welt der Spione begeben.

Eine Zahl, die aus der Kälte kam

Wir versetzen uns in die Zeit des Kalten Krieges, als aus der Sicht der Geheimdienste die Welt noch „in Ordnung" war. Die Briten und Amerikaner waren auf der Seite des Westens, die Russen auf der des Ostens, und dazwischen schien für ewig unverrückbar ein Eiserner Vorhang errichtet. Er trennte zwei Welten.

Es war die Zeit des George Smiley, des Helden der frühen Romane von John le Carré, in den BBC-Mehrteilern „Dame, König, As, Spion" (1979) und „Agent in eigener Sache" (1982) grandios verkörpert von

Geheimnisvolle Zahlen

Sir Alec Guinness, in der brillanten Kinofassung (2011) des erstgenannten Buchs dann von Gary Oldman.

Einst, in den späten Dreißiger- und den Vierzigerjahren, hatte die britische „Intelligence" – ein besserer Name fiel den Gründern des Geheimdienstes für ihre Firma, die sie später flapsig den „Circus" nannten, nicht ein – mit George Smiley als einem ihrer besten Agenten noch unzweifelhaft für das Gute gestritten: gegen Hitler und, als nach dessen Untergang die Sowjetunion vom Verbündeten zum Feind wurde, auch gegen Stalin. Doch nun, in den 70er Jahren, verkam in Smileys Augen der einst heroische Kampf zum zynischen Spiel. Die moralisch tönenden Ansprüche, mit denen sich die Agenten über Wasser hielten, klangen zunehmend hohl. „Man muss", so sagten die Obersten des Circus, „dreckige Dinge tun, um dafür sorgen zu können, dass die Bürger unseres Landes ruhig in ihren Betten schlafen." Aber Smiley wusste, dass sie sich damit selbst belogen: um die Schuldgefühle zu unterdrücken, wenn wieder einmal angeworbene Verräter vom Feind enttarnt und an die Wand gestellt wurden. Hin- und hergerissen von peinigenden Gewissensbissen einerseits und der unverbrüchlichen Loyalität andererseits, kündigte er alle 14 Tage mit der festen Absicht, sich zur Ruhe zu setzen und seiner Lieblingsbeschäftigung, der Lektüre von Literatur des deutschen Barock, zu frönen. Um ein paar Tage später, manchmal salbungsvoll von aalglatten Bücklingen aus dem Ministerium gerufen, wieder im Circus aufzukreuzen und erneut für Englands Ehre ins Feindesland, in die Kälte zu gehen.

Von dort, genauer aus der Hauptstadt der damaligen Tschechoslowakei, so wollen wir unsere fiktive Geschichte, in der Primzahlen die entscheidende Rolle spielen, beginnen, bittet er den Circus um Hilfe: Ein Agent soll, ausgerüstet mit Decknamen und falschen Papieren, durch den Eisernen Vorhang zu ihm dringen. Smiley will aber nicht irgendeinen, sondern einen ganz bestimmten Agenten treffen: den mit der Nummer 007, keinen anderen. Liebhaber John le Carrés wissen,

Eine Zahl, die aus der Kälte kam

dass man sich 007 nicht wie James Bond vorstellen darf. Der Agent ist vielmehr ein unauffällig aussehender Mann, durch die harte Ausbildung und jahrelange Tätigkeit im Feld zu einem eiskalten Zyniker verkommen; kräftig, verschlagen und – soweit man es von Leuten zweifelhafter Herkunft erwarten darf – verlässlich und gehorsam.

Wie aber gelingt es Smiley, seinen Leuten in London mitzuteilen, dass sie den Agenten mit der Nummer 7 zu ihm senden sollen? Würde er diese Zahl funken oder in einem Brief aufzeichnen, es wäre der glatte Wahnsinn. Denn Smiley weiß: Seine Funksprüche werden abgehört, seine Briefe abgefangen. Sobald die Spione des Ostens die Nummer 7 hören oder lesen, ist der Agent enttarnt, bevor er noch beim Eisernen Vorhang angekommen ist.

Noch verrückter wäre es, nicht die Nummer, sondern den Namen des Agenten nach London zu funken oder zu schreiben. In den Karteikarten des Ostens sind alle Namen und Decknamen der dort bekannten britischen Agenten, zu denen 007 als alter Hase zählt, verzeichnet.

Darum muss sich Smiley entschließen, den Namen des Agenten auf eine geschickte Weise zu tarnen: zu verschlüsseln.

Seit den Anfängen der Menschheitsgeschichte, seitdem die Schrift und die Zahlen erfunden waren, seitdem Rivalitäten, gar Kriege zwischen Völkern herrschten, bemühten sich schlaue Köpfe darum, möglichst geschickt Mitteilungen so als Geheimbotschaften zu chiffrieren, dass sie der Feind mit großer Gewissheit nicht entziffern konnte. Jedenfalls nicht in der kurzen Zeit, während der die Mitteilung bedeutsam war.

Eine jahrtausendealte, sicher schon zur Zeit der Entstehung der Bibel gebräuchliche Methode der Verschlüsselung heißt Atbasch. Der eigenartige Name hat mit den Buchstaben des hebräischen Alphabets zu tun: Der erste Buchstabe א, aleph, cum grano salis das A, und der letzte Buchstabe ת, tow, das T, stehen für die erste Silbe des Wortes Atbasch. Und der zweite Buchstabe ב, beth, also das B, und der vor-

Geheimnisvolle Zahlen

letzte Buchstabe ש, schin, der Zischlaut SCH, für die zweite Silbe (das eingeschobene „a" in „-basch" dient bloß dazu, diese Silbe aussprechen zu können). Die Verschlüsselungsmethode ergibt sich aus ihrem Namen: Man vertauscht in einer Botschaft den ersten Buchstaben des Alphabets mit dem letzten, den zweiten mit dem vorletzten, und so weiter. Dann entsteht daraus ein Buchstabengefüge, das man nur als Wirrwarr empfindet, aus dem man – jedenfalls beim ersten Hinblicken – nicht mehr die ursprüngliche Botschaft zu lesen vermag.

Julius Cäsar hat Verschlüsselungen dieser Art gerne für seine Geheimbotschaften verwendet. Wollen wir zum Beispiel mit dem Atbasch, auf das lateinische Alphabet mit seinen 23 Buchstaben angewendet (das I und das J sowie das U und das V werden jeweils als ein Buchstabe geschrieben und das W kannte man noch nicht – es entstand erst im Mittelalter als doppeltes V), die folgende Geheimbotschaft entschlüsseln:

ZNTZ PXEZ TFE

Zu diesem Zweck brauchen wir nur zweimal das lateinische Alphabet aufzuschreiben: einmal von links nach rechts und direkt darunter von rechts nach links:

A	B	C	D	E	F	G	H	I	K	L	M	N	O	P	Q	R	S	T	V	X	Y	Z
Z	Y	X	V	T	S	R	Q	P	O	N	M	L	K	I	H	G	F	E	D	C	B	A

Dieser Tabelle entnehmen wir, dass wir jeden vorkommenden Buchstaben Z durch A, den Buchstaben N durch L, jeden vorkommenden Buchstaben T durch E, den Buchstaben P durch I, den Buchstaben X durch C, jeden vorkommenden Buchstaben E durch T und den Buchstaben F durch S ersetzen müssen. Führen wir diese Ersetzungen durch, erhalten wir die ursprüngliche Botschaft Cäsars zurück:

ALEA IACTA EST

Dieses berühmte lateinische Zitat, übersetzt: „Der Würfel ist geworfen", soll Cäsar beim Überschreiten des Flusses Rubikon geäußert haben. Den Rubikon mit einem Heer in Richtung Rom zu überschreiten bedeutete nämlich, die militärische Herrschaft über Rom anstreben zu wollen. Es gab danach kein Zurück.

Wie man sehr rasch erkennt, ist die Verschlüsselungsmethode mit dem Atbasch allzu einfach. Es ist als wirklich sicheres Kodierungsverfahren unbrauchbar. Sobald ein Geheimdienst ein wenig Routine besitzt, hat er eine mit dem Atbasch kodierte Mitteilung in Windeseile entschlüsselt.

Dass George Smiley den Namen des Agenten mit dem Atbasch verschlüsselt, kommt folglich nicht in Frage. Auch andere naheliegende Methoden, zum Beispiel jeden Buchstaben durch den unmittelbar nachfolgenden zu ersetzen (ebenfalls eine bereits von Cäsar benutzte Verschlüsselungsvariante), sind den gewieften Spionen des Ostens nicht gewachsen. Smiley muss sich weitaus raffinierterer Verfahren bedienen.

Er weiß darüber gut Bescheid und fordert daher den Circus in London auf, ihm Hilfsmittel zur Codierung seiner Nachricht zu senden. Als Antwort bekommt er aus London zwei Zahlen: den *Modul* 221 und den *Exponenten* 11.

Geheimnisse schmieden und lüften

Sofort stellt sich die Frage: Wie hat es der Circus geschafft, Smiley den Modul 221 und den Exponenten 11 mitzuteilen, ohne dass die Spione des Ostens davon Wind bekommen haben? Die Antwort lautet: Er hat sich gar nicht darum bemüht, diese beiden Zahlen geheim zu halten. Alle dürfen diese Zahlen kennen. Nicht nur Smiley, auch Karla, sein sinistrer Gegenspieler, der im fernen Russland die Fäden aller Ge-

Geheimnisvolle Zahlen

heimdienste des Sowjetreiches zu ziehen versteht. Und Karla weiß auch, was Smiley macht, um die Zahl seines Agenten mit Hilfe des Moduls 221 und des Exponenten 11 zu verschlüsseln, sie unkenntlich zu machen.

Smiley nämlich beginnt zu rechnen.

Das Rechnen des George Smiley ist auf den ersten Blick ein wenig eigenartig, weil er bei seinen Rechenergebnissen nur 221 Zahlen kennt. So viele, wie der Modul angibt. Nämlich die Zahlen

0, 1, 2, 3, 4, …, 216, 217, 218, 219, 220.

Bei jeder größeren Zahl zieht er so oft 221 ab, bis er schließlich wieder zu einer Zahl dieser Liste gelangt. So ersetzt er 221 durch 0, 222 durch 1, 223 durch 2, 224 durch 3 und so weiter. Bei der Zahl 1000 muss er 221 viermal abziehen, denn so häufig ist 221 ganzzahlig in 1000 enthalten. Mit der Subtraktion $1000 - 4 \times 221 = 1000 - 884$ gelangt er zu 116. Smiley schreibt dafür: $1000 \equiv 116$. Statt der zwei Striche des gewöhnlichen Gleichheitszeichens = schreibt er das Zeichen $\equiv$ mit drei Strichen. Gauß, der Erfinder dieses Symbols, sagte dazu, dass 1000 und 116, bezogen auf den Modul 221, *kongruent* sind.

Die Zahlen, so kann man es sich vorstellen, sind als Punkte auf einem Kreis eingetragen. 221 Punkte, bezeichnet mit 0, 1, 2, …, bis zu 220, liegen im gleichen Abstand voneinander auf dem Kreis. Sie bilden die Ecken eines regelmäßigen 221-Ecks. Und Smiley zählt und rechnet so, als ob er diese Punkte auf dem Kreis entlangläuft.

Smiley verschlüsselt die Zahl 7 des Agenten 007 auf folgende Weise: Er multipliziert 7 elf mal mit sich selbst – eben so oft, wie es der ihm vom Circus mitgeteilte Exponent verlangt – und ermittelt danach, zu welcher seiner 221 Zahlen seines Zahlensystems diese Potenz 7^{11}, also das elffache Produkt von 7 mit sich selbst, kongruent ist. Und diese Zahl funkt er zum Circus nach London. Nun ist 7^{11} eine sehr große Zahl. Ihr Wert beträgt

Geheimnisse schmieden und lüften

$$7^{11} = 7 \times 7 \times 7 \times 7 \times 7 \times 7 \times 7 \times 7 \times 7 \times 7 \times 7 = 1\,977\,326\,743.$$

Der Modul 221 ist in ihr 8 947 179-mal enthalten. Subtrahiert man das 8 947 179-Fache des Moduls 221 von dem Zahlenmonster 7^{11}, bleibt der Rest 184. Das ist die Zahl, die Smiley an den Circus schicken sollte, weil sie die Geheimzahl 7 kodiert.

Das einzige Problem, dem sich Smiley gegenübersieht, ist: Sein Taschenrechner kann Zahlenmonster wie 1 977 326 743 nicht packen. Die Anzeige umfasst bloß acht Stellen. Bei der Aufforderung, größere Zahlen zu ermitteln, antwortet sein Rechner mit „Error". Und so große Zahlen mit der Hand zu berechnen, ist für Smiley zu mühsam und auch zu gefährlich. Es darf sich ja beim Kodieren kein Rechenfehler einschleichen. Doch diese Schwierigkeit weiß er auf eine elegante Art zu umschiffen:

Er berechnet nicht direkt das Zahlenmonster 7^{11}, sondern zuerst nur die Potenzen $7^1 = 7$, $7^2 = 7 \times 7$, $7^4 = 7^2 \times 7^2$ und $7^8 = 7^4 \times 7^4$. Die beiden erstgenannten kann er im Kopf ermitteln: $7^1 = 7$ und $7^2 = 49$. Bei der nächsten nimmt er den Taschenrechner zur Hand, erhält $7^4 = 49 \times 49 = 2401$ und verkürzt dieses Ergebnis gleich auf sein Zahlsystem: Der Modul 221 ist in 2401 zehnmal enthalten und die Subtraktion $2401 - 10 \times 221 = 2401 - 2210$ ergibt 191. Darum schreibt Smiley $7^4 \equiv 191$. Für die Berechnung von $7^8 = 7^4 \times 7^4$ verwendet Smiley gleich den Rest 191: Diese Zahl mit sich selbst multipliziert ergibt 36 481. Der Modul 221 ist darin 165-mal enthalten. Zieht man $165 \times 221 = 36\,465$ von 36 481 ab, verbleibt 16. Also schreibt Smiley $7^8 \equiv 16$. Er hat damit die folgende Liste vor sich:

$$7^1 \equiv 7, \quad 7^2 \equiv 49, \quad 7^4 \equiv 191, \quad 7^8 \equiv 16.$$

Zur Berechnung von 7^{11} braucht er jetzt nur mehr $7^8 \times 7^2 \times 7^1$ auszurechnen, weil die Summe $8 + 2 + 1$ den Exponenten 11 ergibt. Smiley bedient sich gleich der entsprechenden Reste und bekommt für

Geheimnisvolle Zahlen

16 × 49 × 7 das Ergebnis 5488. In ihm ist der Modul 221 ganzzahlig 24-mal enthalten. Aus der Subtraktion 5488 − 24 × 221 = 5488 − 5304 = 184 gewinnt Smiley nun das gleiche Ergebnis wie oben: Es ist $7^{11} \equiv 184$. Darum funkt Smiley zum Circus: „Es wäre schön, mit 184 zusammen Tee zu trinken."

Keiner der sowjetischen Spione ahnt, dass sich hinter 184 just die Zahl 7 verbirgt. Nur der Circus in London kann es herausfinden. Aus seinem Tresor nimmt nämlich Toby Esterhase, jener Mann, der für das Dekodieren von Nachrichten zuständig ist, ein mit einem „Top Secret"-Stempel versehenes Papier heraus, auf dem der zum Modul 221 und zum Exponenten 11 gehörende „Geheimexponent" steht. Nur der Circus kennt ihn, und er wird wie ein rohes Ei behandelt. Allein dem engsten Kreis der Zuverlässigsten ist er zugänglich. Der zum Modul 221 und zum Exponenten 11 gehörende Geheimexponent heißt 35.

Um Smileys Nachricht zu dechiffrieren, geht Toby Esterhase ganz ähnlich vor wie Smiley. Nur nimmt er jetzt die ihm zugesandte kodierte Zahl 184 zur Hand und multipliziert diese 35-mal mit sich selbst – so oft, wie es der Geheimexponent aus dem Tresor verlangt. Nun aber ist 184^{35} ein Zahlenmonster mit achtzig Stellen. Das überfordert den armen Esterhase ein wenig. Aber genauso wie Smiley weiß er sich zu helfen. Er berechnet der Reihe nach die Potenzen 184^1, 184^2, 184^4, 184^8, 184^{16}, 184^{32}, wobei er alle Ergebnisse immer gleich mit dem Modul 221 verkürzt. Also der Reihe nach: Zuerst ist $184^1 = 184$. Danach ergibt $184^2 = 184 \times 184$ die Zahl 33 856. Der Modul 221 ist 153-mal in ihr enthalten. Toby Esterhase rechnet

$$33\,856 - 153 \times 221 = 33\,856 - 33\,813 = 43$$

und kommt so auf das Resultat $184^2 \equiv 43$. Nun zur nächsten Potenz: $184^4 = 184^2 \times 184^2$ ermittelt Esterhase so, dass er den 184^2 entsprechenden Rest 43 mit sich selbst multipliziert. Es ist 43 × 43 = 1849. Der Modul 221 ist achtmal darin enthalten. Toby Esterhase rechnet

$$1849 - 8 \times 221 = 1849 - 1768 = 81$$

und kommt so auf das Resultat $184^4 \equiv 81$. Nun zur nächsten Potenz: $184^8 = 184^4 \times 184^4$ ermittelt Esterhase so, dass er den 184^4 entsprechenden Rest 81 mit sich selbst multipliziert. Es ist $81 \times 81 = 6561$. Der Modul 221 ist 29-mal darin enthalten. Toby Esterhase rechnet

$$6561 - 29 \times 221 = 6561 - 6409 = 152$$

und kommt so auf das Resultat $184^8 \equiv 152$. Nun zur nächsten Potenz: $184^{16} = 184^8 \times 184^8$ ermittelt Esterhase so, dass er den 184^8 entsprechenden Rest 152 mit sich selbst multipliziert. Es ist $152 \times 152 = 23104$. Der Modul 221 ist 104-mal darin enthalten. Toby Esterhase rechnet

$$23\,104 - 104 \times 221 = 23\,104 - 22\,984 = 120$$

und kommt so auf das Resultat $184^{16} \equiv 120$. Jetzt zur Potenz: $184^{32} = 184^{16} \times 184^{16}$. Der 184^{16} entsprechende Rest 120 mit sich selbst multipliziert ergibt 14400. Der Modul 221 ist 65-mal darin enthalten. Mit der Rechnung

$$14\,400 - 65 \times 221 = 14\,400 - 14\,365 = 35$$

findet Toby Esterhase das Ergebnis $184^{32} \equiv 35$.

Nun ist er fast am Ziel. Denn zur Berechnung von 184^{35} braucht er jetzt nur mehr $184^{32} \times 184^2 \times 184^1$ auszurechnen, weil die Summe $32 + 2 + 1$ den Geheimexponenten 35 ergibt. Toby Esterhase bedient sich gleich der entsprechenden Reste und bekommt für $35 \times 43 \times 184$ das Ergebnis 276920. In ihm ist der Modul 221 ganzzahlig 1253-mal enthalten. Aus der Subtraktion

$$276\,920 - 1253 \times 221 = 276\,920 - 276\,913 = 7$$

entdeckt Toby Esterhase, welche Zahl ihm George Smiley eigentlich senden wollte: Es ist $184^{35} \equiv 7$. Smiley möchte mit Agent 007 jenseits des Eisernen Vorhangs „Tee trinken".

Geheimnisvolle Zahlen

Toby Esterhase rechnet alles sorgfältig ein zweites Mal und ein drittes Mal nach. Denn jeder noch so kleine Fehler wäre fatal. Aber warum dieses Verfahren mit dem Geheimexponenten 35 so zauberhaft funktioniert, warum aus der kodierten Mitteilung 184 der Wunsch Smileys nach einem Treffen mit dem Agenten 007 dechiffriert werden kann, versteht Toby Esterhase nicht.[15] Er macht einfach das, was ihm aufgetragen wurde. Für Englands Ruhm, wie er vorgibt. Für Bill Haydon, seinen unmittelbaren Chef, dem er treu ergeben ist. Und für seinen Ehrgeiz. Denn wenn er gewissenhaft alle Aufträge erledigt, darf er vielleicht einmal den Liftknopf drücken, der ihn im Circus zur höchsten Etage befördert, dorthin, wo Bill Haydon herrscht.

Nun ist geklärt, wie das zauberhafte Verschlüsselungsverfahren funktioniert. Aber eine Frage ist noch offen.

Große Primzahlen

Was, so lautet die offene Frage, hindert die russischen Agenten daran, wie Toby Esterhase zu rechnen? Denn sie kennen wie der Circus sowohl den Modul 221 und den Exponenten 11 als auch die kodierte Nachricht 184 des George Smiley. Was hindert sie, den Rest von 184^{35} nach Division durch 221 zu ermitteln?

Sie kennen den Geheimexponenten 35 nicht, lautet die Antwort.

Aber könnten sie nicht aus der Kenntnis des Moduls 221 und des Exponenten 11 diesen Geheimexponenten 35 ermitteln? Irgendwie ist das ja auch den Eierköpfen im Circus gelungen, die dann den Zettel mit der Zahl 35 im Tresor versperrten.

Die Antwort lautet: Das ist tatsächlich möglich. Und es ist auch kein Geheimnis, wie man zur Zahl 35 kommt. Allerdings nur, wenn man weiß, dass 221 das Produkt der Primzahlen 13 und 17 ist: $13 \times 17 = 221$. Danach ist alles sehr einfach. Man geht nach dem folgenden „Rezept" vor: Von den beiden Primzahlen 13 und 17 zieht man jeweils 1 ab, erhält also die Zahlen 12 und 16, und bildet deren Produkt: 12 × 16 = 192. Diese Zahl 192 ist der „Geheimmodul".

Dann schreibt man eine Tabelle der stets um die Zahl 1 vermehrten Vielfachen des Geheimmoduls 192 auf, mit anderen Worten: die Zahlen

$$1 \times 192 + 1 = 192 + 1 = 193,$$
$$2 \times 192 + 1 = 384 + 1 = 385,$$
$$3 \times 192 + 1 = 576 + 1 = 577,$$
$$4 \times 192 + 1 = 768 + 1 = 769,$$
$$5 \times 192 + 1 = 960 + 1 = 961,$$
$$\ldots$$

Irgendwann wird eine der so berechneten Zahlen 193, 385, 577, 769, 961, … durch den Exponenten 11 teilbar sein. In unserem Beispiel ist es zufällig bereits bei der zweiten Zahl dieser Liste der Fall: Es gilt 385 : 11 = 35. Und schon ist der Geheimexponent 35 gefunden.

Wenn das so einfach ist – wozu der ganze Aufwand? Tatsächlich ist es nur deshalb einfach, weil in unserer Geschichte die *kleine* Zahl 221 der Modul war und es bei dieser kleinen Zahl mühelos war, sie als Produkt von Primzahlen zu schreiben. Hätte der Circus hingegen eine *große* Zahl als Modul genannt, wäre es um die Einfachheit geschehen gewesen.

An dieser Stelle muss zugegeben werden, dass die Geschichte von Smiley und dessen Verlangen nach dem Agenten 007 zu simpel erzählt wurde und sich in Wahrheit nie so hätte zutragen können. Denn das Verschlüsselungsverfahren, welches hier vorgestellt wurde, ist erst 1977 am Massachusetts Institute of Technology erfunden worden.[16] Zu dieser Zeit war George Smiley längst im endgültigen Ruhestand und hatte sich, so John le Carré, „in Steeple Aston als zurückgezogen lebender Kauz etabliert. Mit ein paar liebenswerten Eigenschaften, zum Beispiel Selbstgespräche führen, wenn er durch das Städtchen schlenderte."

Das hier geschilderte Prinzip des von den Informatikern Ronald L. Rivest, Adi Shamir und Leonard Adleman entwickelten Verfahrens, den Anfangsbuchstaben ihrer Nachnamen entsprechend RSA-Verfahren genannt, jedoch stimmt: Man nehme zwei Primzahlen – in unserem Beispiel 13 und 17 – und multipliziere sie. Daraus erhält man den Modul. Bei uns lautete er 13 × 17 = 221. Dann nehme man irgendeine Zahl – in unserem Beispiel war es die Zahl 11 –, die der Exponent heißt. (Ganz frei ist man in der Wahl des Exponenten nicht, aber das ist ein nebensächliches Detail.) Dann kann man eine Zahl, die man geheim halten möchte, dadurch kodieren, dass man ihre Potenz mit dem Exponenten als Hochzahl bildet und deren Rest nach der Division durch den Modul als chiffrierte Zahl seinem Partner mitteilt. Smiley hatte in unserer Geschichte die Zahl 7 mitteilen wollen. Er chiffrierte sie, indem er 7^{11} berechnete und den Rest nach Division durch 221, also die Zahl 184, als chiffrierte Zahl an den Circus schickte. Dechiffriert kann die kodierte Zahl dadurch werden, dass man von den Primzahlen, von denen man ausgegangen war, jeweils 1 abzieht und das Produkt dieser Zahlen bildet. Wir nannten das Produkt der beiden um 1 verminderten Primzahlen den „Geheimmodul". In unserer Erzählung war er die Zahl 12 × 16 = 192. Weil in unserer Geschichte 2 × 192 + 1 = 35 × 11 ist, war 35 der Geheimexponent. Die Potenz der chiffrierten Zahl mit dem Geheimexponenten als Hochzahl ergibt, wenn man den Rest nach der Division durch den Modul betrachtet, die ursprüngliche Zahl, die der Sender geheim halten wollte, zurück. Bei uns hatte Toby Esterhase 184^{35} durch 221 dividiert und ist so zu Smileys Wunsch nach den Agenten mit der Nummer 7 gelangt.

Beim echten RSA-Verfahren, nicht dem unserer Geschichte, sind jedoch die Primzahlen, deren Produkt den Modul ergibt, unvergleichlich größer als 13 oder 17. Es sind riesige Primzahlen, dreihundert oder vierhundert Stellen lang. Und das Produkt dieser beiden Primzahlen ergibt einen gigantischen Modul, der mehr als 700 Stellen besitzen kann. Solche Rechnungen gelingen natürlich nur mit einem Computer, aber die Maschine ist beim Multiplizieren blitzschnell. Den Modul des RSA-Verfahrens hat man sekundenschnell berechnet.

Und es macht dem Geheimdienst nichts aus, wenn die ganze Welt diesen Modul kennt. Denn aus einer 700-stelligen Zahl die beiden Primzahlen herauszukitzeln, deren Produkt sie ist, bedarf mühevoller Rechnungen. Bis heute ist kein schnelles Verfahren dafür bekannt. Selbst große, rechenstarke Computer brauchen *viele Monate,* bis sie die beiden Primfaktoren aufgefunden haben. Für das Dechiffrieren aber ist die Kenntnis der beiden Primzahlen unumgänglich. Denn nur mit ihnen kann man den Geheimmodul und schließlich den Geheimexponenten berechnen. Ohne sie ist es aussichtslos, den Geheimexponenten zu entlarven.

Wenn der Modul bereits einige Wochen, gar Monate bekannt ist, wird natürlich die Kodierung von Botschaften mit ihm unsicher. Vielleicht hat der Gegner bereits die beiden Primzahlen ermittelt, als deren Produkt dieser Modul entsteht. Darum wechseln die Geheimdienste nach bestimmten Zeiträumen die Module und die Exponenten, die sie für die Kodierungen heranziehen. Dies können sie ohne große Schwierigkeiten. Es gibt schließlich eine unendliche Fülle von Primzahlen, sogar eine regelrechte Überfülle. Die Anzahl der höchstens 400-stelligen Primzahlen allein beträgt mehr als 10^{397}, das ist eine Zahl, die mit der Ziffer 1 beginnt und bei der sage und schreibe 397 Nullen angeschlossen werden.[17]

Nicht nur Geheimdienste brauchen das RSA-Verfahren.

Tippt man in das Tastenfeld eines Geldausgabeautomaten den Code seiner Kontokarte ein, wird die Nummer dieses Codes über eine öffentliche Telefonleitung an die kontoführende Bank übermittelt. Doch kein Fremder soll diesen Code abhören dürfen. Darum wird er automatisch im Geldausgabeautomaten chiffriert und erst bei der Bank des Kontoinhabers wieder dechiffriert. Das RSA-Verfahren findet bei solch alltäglichen und myriadenfach während eines Tages vollzogenen Handlungen seine Anwendung.

Führt man über Internet eine Bestellung durch und zahlt man mit Kreditkarte, muss die Nummer dieser Karte an die Rechnungsadresse übermittelt werden. Es wäre höchst gefährlich, wenn Fremde diese Übertragung anzapfen und die Daten der Kreditkarte ablesen könnten. Darum sichern sich die Firmen ab, indem sie die Kartennummer sofort nach dem Eintippen chiffrieren und erst bei Eingang an der gewünschten Adresse wieder dechiffrieren. Das RSA-Verfahren schafft so Sicherheit beim elektronischen Handel.

Doch man darf die Augen nicht verschließen: Der eigentliche Sinn und Zweck des RSA-Verfahrens war und ist, den Geheimdiensten ihr verdorbenes Geschäft zu erleichtern: das Verbergen und Täuschen, das Lügen und Betrügen.

Illusion und Wirklichkeit

Dies führt uns wieder zu unserer Geschichte zurück: zu George Smiley jenseits des Eisernen Vorhangs, zum Agenten 007, den Smiley unbedingt treffen möchte, zu Toby Esterhase im Dechiffrierraum und zu Bill Haydon im obersten Stock des Circus. Denn die Geschichte besitzt eine tragische Note: Bill Haydon nämlich ist ein Doppelagent. Vor Jahrzehnten schon wurde er von Karla angeworben, und er erklärte sich bereit, für die Sowjets zu spionieren. Die Brutalität des Kalten Krieges hat alle seine Illusionen, für die „gute Sache" zu kämpfen, zerstört, das British Empire ist seiner Meinung nach in Auflösung begriffen, die Leute der britischen Intelligence bekommen zusehends die Rolle von Pudeln der Amerikaner zugewiesen. Und diese verachtet Bill

Illusion und Wirklichkeit

Haydon, der arrogante Gentleman, zutiefst. Darum nahm er Ende der 50er Jahre die Rolle eines „Schläfers" ein, der darauf wartet, dass die Zeit in Karlas Augen reif ist. Reif dafür, die geheimsten Informationen an Karla weiterzuleiten.

Natürlich verschlüsselt.

Noch bevor sich Toby Esterhase an den Schreibtisch des Dechiffrierraumes setzte, war Karla im Besitz des Geheimexponenten 35. Bill Haydon informiert ihn über die kleinsten Vorkommnisse in London Station, wo der Circus sich sicher wähnte. Selbst die Marke der Füllfeder, mit der Toby Esterhase seine lästigen Rechnungen schrieb, ist Karla bekannt.

Der ganze knifflige Aufwand: Die Erstellung des Moduls 221 und des Exponenten 11 sowie die Berechnung des Geheimmoduls 192 und des Geheimexponenten 35 durch die Eierköpfe des Circus, das Chiffrieren von 7 zur codierten Zahl 184, das George Smiley in einem schäbigen tschechischen Hotelzimmer Stunden einer schlaflosen Nacht kostete, das Dechiffrieren von 184 zurück zu 7, dem sich Toby Esterhase gewissenhaft und mit zweimaligem Nachrechnen widmete, die Bewachung des Tresors, in dem der wertvolle Geheimexponent 35 verschlossen lag, dieser ganze kräftezehrende Aufwand war umsonst. Der gerissene und skrupellose Bill Haydon entwertete all diese zeitraubende Mühe.

Agent 007 war schon so gut wie tot, bevor er noch auf die Reise in den Osten geschickt wurde.

Wir geben unserer glattweg erfundenen Geschichte nicht umsonst diesen kläglichen Schluss. Denn wenn der uns namentlich unbekannte Schüler des Pythagoras, der den Begriff der Primzahl erfand, gewusst hätte, dass seine faszinierende Suche nach den Geheimnissen der Zahlen im schmutzigen Geschäft der Spione Anwendung finden würde, er hätte mit Abscheu und Ekel reagiert. Nicht ganz zu Unrecht.

Der Eiserne Vorhang ist heute zerrissen. Ob damals Smiley oder Karla gewonnen hat, spielt keine Rolle mehr. Wen kümmert es, dass

Geheimnisvolle Zahlen

Bill Haydon wie ein Maulwurf den Untergrund des Circus zerrüttete? Wer zollt dem Ehrgeiz und der Strebsamkeit des Toby Esterhase noch Anerkennung? Wer besucht das Grab des Agenten 007? Was war die fintenreiche Arbeit der pfiffigen Eierköpfe in der Chiffrierabteilung des Circus in Wahrheit wert? Nichts.

Natürlich wird das dreckige Spiel von Täuschen und Betrügen der Geheimdienste auch heute noch fortgesetzt. Denn immer noch wähnen sich Machthaber von lauernden Feinden umzingelt, die ihnen Geheimnisse entreißen wollen. Geheimnisse, die ihnen unerhörten Einfluss verleihen. Geheimnisse, die sie nur über verdeckte Kanäle ihren Vertrauten zukommen lassen. Wobei sie letzten Endes nie wissen, ob sie sich auf ihre Vertrauten verlassen können.

Die absolut sichere Methode

Lange vor der Erfindung des RSA-Verfahrens hatte zu Beginn des 20. Jahrhunderts der Ingenieur Gilbert Sandford Vernam ein Verfahren erdacht, das Joseph Oswald Mauborgne, seines Zeichens Generalmajor der US-amerikanischen Armee, weiterentwickelte und „One-Time-Pad", abgekürzt OTP, taufte. Denn ursprünglich wurde für das Verfahren ein „Pad", ein Notizblock, verwendet, von dem nach jeder Verschlüsselung der Zettel mit der Verschlüsselungszahl weggerissen und vernichtet wurde; er wurde also nur einmal verwendet, daher „One Time".

Das OTP-Verfahren hat gegenüber dem RSA-Verfahren mehrere Nachteile, vor allem jenen, dass sowohl der Sender als auch der Empfänger der Botschaft die gesamte Information für die Ver- und die Entschlüsselung besitzen. Mit dem RSA-Verfahren im Besitz hätte ein um das Wohl seiner Agenten besorgter Circus George Smiley kaum das OTP-Verfahren verwenden lassen, um den Agenten 007 zu sich zu rufen. Schließlich droht die Gefahr, dass Smiley, der sich im Gebiet des Feindes aufhält, in die Hände von Karlas Agenten gerät. Im schlimmsten Fall könnten sie ihn – wenn nötig mit Folter – dazu zwingen, die Methode des Entschlüsselns preiszugeben. Mit dem RSA-Verfahren kann Smiley seine Botschaft aber nur verschlüsseln. Entschlüsseln kann er sie nicht, denn der Geheimexponent 35 ist ihm unbekannt. Und Karla weiß, dass kein Außenagent der British Intelligence den Geheimexponenten kennt. Es lohnt daher aus Karlas Sicht nicht die Mühe, britische Spione zu schnappen, ihnen die Daumenschrauben anzusetzen und über die Verschlüsselung zu befragen. Sie kennen den Geheimexponenten wirklich nicht. Er ruht sicher im Tresor von London Station – davon sind die Obersten des Circus überzeugt, denn sie wissen ja noch nichts von Bill Haydons Verrat.

Der Vorteil des OTP-Verfahrens gegenüber dem RSA-Verfahren besteht darin, dass die Verschlüsselung mit dem OTP-Verfahren noch sicherer und unangreifbarer ist als mit dem RSA-Verfahren. Und ein zweiter Vorteil besteht darin, dass das OTP-Verfahren im Vergleich zum RSA-Verfahren – abgesehen von einem nicht zu verachtenden Detail – viel einfacher strukturiert ist. Daher ist es beliebt und weit verbreitet. Geheimdienste sind misstrauisch: Man darf annehmen, dass sich Smiley und die meisten seiner Kollegen bei wirklich brisanten Nachrichten bis heute eher auf das OTP- als auf das RSA-Verfahren verlassen – dem Risiko, dass die Methode des Entschlüsselns in Feindeshand geraten könnte, zum Trotz.

Der Leitgedanke des OTP-Verfahrens beruht auf folgender Feststellung: Jede Botschaft besteht aus einer Abfolge von Buchstaben. Betrachten wir beispielsweise die 26 Buchstaben des lateinischen Alphabets, aus denen wir die Wörter der deutschen Sprache bilden. Manche Wörter wie ES oder JA sind kurz und bestehen nur aus zwei Buchstaben, andere Wörter wie FINANZTRANSAKTIONSSTEUER oder gar TASCHENRECHNERFUNKTIONSTASTE sind lang und be-

Geheimnisvolle Zahlen

stehen aus 24, gar 28 Buchstaben. Um das Prinzip hervorzukehren, wollen wir der Einfachheit halber nur von Wörtern sprechen, die aus zehn Buchstaben bestehen. Wie viele Wörter der deutschen Sprache gibt es wohl, die aus zehn Buchstaben bestehen? Selbst wenn man großzügig schätzt, wird diese Zahl nicht über eine halbe Million hinausgehen. Wie viele Kombinationen von zehn der 26 Buchstaben des lateinischen Alphabets sind möglich? Man kann sie systematisch aufzählen: Es beginnt mit AAAAAAAAAA, setzt sich fort mit AAAAAAAAAB, AAAAAAAAAC, AAAAAAAAAD, und so weiter – irgendwo dazwischen kommt auch MATHEMATIK vor – und endet schließlich bei ZZZZZZZZZZ. An der letzten Stelle hat man 26 Möglichkeiten, an der vorletzten Stelle aber auch 26 Möglichkeiten, und dies geht so weiter, bis man zur vordersten, der zehnten Stelle anlangt, wo ebenfalls 26 Möglichkeiten offen stehen. Insgesamt gibt es daher

$$26^{10} = 1\,411\,167\,095\,653\,376,$$

also mehr als eine Billiarde Kombinationen von zehn der 26 Buchstaben des Alphabets. Dagegen ist die maximal eine halbe Million betragende Zahl der sinnvollen Wörter der deutschen Sprache mit zehn Buchstaben, wie zum Beispiel MATHEMATIK, winzig.

Und je länger eine sinnvolle Botschaft ist, umso mehr geht sie im weißen Rauschen aller denkbaren Buchstabenkombinationen gleicher Länge unter.

Ob man eine Botschaft mit den Buchstaben des Alphabets oder aber mit Ziffern schreibt, ist eigentlich nur eine Sache der Übereinkunft. Weil Zahlen und Ziffern die „Helden" dieses Buches sind, wollen wir im Folgenden Botschaften als eine Kombination von Ziffern verstehen. Nehmen wir also an, George Smiley, in der Kälte hinter dem Eisernen Vorhang geheim tätig, will dem Circus die Botschaft 0 0 7 0 0 7 0 0 7 übermitteln. Sie gilt es zu verschlüsseln.

Die absolut sichere Methode

Smiley zieht seinen rechten Schuh aus, löst die Einlage von der Sohle und entnimmt dem Zwischenraum ein gefaltetes Blatt Papier, das er entfaltet vor sich auf den Schreibtisch legt. Darauf eingetragen ist eine lange Folge von Ziffern, nämlich

1 4 1 5 9 2 6 5 3 5 8 9 7 9 3 2 3 8 4 6 2 6 4 3 3 8 3 2 7 9 5 0 2 8 8 ...

Nun schreibt Smiley Ziffer für Ziffer seine Botschaft unter diese Ziffernfolge:

1 4 1 5 9 2 6 5 3 5 8 9 7 9 3 2 3 8 4 6 2 6 4 3 3 8 3 2 7 9 5 0 2 8 8 ...
0 0 7 0 0 7 0 0 7

Jetzt addiert er die untereinandergeschriebenen Ziffern, aber nicht in der üblichen Art, sondern „modulo zehn". Das funktioniert so, dass er immer nur die Einerziffer der Summe aufschreibt; geht die Summe über zehn hinaus, lässt er die Zehnerziffer 1 einfach weg. So schreibt er zum Beispiel bei der Summe von 9 und 5 nur die Ziffer 4, die Einerziffer der Summe 14, auf. Zum Schluss sieht daher sein Blatt so aus:

1 4 1 5 9 2 6 5 3 5 8 9 7 9 3 2 3 8 4 6 2 6 4 3 3 8 3 2 7 9 5 0 2 8 8 ...
0 0 7 0 0 7 0 0 7

---

1 4 8 5 9 9 6 5 0 5 8 9 7 9 3 2 3 8 4 6 2 6 4 3 3 8 3 2 7 9 5 0 2 8 8 ...

Die unten angeschriebene Folge, auf die Länge seiner Nachricht zusammengestutzt, also

1 4 8 5 9 9 6 5 0,

ist die verschlüsselte Botschaft. Sie funkt Smiley an den Circus. Danach verbrennt er den Zettel. Denn er wird ihn nie mehr für eine weitere Verschlüsselung verwenden.[18] In seinen Mantel eingenäht ist ohnehin ein weiterer Zettel mit einer ganz anderen Zahlenfolge.

In der Funkstation von London Station wartet bereits begierig Toby

Geheimnisvolle Zahlen

Esterhase auf Smileys Nachricht. Er hat einen Zettel mit der Ziffernfolge

9 6 9 5 1 8 4 5 7 5 2 1 3 1 7 8 7 2 6 4 8 4 6 7 7 2 7 8 3 1 5 0 8 2 2 ...

vor sich liegen. Warum gerade diese? Schreibt man sie unter die Ziffernfolge, die George Smiley in seinem rechten Schuh versteckt hatte, sieht man sofort den Grund:

1 4 1 5 9 2 6 5 3 5 8 9 7 9 3 2 3 8 4 6 2 6 4 3 3 8 3 2 7 9 5 0 2 8 8 ...
9 6 9 5 1 8 4 5 7 5 2 1 3 1 7 8 7 2 6 4 8 4 6 7 7 2 7 8 3 1 5 0 8 2 2 ...

Jede Ziffer der unteren Folge ergibt zur Ziffer der oberen Folge modulo zehn addiert immer null. Ist die Ziffernfolge in Smileys Schuh jene, die Smiley zum Verschlüsseln verwendet, ist die Ziffernfolge auf Esterhases Schreibtisch jene, mit der Esterhase Smileys Botschaft wieder entschlüsselt. Denn Smileys codierte Nachricht schreibt er sorgfältig darunter:

9 6 9 5 1 8 4 5 7 5 2 1 3 1 7 8 7 2 6 4 8 4 6 7 7 2 7 8 3 1 5 0 8 2 2 ...
1 4 8 5 9 9 6 5 0

und addiert, wieder modulo zehn, genauso, wie Smiley hinter dem Eisernen Vorhang addiert hatte:

9 6 9 5 1 8 4 5 7 5 2 1 3 1 7 8 7 2 6 4 8 4 6 7 7 2 7 8 3 1 5 0 8 2 2 ...
1 4 8 5 9 9 6 5 0
_____

0 0 7 0 0 7 0 0 7 5 2 1 3 1 7 8 7 2 6 4 8 4 6 7 7 2 7 8 3 1 5 0 8 2 2 ...

Offenkundig ist, auf die Länge der Nachricht zusammengestutzt, die unverschlüsselte Botschaft 0 0 7 0 0 7 0 0 7 von George Smiley aufgetaucht.

Der Zufall verspricht Sicherheit

Das A und O einer erfolgreichen OTP-Verschlüsselung ist, dass die Zeichenfolge:

1 4 1 5 9 2 6 5 3 5 8 8 9 7 9 3 2 3 8 4 6 2 6 4 3 3 8 3 2 7 9 5 0 2 8 8 ...

auf Smileys Zettel keinerlei Muster besitzt. Die Ziffern müssen völlig wirr aufeinanderfolgen. Sie entsprechen dem Rauschen, das man hört, wenn ein Radioapparat nicht auf einen Sender eingestellt ist. Nur dadurch geht die Botschaft Smileys an den Circus, 0 0 7 0 0 7 0 0 7, in diesem Rauschen unter: Aus der Zahl mit einem Muster – und das Muster ist die Botschaft – wird nach Addition modulo zehn zur Zahl auf dem Zettel von Smileys Schuh eine Ziffernfolge ohne erkennbares Muster.

Es ist offensichtlich, dass Karlas Agenten mit der abgefangenen Nachricht

1 4 8 5 9 9 6 5 0

nichts anfangen können. Denn wie sollten sie diese entziffern? Die Ziffern folgen genauso wirr aufeinander wie die Ziffern auf Smileys Zettel. Natürlich könnte Karla seine Untergebenen antreiben, alle denkbaren Ziffernfolgen über die verschlüsselte Nachricht zu schreiben, die beiden Zeilen modulo zehn zu addieren und zu hoffen, dass sich plötzlich ein Muster ergibt, das auf Smileys Botschaft rückschließen lässt. Doch das ist aussichtslos: Denn die Fülle der möglichen denkbaren Ziffernfolgen ist so überwältigend groß, dass nicht einmal Heere geschundener Sowjetbürger, die in unermüdlicher Arbeit Karlas wahnwitzigem Befehl nachkommen, dies bewältigen könnten.

Und selbst wenn es gelänge, nichts wäre gewonnen.

Denn es könnte geschehen, dass einer der von Karla zur Entzifferung Verdammten plötzlich aufspringt, zu Karlas Büro eilt und ihm sein

Geheimnisvolle Zahlen

Resultat 3 3 3 3 3 3 3 3 zeigen will, das er aus der verschlüsselten Nachricht entnommen hat. Denn es gibt eine Zufallsfolge von Ziffern, bei der die Botschaft 3 3 3 3 3 3 3 3 verschlüsselt zu genau der gleichen Ziffernfolge führt, die Karla von Smiley Funkspruch abgefangen hat. Als der Angestellte in Karlas kahles und verrauchtes Zimmer stürmt, sieht er sich jedoch einem Dutzend anderer Kollegen gegenüber, die Karla ebenfalls ein sinnvolles Resultat präsentieren wollen. Jedes von ihnen ist mit der gleichen Wahrscheinlichkeit Smileys Botschaft. Karla hat keinen Anhaltspunkt, welches das richtige sein könnte. Man könnte sogar jede Wette darauf eingehen, dass es nicht darunter ist.

Kennt man also eine Ziffernfolge, bei der die Ziffern völlig wirr aufeinanderfolgen, hat man mit dem One-Time-Pad die unknackbare Methode zur Verschlüsselung in der Hand. Jedenfalls für *eine* Botschaft. Will man mehrere Botschaften verschlüsseln, braucht man für jede einzelne von ihnen wieder eine andere Ziffernfolge, bei der die Ziffern wie vom Zufall gelenkt der Reihe nach auftauchen.

Wie bekommt man solche Ziffernfolgen? Nichts einfacher als das, könnte man meinen: Man tippt einfach ganz chaotisch Ziffern von einer Tastatur in den Computer. Aber einer solchen Methode ist nicht zu trauen. Selbst dann nicht, wenn sie von Hopi-Indianern durchgeführt würde, die von einem so fremden Kulturkreis kommen, dass sie unsere Ziffern nicht kennen und daher völlig ahnungslos die Tasten drückten. Auch dann nicht, wenn die zehn Tasten nicht beschriftet wären und man keinen Bildschirm vorm Auge hätte, also wirklich blind die Tasten betätigte. Nicht einmal dann, wenn man statt Menschen Tiere zum wilden Drücken der Tasten veranlasste. Egal, wie man es anstellt: Wenn man nur genügend lang dieses sinnlose Tun treibt, irgendwie gerät man, Mensch wie Tier, immer in ein Muster. Und das Muster ist des Zufalls schlimmster Feind.

Eine Idee, die auch tatsächlich verfolgt wird, wäre, Zufallsprozesse in der Natur auszunützen. Das können die kleinen Spannungsschwankungen sein, die sich im Stromnetz unentwegt einstellen. Aber auch der Zerfall eines radioaktiven Stoffes, denn die Quantentheorie lehrt, dass solche Zerfälle unvorhersehbar und prinzipiell zufällig sind.

Wie überhaupt die Quantentheorie zumindest theoretisch Möglichkeiten unknackbarer Verschlüsselungen verheißt. Doch, wie Goethe sagt, „Theorien sind gewöhnlich Übereilungen eines ungeduldigen Verstandes, der die Phänomene gerne loswerden möchte". Im Kopf gebildete glänzende Theorien sind etwas ganz anderes als deren Verwirklichung am widerborstigen Material.

Die Mathematik ist zuverlässiger als die Natur.

Normale Zahlen

Tippt man in einen Taschenrechner 22 dividiert durch 7 ein, erscheint auf der achtstelligen Anzeige bereits eine scheinbar wirre Ziffernfolge:

$$22 : 7 = 3{,}1428571.$$

Wenn man ein etwas mächtigeres Gerät mit einer 16-stelligen Anzeige verwendet, bekommt man:

$$22 : 7 = 3{,}142857142857143.$$

Dies legt die Vermutung nahe, dass die exakte Division hinter der Einerstelle 3 und dem Komma die Ziffernfolge

$$142857142857142857142857142857\ldots$$

im endlosen Nacheinander liefert. Folglich stellt die Mathematik schon bei einer sehr einfachen Rechnung, der Division, unendliche Ziffernfolgen bereit. Allerdings ist die eben genannte für eine OTP-Verschlüsselung ungeeignet. Sie besitzt ein so augenfälliges Muster, dass nichts an ihr zufällig ist.

Geheimnisvolle Zahlen

Vielleicht, so könnte man vermuten, liegt dies daran, dass 22 und 7 ziemlich kleine Zahlen sind. Das stimmt. Wenn man zum Beispiel 355 durch 113 dividiert, bekommt man, wenn man nur lang genug rechnet,

355 : 113 = 3,141 592 920 353 982 300 884 955 752 212 389 380 530 973 451 327 433 628 318 584 070 796 460 176 991 150 442 477 876 106 194 690 265 486 725 663 716 814 159 292 035 398 …

Das sieht als Zufallsfolge recht vielversprechend aus, allerdings nur beim ersten Hinsehen. Wenn man seinen Blick schärft, erkennt man, dass am Schluss der dritten Zeile, an der 112. Stelle nach dem Komma, die Ziffernfolge 14 159 292 035 398… wieder auftaucht, die schon zu Beginn nach dem Komma stand. Beim Dividieren sind solche Perioden unvermeidlich.[19] Man müsste schon durch riesige und speziell auf das Dezimalsystem zugeschnittene[20] Zahlen dividieren, um die Periode so lang zu machen, dass sie in der Praxis nicht auftaucht. Aber das Finden geeigneter Divisoren und die Durchführung solcher Divisionen sind sehr rechenaufwendig, wenn man wirklich lange Perioden haben möchte.

Tatsächlich gibt es recht einfache mathematische Verfahren, die endlose Ziffernfolgen ohne Periode nach dem Komma liefern. Zum Beispiel das Ziehen einer Quadratwurzel. Betrachten wir zum Beispiel die Zahl 10. Sucht man eine Zahl, die quadriert 10 ergibt, wird man nicht fündig. Es ist $3^2 = 3 \times 3 = 9$ ein wenig zu klein und $4^2 = 4 \times 4 = 16$ viel zu groß. Als aussichtsreiche Kandidaten unter den einstelligen Dezimalzahlen bieten sich 3,1 und 3,2 an, weil $3{,}1^2 = 3{,}1 \times 3{,}1 = 9{,}61$ etwas zu klein und $3{,}2^2 = 3{,}2 \times 3{,}2 = 10{,}24$ etwas zu groß sind. Man kann sich vorstellen, dass sich der Taschenrechner so an den wahren Wert der Wurzel aus 10 herantastet, wenn man ihm den Befehl gibt, die Wurzel aus 10 zu berechnen, und er auf acht Stellen genau 3,1622777 aus-

Normale Zahlen

spuckt. Das sieht noch nach gar nichts aus. Mit einem etwas besseren Computer bekommt man aber für die Wurzel aus 10

3,162 277 660 168 379 331 998 893 544 432 718 533 719 555 139 325 216 826 857 504 852 792 594 438 639 238 221 344 248 108 379 300 295 187 347 284 152 840 055 148 548 856 ...,

und hier macht die Ziffernfolge nach dem Komma einen ziemlich chaotischen Eindruck.

Ist diese Ziffernfolge für die OTP-Verschlüsselung geeignet? Es wäre nicht ratsam, sie dafür heranzuziehen, denn die Codebrecher kennen ihrerseits das Ziehen der Quadratwurzel auch sehr gut. Sie versetzen sich in die Lage derer, die verschlüsseln wollen: Welche Methode zur Erzeugung einer Zufallszahl ziehen sie wohl heran? Am einfachsten wäre die Quadratwurzel einer Zahl, die keine Quadratzahl ist. Also testen die Codebrecher diese naheliegenden Kandidaten und würden wohl in Kürze die Verschlüsselung knacken.

Selbst die Ziffernfolge unseres Beispiels, die Smiley auf dem Zettel seines Schuhs fand, nämlich

1 4 1 5 9 2 6 5 3 5 8 9 7 9 3 2 3 8 4 6 2 6 4 3 3 8 3 2 7 9 5 0 2 8 8 ...,

ist in Wahrheit ungeeignet. Nicht weil die Ziffern nicht wirr genug aufeinanderfolgten – das tun sie ziemlich sicher. Sondern weil diese Ziffernfolge vielen Zahlenliebhabern wohlbekannt ist. Es handelt sich um die ersten Stellen nach dem Komma der berühmten Größe π.

Es war Archimedes – wer sonst als er, der größte aller Mathematiker –, dem es als Erstem gelang, ein Verfahren zu entwickeln, welches das Verhältnis von Umfang zu Durchmesser eines Kreises beliebig genau berechnete. Archimedes selbst nannte dieses Verhältnis noch nicht π. Diese Bezeichnung wählte Jahrhunderte später der aus Wales stammende Gelehrte William Jones – vom griechischen Wort periphéreia inspiriert, das Randbereich bedeutet. Und Archimedes hatte sich wegen

Geheimnisvolle Zahlen

des großen Aufwandes der Rechnungen damit begnügt, sein Verfahren nur so weit zu treiben, dass er π zwischen die beiden Bruchzahlen $3 + {}^{10}/_{71}$ (sie entspricht modern geschrieben 3,1408 ...) und $3 + {}^{1}/_{7}$ (sie entspricht modern geschrieben 3,1428 ...) verorten konnte. Erst um 1600 gab Ludolf van Ceulen in mühevoller, mehr als dreißig Jahre dauernder Arbeit das Resultat

$$\pi = 3{,}141\ 592\ 653\ 589\ 793\ 238\ 462\ 643\ 383\ 279\ 502\ 88\ ...$$

bekannt. Ihm ist die Ziffernfolge entnommen, die wir auf Smileys Zettel notierten. Für Smiley und den Circus ein Wagnis sondergleichen, gehört sie doch zu den bekanntesten überhaupt. Mit elektronischen Rechnern und sehr ausgefeilten Programmen, die viel schneller arbeiten als das ursprüngliche Verfahren des Archimedes, wurden bereits einige Billionen Nachkommastellen von π ermittelt. Die Größe π scheint das zu sein, was der französische Mathematiker Émile Borel 1909, mangels eines besseren Wortes, eine „normale Zahl" nannte: Betrachtet man irgendeinen langen Abschnitt der Dezimalentwicklung von π, sagen wir eine Million aufeinanderfolgender Stellen, dann kommt jede der zehn Ziffern rund hunderttausendmal vor, es kommt auch jedes der hundert Ziffernpaare, beginnend mit 00 und endend mit 99, rund zehntausendmal vor, wie auch jede der tausend Dreierkombinationen von Ziffern rund tausendmal vorkommt.

In Albrecht Beutelspachers „Mathematikum" in Gießen, im Technorama in Winterthur und in anderen Ausstellungsstätten, die Mathematik einem Laienpublikum durch Exponate anschaulich nahebringen, findet man einen Bildschirm mit einer Tastatur, auf der man Tag, Monat und Jahr seiner Geburt einträgt. Flugs leuchtet am Bildschirm jener Abschnitt in der Dezimalentwicklung von π auf, an dem dieses Datum zum ersten Mal auftaucht. Von einer normalen Zahl erwartet man, dass eine beliebige Kombination bestehend aus acht Ziffern etwa zehnmal in einem Abschnitt ihrer Dezimalentwicklung vorkommt, der eine Milliarde Ziffern lang ist.

All das Gesagte ist ein starkes Indiz dafür, allerdings noch kein stichfester Beweis, dass π eine normale Zahl ist. Sicher „normal" ist die vom britischen Ökonomen David Gawen Champernowne erfundene unendliche Dezimalzahl

0,123 456 789 101 112 131 415 161 718 192 021 222 324 252 627 28 ...,

bei der die Ziffernfolge so entsteht, wie Roman Opalka die Zahlen auf die Leinwand schrieb: Nachdem die einzelnen Ziffern 123456789 nach dem Komma notiert sind, setzt man mit 10, 11, 12, 13, 14 und so weiter fort. Beim ersten Hinsehen merkt man es noch nicht, wenn man die Ziffern in Dreierblöcke bündelt, aber wenn man die Ziffernfolge laut abzählt, tritt die Konstruktion von Champernowne hervor – die er, nebenbei bemerkt, 1933 als junger Student in Cambridge entdeckte.

Aber auch diese Zahl ist zu bekannt, als dass sie sich für die OTP-Verschlüsselung eignete.

Kreatives Durcheinanderwerfen

Kehren wir noch einmal zu den Ziffernfolgen zurück, die bei der Division entstanden sind. Es hat sich gezeigt, dass man bei einer Division durch eine sehr große Zahl zuweilen sehr lange warten muss – im günstigen Fall um eine Stelle weniger, als die große Zahl angibt –, bis sich eine Periode der Ziffernfolge einstellt. Da es jedoch nicht ganz einfach ist, die geeigneten großen Zahlen zu finden, und auch die Division einen beachtlichen Aufwand bedeutet, haben wir von dieser Idee, eine wie zufällig wirkende Ziffernfolge zu erzeugen, Abstand genommen.

Geheimnisvolle Zahlen

Aber ganz verwerfen sollte man den Gedanken nicht. Was die Division für unsere Zwecke leistete, war ja nichts anderes als ein Durcheinanderwirbeln von Ziffern. Lassen wir vorerst das Dividieren beiseite und konzentrieren wir uns auf das Durcheinanderwerfen:

Toby Esterhase, der Circus-Mann für die niederen Arbeiten, hat einen Stapel von zehn Spielkarten vor sich liegen, auf denen die Ziffern 0, 1, 2, 3, 4, 5, 6, 7, 8, 9 notiert sind. Will Toby Esterhase für die Eierköpfe des Circus die Reihenfolge der Ziffern wie vom Zufall gesteuert anordnen, mischt er den Kartenstapel gründlich. Danach zieht er eine Karte, schreibt die Ziffer auf, schiebt die Karte wieder irgendwo in den Stapel hinein, mischt noch mal sorgfältig, zieht wieder eine Karte, schreibt die zweite Ziffer auf und setzt dieses Spiel fort, bis er zwölf Ziffern nebeneinanderstehen hat, zum Beispiel

752 584 049 613.

Auf diese Weise hat er eine von 10^{12}, also von einer Billion möglichen Zwölfergruppierungen der Ziffern, die meisten davon scheinbar völlig wirr, erzeugt.

Genauso hätte Esterhase diese Ziffernfolge, endlos oft periodisch wiederholt, erhalten, wenn er die Division der Zahl 6917 durch 9191 durchgeführt hätte. Das Ergebnis liefert:

6917 : 9191 = 0,752 584 049 613 752 584 049 613 752 584 049 613 ...

Nebenbei gesagt: Die Division von 752 584 049 613 durch 999 999 999 999 liefert das gleiche Resultat – das liegt im Wesen des Divisors.

Aber für ein One-Time-Pad ist das nicht genug. Denn diese eine von Toby Esterhase erzeugte Ziffernfolge, periodisch wiederholt, besitzt ein offensichtlich geordnetes Muster.

Natürlich tut sich der eitle Esterhase die Arbeit des Mischens selber nicht an. Er hat zwanzig Untergebene, die er dazu zwingt, stunden-,

Kreatives Durcheinanderwerfen

tage-, monatelang immer wieder die Karten zu nehmen, sie gründlich zu mischen, eine Karte zu ziehen, die auf ihr stehende Nummer an die Liste der bereits erhaltenen anzufügen, wieder die Karten zu nehmen, noch einmal zu mischen – den ganzen lieben Tag. Toby selbst darf inzwischen Oscar Wilde spielen und der Muße frönen. Er sammelt nur zu Betriebsschluss die zwanzig Listen ein, stapelt sie in einer beliebigen Reihenfolge und verstaut sie im Geheimfach bei den Listen der Vortage.

Fügt jeder der Angestellten Minute für Minute der Liste eine Ziffer hinzu und arbeitet er ohne Unterlass acht Stunden am Tag, bedeutet das für den Angestellten eine Tagesliste, die aus 480 Stellen besteht; insgesamt steckt Esterhase ein aus 9600 Stellen bestehendes Konvolut in den Tresor. Nach zwei Monaten kommt Toby zu Control, dem obersten Herrn des Hauses, dessen wahren Namen keiner in der Firma kennt, und legt ihm seine Zufallsfolge von Ziffern vor, die aus fast 200 000 Stellen besteht. „Für unsere Eierköpfe von der Chiffrierabteilung ist das noch viel zu wenig", seufzt Control, „wir brauchen eine viel längere Zufallsfolge."

„Zehnmal mehr Angestellte", schlägt Toby vor, „dann kann ich in der gleichen Zeit zehnmal mehr liefern."

„Auch zehnmal mehr wäre nicht genug", entgegnet ihm säuerlich lächelnd Control, „und wir brauchen die Ziffernfolge außerdem viel schneller. Im Übrigen sollten sich unsere Leute mit etwas Sinnvollerem beschäftigen. Das mit dem dauernden Mischen der Karten ist aus der Mode gekommen. Wir haben darüber auf der obersten Etage diskutiert, und heute kann ich dir die Lösung mitteilen: Die Eierköpfe haben ein Computerprogramm entworfen, das die Arbeit tut, die du, Toby, deine Pudel hast ausführen lassen."

„Aber Control", reagiert Esterhase verstört, „woher wollen Sie wissen, dass der Computer die Ziffern wirklich zufällig aufeinanderfolgen lässt? Wie mischt die Maschine die Ziffern?"

Geheimnisvolle Zahlen

„Die Einzelheiten interessieren mich nicht", brummt Control, „die Eierköpfe versichern mir nur, dass ihnen irgendwelche statistischen Tests zeigen, dass sie gründlich gearbeitet haben. Einmal wird sich ihre Ziffernfolge zwar wiederholen, aber die Periode hat eine Länge, die über 10^{200} hinausgeht. Das ist weitaus mehr, als wir benötigen. Im Übrigen kommt mir da ein Gedanke: Jetzt, wo wir das Computersystem haben, brauchen wir deine Dienste im Circus nicht mehr. Es ist wohl besser, du ziehst dich ins Privatleben zurück. Vielleicht machst du einen kleinen Laden auf, wo du gutgläubigen Amerikanern falsche Skulpturen von Degas andrehst."

Das ist natürlich eine erfundene Szene. Aber tatsächlich gibt es – sogar in Hardware, gleichsam fest verdrahtet – sehr effektive Methoden des Durcheinanderwerfens von Ziffern. Sie liefern ohne Aufwand, blitzschnell und fremdem Zugriff entzogen wie vom Zufall erzeugte Ziffernfolgen, die lang genug sind, um für eine Verschlüsselung in der Art eines One-Time-Pad geeignet zu sein. Es macht dabei nichts aus, wenn das Durcheinanderwerfen im Gerät so gestaltet ist, dass die Folge der Ziffern eine periodische Wiederholung besitzt, wenn nur die Länge dieser Periode groß genug ist – Control schwärmt von 10^{200}.

Dennoch entsteht auch die Ziffernfolge, die Control von den Computern in London Station ausgespuckt bekommt, genauso, wie wenn man eine Riesenzahl mit 10^{200} Stellen durch die Zahl 999 99 … 99, bestehend aus 10^{200} Neunern, dividiert und die Ziffern nach dem Komma notiert.[21]

In der Division stecken fast alle Geheimnisse der Welt.

Denken mit Zahlen

Ken Jennings' und Brad Rutters Debakel

Die beiden Amerikaner Ken Jennings und Brad Rutter gelten als die besten Quizspieler, die je in amerikanischen Fernsehshows aufgetreten sind. 2004 siegte Ken Jennings in der höchst populären Quizsendung Jeopardy unglaubliche vierundsiebzigmal in Folge. Dann aber verlor er gegen Brad Rutter, der dadurch einen höheren Jeopardy-Gesamtgewinn als Jennings verbuchen konnte. Bei der Quizshow Jeopardy können Kandidaten nur mit umfassendem Wissen und schneller Reaktionsfähigkeit gewinnen, vor allem aber müssen sie phantasievoll Begriffe kombinieren können. Die Aufgaben bei Jeopardy prüfen nicht pure Sachkenntnis, sie sind pfiffig und ausgefuchst. Nur Gewiefte finden sofort die Antworten auf Fragen wie zum Beispiel diese: „Was ist das: Unsere höfliche Anerkennung der Ähnlichkeit einer anderen Person mit uns selber?"

„Bewunderung" wird als Lösungswort erwartet.

In drei vom 14. bis zum 16. Februar 2011 ausgestrahlten Folgen von Jeopardy trat ein geheimnisvoller Watson gegen die Jeopardy-Matadore Ken Jennings und Brad Rutter in den Ring. Watson gewann das Spiel haushoch mit einem Endstand von 77147 Punkten gegenüber den 24 000 Punkten, die Jennings einheimste, und den 21 600 Punkten, die Rutter ergatterte. Das Preisgeld des Hauptgewinns von einer Million Dollar stellte Watson gemeinnützigen Zwecken zur Verfügung. Jennings und Rutter kündigten daraufhin an, jeweils die Hälfte ihrer Preise von 300 000 bzw. 200 000 Dollar zu spenden. Wer ist dieser menschenfreundliche Meisterdenker Watson, der den beiden scharfsinnigsten Quizspielern Amerikas eine derart klare Niederlage bereitete? Man bekam ihn bei der Ausstrahlung der Sendung nicht zu Gesicht. Den Platz zwischen Jennings und Rutter nahm nur ein blaues kugeliges Phantom ein. Denn Watson war in einem Nebenraum versteckt. Er wäre für den Kandidatensessel viel zu groß gewesen. Watson ist nämlich kein Mensch, sondern eine Maschine.

Eine Zahlenmaschine.

Es mag sein, dass das Wort „Zahlenmaschine" ungewohnt klingt. Es ist jedoch treffender als das gebräuchliche Wort „Computer" oder seine deutsche Übersetzung „Rechenmaschine" (das lateinische computare bedeutet „rechnen"). Die Maschine Watson beansprucht hingegen, viel mehr als bloß rechnen zu können. Sie gaukelt vor, denken zu können. Was Watsons „Gehirnwindungen", die von IBM zusammengesetzten Bausteine des „Denkens", in Wahrheit tun, ist Zahlen zu manipulieren. Nichts anderes.

Im Französischen ist das Wort „Computer" unbekannt, obwohl „computer" als Wort im Altfranzösischen existiert. Man spricht in den französischsprachigen Ländern von einem „ordinateur". Schon in den Wörterbüchern des 19. Jahrhunderts taucht dieser Begriff zur Bezeichnung desjenigen auf, der für das „Mettre en ordre", für das „Anordnen" zuständig ist. Eigentlich keine schlechte Bezeichnung. Wenn man nun bedenkt, dass alles Auflisten und Katalogisieren im Grunde darin besteht, den Dingen Zahlen zuzuweisen, mit denen sie sortiert und eingestuft werden, dürfen wir den „ordinateur", da er ja eine

Maschine bezeichnet, getrost mit „Zahlenmaschine" ins Deutsche übertragen.

Wie immer es sei: Die Zahlenmaschine Watson überflügelte mit dem von ihr vorgespielten Wissen, mit ihrer Schnelligkeit, mit ihrer scheinbaren intellektuellen Beweglichkeit die spitzfindigsten Menschen. Ein Triumph der Vertreter der „künstlichen Intelligenz": Pioniere der Informationstheorie wie John McCarthy, Marvin Minsky, Claude Shannon, Allen Newell und Herbert Simon formulierten erstmals 1956 auf einer wegweisenden Konferenz im Dartmouth College die These, dass *Denken nichts anderes als Verarbeitung von Information*, dass *Verarbeitung von Information nichts anderes als Manipulation von Symbolen*, dass *Manipulation von Symbolen nichts anderes als nachvollziehbarer Umgang mit Zahlen* und wenn man so will „Rechnen" im allgemeinsten Sinn des Wortes sei. Beim Denken komme es auf ein menschliches Wesen nicht an: „Intelligence is mind implemented by any patternable kind of matter", behaupteten sie. Sinngemäß übertragen: Jede formbare Materie ist als Träger von Denkvorgängen geeignet. Am besten jene Art von Materie, mit der man fast mühelos Bauelemente für zuverlässig funktionierende Strukturen beliebig hoher Komplexität formen kann: elektrische Bauteile wie Widerstände, Kondensatoren, Spulen, Dioden, Transistoren.

Der Sozialwissenschaftler der Gruppe, Herbert Simon, sagte schon 1957 voraus, dass innerhalb der folgenden zehn Jahre ein Computer Schachweltmeister werden und einen wichtigen mathematischen Satz entdecken und beweisen würde. Er hatte sich dabei etwas verschätzt, aber völlig daneben lag er mit seiner Prognose nicht. 1997 gelang es dem von IBM entwickelten System Deep Blue, den Schach-Weltmeister Garri Kasparov in sechs Partien zu schlagen.

Weitaus gewagter waren die Prophezeiungen Marvin Minskys: 1970 behauptete er, dass es in drei bis acht Jahren – jedenfalls hierin irrte er – Maschinen mit der durchschnittlichen Intelligenz eines Menschen

Denken mit Zahlen

geben werde, die Shakespeare lesen und Autos warten würden. Und noch abenteuerlicher war die grenzenlose Erwartungshaltung des Roboterspezialisten Hans Moravec von der Carnegie Mellon University: Mit Marvin Minsky teilte er die Überzeugung, dass mit der „künstlichen Intelligenz" der ultimative Traum der Menschheit wahr werden würde, die Überwindung des Todes: Im Buch „Mind Children. Der Wettlauf zwischen menschlicher und künstlicher Intelligenz" entwarf er ein Szenario der Evolution des „postbiologischen" Lebens: Ein Roboter überträgt das im menschlichen Gehirn gespeicherte Wissen so in eine Zahlenmaschine, dass die Biomasse des Gehirns überflüssig wird und ein posthumanes Zeitalter beginnen kann, in dem das gespeicherte Wissen beliebig lange zugreifbar bleibt. Die Zahlenmaschine Watson schien bei Jeopardy zu beweisen, dass uns nur mehr wenige kurze Schritte bis hin zur Verwirklichung der Utopien – oder sollte man eher von Horrorszenarien sprechen? – von Minsky und Moravec trennen. Jedenfalls erlitten Jennings und Rutter, zwei Menschen aus Fleisch und Blut, im intellektuellen Wettstreit mit Watson ein Debakel.

Doch in Wahrheit war Watsons fulminanter Auftritt Blendwerk und Gaukelspiel. Niemand anderer als Blaise Pascal, der Konstrukteur der ersten funktionierenden Rechenmaschine, hätte dies besser durchschaut. Mit ihm wollen wir die Geschichte beginnen.

Die „Pascaline", zur Unzeit konstruiert

Es waren die elenden Beschwernisse des elementaren Rechnens, bei denen lange Kolonnen von Zahlen zu addieren sind, die Blaise Pascal zu einer brillanten Erfindung veranlassten, deren gesellschaftliche Sprengkraft allerdings weder von seinen Zeitgenossen noch von deren Kindern oder Kindeskindern erkannt wurde. Erst 300 Jahre später leitete sie ein neues Zeitalter der Menschheit ein.

Die „Pascaline", zur Unzeit konstruiert

Blaise Pascals Vater Étienne war ein angesehener hoher Finanzbeamter im von Kardinal Richelieu, Ludwig XIII. und danach dem noch blutjungen Ludwig XIV. regierten Frankreich des 17. Jahrhunderts. Einem Land, in dem Bauern, Handwerker und Gewerbetreibende schuften mussten, damit es den wohlhabenden Bürgern, dem Klerus und der adeligen Gesellschaft an nichts fehlte, die Reichen in Saus und Braus ihre Tage und Nächte mit süßem Nichtstun verbringen konnten. Doch der Staat, der in letzter Instanz der König selbst war, brauchte Geld. Wo er nur konnte, presste er es der Bevölkerung ab. Nur der Klerus und der Adel waren von der Steuerlast befreit.

Étienne Pascal war bestrebt, das Geld von den Steuerpflichtigen möglichst gerecht eintreiben zu lassen. Er bemühte sich, die von den ihm untergebenen Beamten erhobenen Summen auf den Sol genau zu prüfen. Und dafür waren schier unzählige nervtötende Additionen und Subtraktionen vonnöten.

Étienne Pascals Sohn Blaise galt bereits in jungen Jahren als mathematisches Wunderkind. Der gebildete Vater lehrte seinen Sohn im Privatunterricht alle Sprachen, das gesamte Wissen seiner Zeit. Wie später Mozart, den ebenfalls sein Vater unterrichtete, hatte Pascal das Glück, nie eine Schule besuchen zu müssen. Allerdings verschob der gewissenhafte Vater den Mathematikunterricht für den kleinen Buben auf später, wenn dieser der Ansicht des Vaters nach dafür reif genug sei. Mit dem Erfolg, dass sich das geniale Kind die Mathematik selbst beibrachte. Schon mit vierzehn Jahren, so berichtet seine ebenso begabte ältere Schwester Jacqueline, habe er sich alle Lehrsätze des Geometriebuches von Euklid erarbeitet. Ja, er gewann Erkenntnisse, die völlig neu und unerhört beeindruckend waren und noch heute nach ihm benannt sind.

Blaise Pascal, der seit frühester Jugend unter ständig wiederkehrenden peinigenden Kopfschmerzen litt, behauptete einmal, dass einzig die Beschäftigung mit Mathematik ihn von den Qualen erlöse. Allein diese Bemerkung zeichnet ihn als besonderen Menschen aus, denn für Normalsterbliche hat die Mathematik den üblen Ruf, gerade das Gegenteil zu bewirken. Eine Nachrede, die – wie zumindest hoffentlich die Leserinnen und Leser dieses Buches bestätigen werden – zu Unrecht Verbreitung findet.

Ödes Rechnen hingegen kann bei niemandem, nicht einmal bei Blaise Pascal, von Schmerzen erlösen, gar Entzücken hervorrufen. Es ist einfach nur lästig. Diese Last, die Pascals Vater tagein, tagaus tragen musste, abzuschütteln und einer Maschine zu übertragen, war das Ziel seines Sohnes. Als dieser neunzehn Jahre alt war, hatte er es verwirklicht: Er hatte die erste Rechenmaschine der Welt entworfen und hergestellt. Er taufte sie „Pascaline".

Die Pascaline war kein Rechengerät. Derer gab es schon seit der Antike viele. Der berühmte Abakus – das Wort stammt vom griechischen ábakos, übersetzt: die Tafel, das Brett – ist wohl das bekannteste unter ihnen. Er besteht aus einem Rahmen mit Kugeln, von den Römern Calculi genannt – denn calculus ist der kleine Stein –, die auf Stäben aufgefädelt sind beziehungsweise in Nuten, Rillen oder Schlitzen geführt werden. Ein anderes Rechengerät ist der sogenannte Rechenschieber, ein aus verschiebbaren und eigenartig skalierten Linealen bestehendes Rechenhilfsmittel, mit dem man nach eingehender Schulung sogenannte höhere Rechenoperationen wie Multiplikationen, Divisionen, das Ermitteln von Potenzen, Wurzeln und anderes mehr durchführen kann. Schließlich seien die Neperschen Stäbchen erwähnt, benannt nach John Napier, die auf eine sehr raffinierte Weise für Multiplikationen und Divisionen dienlich sind. Doch all dies sind Geräte und keine Maschinen. Bei einem Gerät muss die kluge Handhabung von Menschen erfolgen, die für das Gerät geschult wurden. Bei einer Maschine ist eine Schulung des Bedienungspersonals nicht mehr erforderlich: Sie rechnet scheinbar „von selbst", buchstäblich „automatisch" – wie es das griechische Wort „autómata" nahelegt, das für Dinge

Die „Pascaline", zur Unzeit konstruiert

steht, die sich von selbst bewegen, wie in der Ilias die sich selbsttätig öffnenden Türen des Olymp.

Tatsächlich ist die Pascaline ein Rechenautomat. Wer sie sieht, nimmt ein ziegelsteingroßes Messinggehäuse wahr, auf dessen Deckfläche sich oben fünf (bei späteren Versionen der Pascaline sogar mehr als fünf) Sehschlitze befinden, die den Blick auf die Ziffern einer fünfstelligen Zahl freigeben.[22] Unter jedem Schlitz befindet sich auf der Deckfläche der Pascaline ein kleines Rad mit zehn Speichen. Um das Rad sind auf der Deckfläche die Ziffern Null bis Neun so eingraviert, dass die Speichen des Rades immer in die Lücken zwischen zwei aufeinanderfolgenden Ziffern weisen. Das Rad kann mit einem Stift, der in einen der Zwischenräume gesteckt wird, im Uhrzeigersinn bewegt werden. Eine kleine an der Deckfläche angebrachte Haltevorrichtung bewirkt, dass der Stift das Rad wie bei einer Wählscheibe der uralten Telefone nur bis zum Anschlag drehen kann.

Zeigt die Pascaline auf den Schlitzen die Zahl 00000 an, ist sie im Ausgangszustand. Nun kann man mit ihr eine Addition, zum Beispiel die Rechnung 16 + 45, durchführen. Zuerst gibt man die Zahl 16 ein: Der Stift wird im vorletzten Rad von links in den Zwischenraum der Ziffer 1 gesteckt und bis zum Anschlag gedreht: Es zeigt sich die Zahl 00010. Dann wird der Stift im letzten Rad von links in den Zwischenraum der Ziffer 6 gesteckt und bis zum Anschlag gedreht: Es zeigt sich die Zahl 00016. Sodann gibt man die Zahl 45 ein: Der Stift wird im vorletzten Rad von links in den Zwischenraum der Ziffer 4 gesteckt und bis zum Anschlag gedreht: Jetzt zeigt sich die Zahl 00056. Schließlich wird der Stift im letzten Rad von links in den Zwischenraum der Ziffer 5 gesteckt und bis zum Anschlag gedreht: Verfolgt man dabei die Bewegungen der Ziffern in den Schlitzen, erkennt man, dass bei dieser Drehung nacheinander die Zahlen 00056, 00057, 00058, 00059, dann, wie von Zauberhand erzeugt, 00060 und schließlich, beim Erreichen des Anschlags, 00061 aufscheinen.

Denken mit Zahlen

Die Mechanik im Inneren der Pascaline, welche die Bewegung des Rades in eine entsprechende Drehung der Walze übersetzt, ist leicht nachzuvollziehen. Auf der Walze sind die Ziffern 0, 1, 2, 3, 4, 5, 6, 7, 8, 9 eingetragen. Die jeweils oberste Ziffer unterhalb des geöffneten Sehschlitzes kann durch diesen gesehen werden. Die Drehung des Rades, auf die Drehung der Walze übertragen, führt zum Wandel der durch den Schlitz sichtbaren Ziffer. So weit, so einfach. Was Pascal aber gelang, war der sogenannte mechanische Übertrag: Mit einem raffinierten Hebelmechanismus wird, wenn bei einem Rad der Übergang von der Ziffer 9 zur Ziffer 0 erfolgt, gleichzeitig beim linken Nachbarn dieses Rades eine Drehung der Walze um eine Ziffer weiter bewerkstelligt. Dass dies wirklich funktioniert, dass bei der mechanischen Addition von 1 der Übertrag von 00009 zu 00010, auch der Übertrag von 00099 zu 00100, auch der Übertrag von 00999 zu 01000, auch der Übertrag von 09999 zu 10000 und schließlich der Übertrag von 99999 zu 00000 gelingt – mangels eines sechsten Rades wird Einhunderttausend nur mit den letzten fünf Nullen angezeigt –, ist der Clou bei Pascals Erfindung.[23]

Zwei Hemmnisse sind dafür maßgeblich, dass Pascal mit seiner Erfindung kein spektakulärer wirtschaftlicher Erfolg beschieden war.

Das erste und zugleich wichtigere Hemmnis betrifft die gesellschaftliche Situation zur Zeit Pascals. Seine Maschine war einfach zu teuer. Rechenknechte, die für lächerlich wenig Bezahlung die gleichen Dienste leisteten, gab es genug. Erst als die menschliche Arbeitskraft gerecht bezahlt wurde, rechnete sich der technische Fortschritt. Darum wurde nicht Pascal mit seiner Maschine zum reichen Unternehmer, sondern erst Jahrhunderte später Thomas J. Watson, der Gründer von IBM, nach dem die Zahlenmaschine benannt ist, die in Jeopardy den glänzenden Sieg davontrug.

Das zweite, zwar auch schwerwiegende, aber vielleicht eher behebbare Hemmnis betrifft die Anfälligkeit der Pascaline gegenüber Fehlern: Nicht immer funktionierte der Mechanismus einwandfrei. Bei wichtigen Rechnungen waren Kontrollrechnungen erforderlich – all das kostete Zeit. Der Vater war im händischen Rechnen so geübt, dass die Eingabeprozedur in Pascals Maschine weitaus länger dauerte als sein Schreiben mit Bleistift und Papier. Doch der Anfang war getan.

Schon zwanzig Jahre vor der Erfindung und Konstruktion der Pascaline hatte der deutsche Astronom Wilhelm Schickard eine ganz ähnliche Idee eines Rechenautomaten skizziert. Von einer Verwirklichung seiner nur mit groben Skizzen umrissenen Maschine sprach man bloß gerüchteweise: Ein angeblich für Johannes Kepler gefertigtes Modell soll einem Brand zum Opfer gefallen sein, nur die ein wenig hilflos wirkenden Zeichnungen sind erhalten geblieben. Selbst wenn Schickard das Räderwerk hergestellt hätte, wäre es bei einem Übertrag zum Beispiel von 09999 zu 10000 wegen der mechanischen Unzulänglichkeiten zerbrochen. Ohne Zweifel darf man Blaise Pascal die Ehre zusprechen, als Erster die Idee der Rechenmaschine nicht nur genial und gewissenhaft entworfen, sondern solche Automaten bis hin zur Serienreife produziert zu haben.

Noch aber war es eine *Rechen*maschine, der Weg zur *Zahlen*maschine wurde erst Generationen nach Pascal beschritten.

Leibnizens Zahlen und Lovelaces Programme

Eine Rechenmaschine, ganz ähnlich funktionierend wie jene von Pascal, ist etwa dreißig Jahre später vom deutschen Universalgelehrten Gottfried Wilhelm Leibniz skizziert worden. Im Unterschied zu den Pascalines, von denen einige funktionstüchtige Exemplare bis heute überlebt haben, existiert von Leibnizens Rechenautomaten kein Originalmodell, es gibt bloß Nachbauten, die beweisen, dass seine Maschine funktionstüchtig war.

Denken mit Zahlen

Eine verbesserte Kopie der von Pascal entwickelten Erfindung herzustellen, ist aber nicht der entscheidende Beitrag, den Leibniz für die Entwicklung von Zahlenmaschinen leistete. Dieser bestand vielmehr darin, dass er ein ausgeklügeltes theoretisches Konzept entwickelte: Bei Pascals Maschine erfolgte der mechanische Übertrag auf die linke Nachbarwalze, wenn bei der rechten Walze von der Ziffer 9 zur Ziffer 0 weitergedreht wird. Die Drehung von 0 zu 1 unterscheidet sich im Prinzip aber nicht von jener, die von 1 zu 2 oder von 2 zu 3 führt. Und dies verläuft genauso eintönig fort, bis man von 8 zu 9 springt. Erst dann, beim Übergang von 9 zu 0, wird wieder der Übertragmechanismus wirksam.

Eigentlich, so dachte Leibniz, könnte man diesen Mechanismus auf zwei Prozesse verkürzen: Der eine Prozess ist der Übergang von der Ziffer Null, die wir nun mit 0 abkürzen, zur Ziffer Eins, die wir jetzt mit 1 bezeichnen: Es bewegt sich dabei nur jene Walze, die das Springen von 0 auf 1 anzeigt. Der zweite Prozess ist der Übergang von der Ziffer 1 zurück zur Ziffer 0, bei der die linke Nachbarwalze mitbewegt wird. Entweder indem sie ihrerseits von 0 zu 1 wandert und nichts weiter tut, oder aber indem sie von 1 zu 0 wandert und dabei ihrerseits ihre linke Nachbarwalze weiterbewegt. Diesem Gedanken Leibnizens folgend, sind auf den einzelnen Walzen nicht zehn, sondern nur die beiden Ziffern 0 und 1 eingetragen; andere Ziffern kennt dieses Konzept nicht. Man nennt daher die von Leibniz erfundenen Ziffern 0 und 1 die *Binärziffern* und sein aus diesen beiden Ziffern bestehendes Zahlensystem das *Binär-* oder *Dualsystem*. Diese Vereinfachung hat allerdings einen Preis: Die Maschine muss eine schiere Unzahl von nebeneinanderliegenden Walzen besitzen. Denn mit fünf Walzen allein gelangt man im Dualsystem nicht über sehr kleine Zahlen hinaus: Der Reihe nach lauten nämlich bei nur fünf Walzen im Dualsystem die ersten Zahlen, mit null beginnend über eins, zwei, drei weiter bis hin zu acht: 00000, 00001, 00010, 00011, 00100, 00101, 00110, 00111,

Leibnizens Zahlen und Lovelaces Programme

01000. Das geht für eine kurze Zeit so weiter, aber schon bei 31, in Leibnizens Darstellung als 11111 geschrieben, ist endgültig Schluss. Bei der nächsten Zahl würde wieder 00000 angezeigt werden, weil die Walze für die 1 an der sechsten Stelle fehlt.

Der mystischen Gedanken nicht ganz abgeneigte, tiefgläubige Leibniz sah in der Binärziffer 1 das Symbol des einen Gottes und in der Binärziffer 0 das Symbol der Leere, des Nichts. Dass in der Binärdarstellung die Zahl Sieben 111 lautet, wies für den von der Wahrheit der christlichen Lehre Überzeugten darauf hin, dass der dreieinige Gott in sieben Tagen die Welt geschaffen hatte ...

Aber noch eine andere Deutung kam ihm bei seiner Erfindung der Binärziffern in den Sinn: Man ordnet einer *wahren* Aussage die Binärziffer 1 und einer *falschen* Aussage die Binärziffer 0 zu. Heutzutage sagen Logiker dazu ein wenig hochtrabend, dass jede Aussage oder jedes Urteil eine Binärzahl als „Wahrheitswert" besitzt. Aber schon Leibniz erkannte, dass Manipulationen mit Binärzahlen nicht bloß arithmetische, sondern allgemeiner logische Operationen sind. Sie bilden das Denken ab. „Denken ist Rechnen", daran begann Leibniz zu glauben. Vielleicht, so meinte er, könne man diesen Gedanken in der Jurisprudenz nutzen: Der Richter „rechnet" mit den Wahrheitswerten der Aussagen des Angeklagten, des Klägers, der Zeugen, der Anwälte und gelangt so auf unbestechliche Weise zum gerechten Urteil. Führt man diesen Gedanken konsequent zu Ende, kommt man zum Schluss, dass statt eines Richters eine Zahlenmaschine die Arbeit der Urteilsverkündigung übernehmen könnte.

All dies findet man bei Leibniz nur angedeutet, gleichsam als Aufgabe für künftige Ingenieure umrissen. Erst um 1830 glaubte der englische Mathematiker und Philosoph Charles Babbage eine solch umfassende Zahlenmaschine bauen zu können, die über das Rechnen hinaus auch logische Operationen durchzuführen erlaubte. Ursprünglich hatte er sich bloß vorgenommen, eine sogenannte Differenzen-

Denken mit Zahlen

maschine zu bauen, die nur für besonders öde, aber wichtige Rechnungen im Zusammenhang mit der Navigation von Schiffen als Unterstützung dienen sollte. Doch bald erkannte er, dass man mit Maschinen ein noch viel umfassenderes Feld von Zahlenmanipulationen beackern konnte: Alles, was nach einem vorgegebenen Schema stur Schritt für Schritt bewerkstelligt werden kann, lässt sich maschinell durchführen. Von dieser Idee begeistert, plante er den Bau einer „Analytical Engine". Sie sollte mit der damals hochmodernen Dampfkraft betrieben werden, wurde zu seinen Lebzeiten aber nicht realisiert. Ähnlich wie Leibniz war auch Babbage mit einer Vielzahl verschiedenster Projekte überlastet: Stürzte er sich mit Feuereifer auf das eine, wurden die anderen sträflich vernachlässigt. Er studierte politische Ökonomie und bildete mit seiner Beschreibung des frühen Kapitalismus eine wichtige Quelle für Karl Marx. Er erstellte statistische Studien, mit denen er die Basis für das Geschäft der Lebensversicherungen schuf. Er erfand, unabhängig von Hermann von Helmholtz, den Augenspiegel, das sogenannte Ophthalmoskop, sowie den „Kuhfänger", einen an der Stirnseite von Lokomotiven befestigten Schienenräumer. Er schloss aus den verschiedenen Breiten der Jahresringe von Bäumen auf den Klimawandel vergangener Zeiten. Er schaffte es, die Verschlüsselung von Texten nach der Methode des im 16. Jahrhundert lebenden Gelehrten Blaise de Vigenère zu knacken. Und dies ist nur ein Teil der Liste jener Aktivitäten, die Babbage auf Trab hielten.

Die Verwirklichung von Babbages „Analytical Engine" scheiterte nicht nur an der Vielfalt seiner Interessen, sondern auch an der noch zu wenig entwickelten Feinmechanik, um die Maschinenteile in der nötigen Präzision herzustellen. Sie scheiterte, weil Babbage seine Entwürfe allzu oft geändert hatte und das britische Parlament nicht mehr bereit war, das Projekt weiter zu finanzieren. Sie scheiterte vor allem deshalb, weil die zweite treibende Kraft, die für die „Analytical Engine" das erste „Programm" verfasste – also die erste von der Maschine automatisch durchzuführende Zahlenmanipulation, bei deren Ausführung kein menschlicher Eingriff nötig war –, das Interesse daran verlor, vielmehr verlieren musste: Es war Babbages Mitarbeiterin Augusta Ada King, Countess of Lovelace, geborene Augusta Ada Byron.

Von Geburt an hatte ihr das Schicksal übel mitgespielt: Sie war die Tochter des hochberühmten romantischen Dichters Lord Byron, doch der Vater verstieß wenige Tage nach der Geburt der Tochter die Ehefrau und verweigerte den Kontakt zu seinem einzigen ehelichen Kind. Die schwer gekränkte Mutter erwähnte vor der Tochter nie mehr Byrons Namen, noch zeigte sie ihr ein Erinnerungsstück oder gar ein Bild des Vaters. Nur nach außen hin spielte sie die Rolle der sorgenvollen Mutter, in Wahrheit übertrug sie Adas Großmutter die Verantwortung zur Erziehung des Mädchens.

Wie einst Pascal, so plagten auch Ada Byron seit frühester Jugend qualvolle Kopfschmerzen. Und wie Pascal, so wurde auch Ada Byron von Privatlehrern ausgebildet, wobei der sie unterrichtende Mathematiker Augustus de Morgan ihr außerordentliches Talent für diese Wissenschaft bemerkte. Und wie Pascal, so versuchte auch die damals bereits mit William King, dem späteren Earl of Lovelace verheiratete Ada ihre mathematische Begabung nutzbringend anzuwenden: Sie wollte in der Zusammenarbeit mit Babbage die „Analytical Engine" zum Laufen bringen. Ungleich zu Pascal verharrte ihr Bemühen aber im Reich der Theorie, weil sie die von Babbage entworfene Zahlenmaschine nie erblickte. Als Trost blieb ihr nur die Bewunderung von Michael Faraday für das erste Computerprogramm der Welt, das aus ihrer Feder stammte. Erschwerend kamen für Ada Lovelace die seelischen Konflikte hinzu, die sich aus ihrer unglücklichen Ehe und aus ihren damals als skandalös erachteten Affären ergaben. Damit nicht genug, glaubte sie, ein sicheres Wettsystem ersonnen zu haben, und verlor bei ihren höchst riskanten Einsätzen Tausende von Pfund. Wie einst Pascal starb sie allzu früh: Pascal wurde keine 40 Jahre alt, Lovelace keine 37.

Die elektrische Geburt der Zahlenmaschinen

Die Bewunderung Faradays für Ada Lovelace kann gar nicht hoch genug gewürdigt werden. Denn es waren die Pionierarbeiten Faradays, die – erst Jahrzehnte später – die Grundlage für einwandfrei funktionierende Zahlenmaschinen legten: Faraday erkannte mit seinen unzähligen Experimenten den tiefen Zusammenhang zwischen Elektrizität und Magnetismus. Er stellte fest, dass es zwar die verschiedenartigsten Möglichkeiten gibt, elektrische Spannung zu erzeugen, dass es sich dabei jedoch stets um das gleiche Phänomen handelt, das die ganze Natur durchdringt. Er, der aus einfachsten Verhältnissen stammend und nur durch das Lesen der Lehrbücher, die er als gelernter Buchbinder in die Hand bekam, sein Interesse für die Elektrizität wachrief, hatte seine Konzepte und seine Ansicht von der Einheitlichkeit der Natur ohne eine einzige mathematische Formel entwickelt. Erst James Clerk Maxwell, der von den Experimenten Faradays tief beeindruckt war, stellte es sich zur Aufgabe, Faradays Befunde in ein mathematisches Gewand zu kleiden. Es gelang ihm mit Hilfe von vier Gleichungen, in denen alle Erscheinungsformen der Elektrizität und des Magnetismus einheitlich zusammengefasst sind. Man ist kaum in der Lage, die Vielfalt von Phänomenen, die auf dem Elektromagnetismus beruhen, zu überblicken. Selbst die folgende Liste, die kunterbunt den Elektromotor, den Dynamo, das Mobiltelefon, die Röntgenstrahlen, den Transistor, das Radio, das Fernsehen, den Kompass, die Glühlampe, die Hochspannungsleitungen, die Batterie, den Belichtungsmesser, das Mikrofon, die Digitalkamera, das Sternenlicht, die Nordlichter, den Bildschirm, die U-Bahn, die Quarzuhr, das Elektroenzephalogramm und die Computertomographie nennt, ist weit davon entfernt, vollständig zu sein.

Erst wenn über Stunden, gar über Tage hinweg landesweit der elektrische Strom ausfiele, würde uns schmerzhaft bewusst werden, wie sehr die moderne Zivilisation von den Erkenntnissen Faradays abhängt, die von Maxwell mit einem mathematischen Gerüst versehen wurden.

Umso kurioser ist die Geschichte vom Besuch des Finanzministers in Faradays Labor: Der Minister machte sich Sorgen um das für Faradays Experimente – die aus heutiger Sicht lächerlich billig waren – investierte Steuergeld. „What is this good for?", „Wozu braucht man das?", fragte der Minister angesichts der Spulen und Kondensatoren mit besorgter Miene. „What are babies good for?", „Wozu braucht man Babys?", gab Faraday darauf stolz zur Antwort.

So unzählig die Anwendungen der Elektrodynamik sind, so zahllos sind auch die Namen der Erfinder dieser Anwendungen. Auch die folgende Liste, bestehend aus Manfred von Ardenne, Alexander Graham Bell, Henry Clothier, Ray Dolby, Thomas Alva Edison, John Ambrose Fleming, Heinrich Geißler, Heinrich Hertz, Herbert Eugene Ives, James Prescott Joule, Johann Kravogl, Robert von Lieben, Guglielmo Marconi, Georg Neumann, Kenneth Olsen, Waldemar Petersen, Georg Hermann Quincke, Johann Philipp Reis, Werner von Siemens, Nikola Tesla, Richard Ulbricht, Hans Vogt, Charles Wheatstone, Clarence Melvin Zener, die – abgesehen von X und Y – von jedem Buchstaben einen Namensvertreter nennt, ist eine bunte Palette ohne Anspruch auf Vollständigkeit. Drei Personen unter diesen Physikern und Ingenieuren, nämlich Walter H. Brattain, John Bardeen und William B. Shockley, spielen im Zusammenhang mit der Zahlenmaschine eine ganz besondere Rolle, denn sie erfanden ein elektrisches Gerät, das die bereits Ende des 19. Jahrhunderts von Edison als Prototyp entworfene Elektronenröhre ersetzte: den Transistor.

Für unsere Zwecke genügt es zu wissen, dass der Transistor ein aus sogenannten Halbleitern bestehendes Bauelement ist. Zur Zeit der Erfindung um 1950 war es ein zentimetergroßer Zylinder, von dem drei Drähte wegwiesen; heutzutage sind Transistoren mikroskopisch klein, aber an ihrem Wesen ändert das nichts. Die drei Drähte tragen die

Bezeichnung *B* (für Basis), *C* (für Kollektor) und *E* (für Emitter). Wir verzichten darauf, über die Details der Wirkungsweise zu sprechen, sondern begnügen uns mit der fast sträflich groben Vereinfachung, die folgendes besagt: Wenn an den Draht *B* eine Spannung gelegt wird, dann erlaubt der Transistor, dass vom Draht *C* zum Draht *E* widerstandslos Strom fließt. Wenn hingegen am Draht *B* keine Spannung herrscht, lässt der Transistor keinen Strom vom Draht *C* zum Draht *E* fließen.

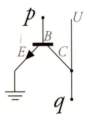

Abb. 6: Prinzip des NOT-Gatters: Mit *U* wird die Basisspannung bezeichnet. Wenn bei *p* eine Spannung angelegt ist, wenn also *p* = 1 ist, dann sorgt die geladene Basis *B* am Transistor für eine Stromleitung vom Kollektor *C* zum Emitter *E* in die Erde, und bei *q* liegt keine Spannung vor: *q* = 0. Wenn bei *p* keine Spannung angelegt ist, wenn also *p* = 0 ist, dann leitet der Transistor nicht, und bei *q* liegt eine Spannung vor: *q* = 1.

Damit verstehen wir bereits, wie man mit Elektrodynamik Logik betreiben kann: Betrachten wir den einfachsten Fall, dass an einen Draht, dessen Ende wir mit dem Buchstaben *q* bezeichnen, eine Spannung, die sogenannte *Basisspannung*, gelegt wird. Geschieht nur dies und sonst nichts, kann man am Drahtende *q* feststellen, dass diese Spannung (gegenüber der Erde, der man die Spannung null zuspricht) vorhanden ist. Man schreibt dafür *q* = 1. Ist aber der Draht dazwischen mit einem zweiten Draht verknotet, der seinerseits mit der Erde verbunden ist, fließt der Strom von der Spannungsquelle über den Knoten und den zweiten Draht in die Erde, und am Drahtende *q* herrscht keine Spannung mehr. Dafür schreibt man $q = 0$. Jetzt kommt der Transistor ins Spiel: Er wird so in den zweiten Draht eingebaut, dass der Drahtteil vom Knoten bis zum Transistor der Draht C und der Drahtteil vom Transistor zur Erde der Drahtteil E ist. Jetzt hängt es davon ab, ob am Ende des Drahtes B vom Transistor, das wir mit p bezeichnen wollen, eine Spannung herrscht, in diesem Fall schreiben wir $p = 1$, oder keine Spannung herrscht, in diesem Fall schreiben wir $p = 0$. Wenn nämlich $p = 1$ ist, lässt der Transistor den Strom von C nach E durch, und am Drahtende q herrscht keine Spannung, also ist $q = 0$. Wenn hingegen $p = 0$ ist, sperrt der Transistor den Stromfluss, und am Drahtende q bleibt die Basisspannung bestehen, also ist $q = 1$.

Das elektrische Bauelement symbolisiert die logische Negation: q bedeutet „nicht p".

Wenn man solche Bauelemente parallel oder hintereinander schaltet, bekommt man alle logischen Verknüpfungen: Man kann zum Beispiel „weder p noch q" zum Ausdruck bringen: Hier misst man beim Ausgangsdrahtende r genau dann eine Spannung, wenn weder der die Aussage p noch der die Aussage q symbolisierende Draht mit einer Spannung versehen sind. Mit anderen Worten: Nur bei $p = 0$ und bei $q = 0$ ist $r = 1$, denn r steht für „weder p noch q", und tatsächlich stimmt r, wenn sowohl p als auch q falsch sind. Ist hingegen $p = 1$ und $q = 0$, oder ist $p = 0$ und $q = 1$, oder ist gar $p = 1$ und $q = 1$, dann ist $r = 0$, denn „weder p noch q" ist falsch, weil ja mindestens eine der beiden Aussagen p oder q wahr ist.[24]

Denken mit Zahlen

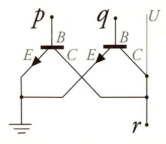

Abb. 7: Prinzip des NOR-Gatters: Nur bei $p = 0$ und bei $q = 0$ ist $r = 1$, denn nur dann leiten die beiden Transistoren nicht den Strom von der Basisspannung U in die Erde. In allen anderen Fällen wird der Strom in die Erde geführt und es ist $r = 0$.

Ein paar solcher Schaltungen aufeinandergetürmt, und man kann bereits rechnen wie einst Pascal mit seiner Maschine.[25] Und unzählige Kaskaden derartiger Schaltungen in der richtigen Weise verdrahtet ergeben nichts anderes als eine Zahlenmaschine. Wenn ein Verfahren nach einem Programm abläuft und eindeutig aus einzelnen symbolischen Manipulationen besteht – die Zahlenmaschine kann es nachvollziehen.

Gelernter Skeptizismus und Turings Test

Watson, der Sieger bei Jeopardy gegen Ken Jennings und Brad Rutter, war eine derartige Zahlenmaschine. Eine Fülle von Daten war in ihr gespeichert, die letztlich aus einer gigantisch langen Folge von Ziffern 0 und 1 bestand. Diese Ziffernfolge, umgesetzt in vorhandene Spannung bei 1 und fehlende Spannung bei 0, ist die dubiose Quelle von Watsons „Wissen". Das technische Meisterwerk besteht darin, damit die Illusion zu erzeugen, die Zahlenmaschine könne wirklich denken.

Gelernters Skeptizismus und Turings Test

Redakteure des Nachrichtenmagazins „Der Spiegel" waren von Watson so verzaubert, dass sie sich entschlossen, einen ausgewiesenen Experten dieser Zahlenmaschinen darüber zu befragen. Interviewpartner des „Spiegel" war David Gelernter, der 1983 mit seinem Kollegen Nicolas Carriero die Programmiersprache LINDA entwickelt hatte, die sich besonders gut für parallel laufende Zahlenmaschinen eignet. Die Kernaussagen des „Spiegel"-Gesprächs mit Gelernter lauteten:

Der Spiegel: „Herr Gelernter, wir suchen einen Begriff. Der amerikanische Journalist Ambrose Bierce umschrieb ihn als ‚vorübergehendes Irresein, heilbar durch Heirat'. Wissen Sie, was gemeint ist?"

David Gelernter: „Keine Ahnung."

Der Spiegel: „Die Liebe."

David Gelernter: „Oh, die Liebe."

Der Spiegel: „Ja, und die Frage stammt aus dem Fundus der TV-Quizshow ‚Jeopardy'. Der IBM-Supercomputer Watson hatte kein Problem, die Lösung zu finden. Dann weiß Watson wohl, was Liebe ist, oder?"

David Gelernter: „Er hat nicht die geringste Ahnung. Die Forschung auf dem Feld der Künstlichen Intelligenz hat nicht einmal angefangen, sich mit Gefühlen zu beschäftigen. Das Problem ist: Wir denken nicht nur mit dem Verstand. Denken kann nur ein Geist, der auch einen Körper hat. Ein Gefühl wie Liebe übersteigt Watsons Fähigkeiten bei weitem."

Der Spiegel: „Was ist so besonders am menschlichen Gehirn, dass es von einer Maschine nicht nachgebildet werden kann?"

David Gelernter: „Das Gehirn ist radikal anders als ein Computer. Der Computer ist eine rein elektronische Maschine, die aus Halbleitern und anderem Krimskrams besteht. Ich glaube, dass es tatsächlich möglich ist, eine kreative Maschine zu bauen, wahrscheinlich sogar eine Maschine, die halluzinieren könnte. Aber sie würde uns in keiner Weise gleichen. Sie wäre immer eine Täuschung, eine Fassade. Es ist vollkommen plausibel, dass etwa das Modell ‚Watson 2050' einen Poesiewettbewerb gewinnt. Es wird womöglich ein wundervolles Sonett schreiben, das ich schön und bewegend finde und das weltberühmt wird. Aber würde das bedeuten, dass Watson einen Verstand hat, eine Idee von sich selbst? Natürlich nicht. Da ist niemand zu Hause. Da ist nichts drin."

Ein wenig erinnert David Gelernters Skepsis an die Erkenntnis Blaise Pascals, dass wir nicht bloß nach den Gesetzen der formalen Logik, sondern vor allem „mit dem Herzen" denken: „Le cœur a ses raisons que la raison ne connaît pas", „Das Herz hat seine Gründe, die der Verstand nicht kennt".

Und doch vermeinen Minsky oder Moravec in der hinreichend komplex konstruierten Zahlenmaschine so etwas wie echtes Denken zu finden. Haben sie recht oder nicht? Zur Beantwortung dieser Frage schlug der britische Mathematiker und Logiker Alan Turing bereits im Jahre 1950 vor, einen Test durchzuführen: Im Zuge des nach Turing benannten Tests führt ein menschlicher Fragesteller über eine Tastatur und einen Bildschirm ohne Sicht- und Hörkontakt mit zwei ihm unbekannten Gesprächspartnern ein Gespräch. Der eine Gesprächspartner ist ein Mensch, der andere eine Maschine. Beide versuchen den Fragesteller davon zu überzeugen, dass sie denkende Wesen sind. Wenn der Fragesteller nach der intensiven Befragung nicht klar sagen kann, welcher von beiden die Maschine ist, hat diese den Turing-Test bestanden.

1966 entwickelte Joseph Weizenbaum, Computerpionier am Massachusetts Institute of Technology, ELIZA, ein Programm benannt in Anspielung auf Shaws Pygmalion, das die Möglichkeiten der Kommunikation zwischen einem Menschen und der Zahlenmaschine über natürliche Sprache aufzeigen sollte. ELIZA arbeitet nach dem Prinzip, Aussagen des menschlichen Gesprächspartners in Fragen umzuformulieren und so eine Reaktion zu simulieren. Es dient als mechanischer

Ersatz für einen Psychotherapeuten. Sagt der Patient zum Beispiel: „Ich habe ein Problem mit meinem Auto", antwortet ELIZA: „Warum haben Sie ein Problem mit Ihrem Auto?" Klagt eine Patientin: „Ich habe ein Problem mit meinem Vater", geht ELIZA mit den Worten „Erzählen Sie mir mehr über Ihre Familie!" darauf ein. In diesem zweiten Beispiel hatte das Programm analysiert, dass „Vater" zu „Familie" gehört, und entsprechend „intelligent" reagiert.

ELIZA als Psychotherapeuten zu konzipieren, begründete Weizenbaum damit, dass es einem solchen Gesprächspartner erlaubt ist, keinerlei Wissen über die Welt zeigen zu müssen, ohne dass dadurch seine Glaubwürdigkeit verloren geht. Weizenbaum verdeutlichte dies anhand eines Beispiels: Wenn der menschliche Gesprächspartner den Satz „Ich bin mit dem Boot gefahren" äußert, und die Zahlenmaschine antwortet darauf „Erzählen Sie mir etwas über Boote", wird der Mensch nicht annehmen, dass sein Gesprächspartner kein Wissen über Boote besitzt.

Versuchspersonen, die mit ELIZA kommunizierten, verhielten sich dann auch so, als wenn sie es mit einem menschlichen Gesprächspartner zu tun hatten. Offensichtlich war es ihnen nicht allzu wichtig, ob der Antwortende am anderen Ende der Leitung wirklich ein Mensch war oder eine Maschine. Es kam nur darauf an, dass die Antworten und Fragen menschlich erschienen. Die Versuchspersonen in den Experimenten waren zu einem großen Teil sogar davon überzeugt, dass der „Gesprächspartner" ein tatsächliches Verständnis für ihre Probleme aufbrachte. Selbst wenn sie mit der Tatsache konfrontiert wurden, dass sie mit einer Zahlenmaschine „gesprochen" hatten, die auf der Basis einiger simpler Regeln und sicherlich ohne „Intelligenz", „Verstand" und „Einfühlungsvermögen" einfach gegebene Aussagen in Fragen umwandelte, weigerten sie sich oft, dies zu akzeptieren. Einige meinten sogar: „Die Maschine versteht mich besser als mein menschlicher Psychiater!"

Weizenbaum war erschüttert über die Reaktionen auf sein Programm. Noch mehr verstörte ihn, dass praktizierende Psychiater ernsthaft daran glaubten, damit zu einer automatisierten Form der Psychotherapie gelangen zu können. Er mutierte nicht zuletzt aufgrund dieser Erfahrungen zu einem der geistreichsten und vehementesten Kritiker der unreflektierten Technologie der „künstlichen Intelligenz".

Das Erschütternde nämlich ist: Die Zahlenmaschine vermag das Bild des Menschen selbst zu ändern. Die Heimtücke im Turing-Test besteht darin, dass wir die Frage, ob die Zahlenmaschine menschlich zu denken vermag – also in einem gewissen Sinn dem Ziel seines Erfinders gemäß einwandfrei funktioniert –, auch umdrehen können: *Besteht der Mensch den Turing-Test?* Funktioniert auch er einwandfrei – oder hat man diejenigen Menschen, die nicht den Anforderungen der Zahlenmaschine entsprechen, die noch an Pascals „raison du cœur", an das „Denken des Herzens" glauben, zu entsorgen? Dies ist keine Übertreibung, derart atemberaubende Gedanken werden ernsthaft von den Propheten der „künstlichen Intelligenz" wie Marvin Minsky oder Hans Moravec erwogen. „Wenn wir Glück haben, werden uns die Roboter als Haustiere behalten", behauptet zum Beispiel Minsky.

Und er meint es nicht als Scherz.

Der Anspruch auf Allwissenheit

Ein Gigant aus Göttingen

Was ist Mathematik?

Eine Frage, die gar nicht so leicht zu beantworten ist. Wenn man fragt, was Biologie sei, fällt die Antwort leichter: Es ist die Wissenschaft, welche mit den Methoden der Beobachtung und des Experiments alle Formen des Lebens untersucht. Auch die Mathematik ist eine Wissenschaft. Aber worauf beruht ihre Methode? Und was ist ihr Gegenstand?

Bei der Methode der Mathematik scheint es ziemlich klar: Es ist die Logik. Oder das Denken. Manche meinen, das sei das Gleiche. Begründungen mathematischer Aussagen jedenfalls müssen logisch einwandfrei sein. Verbirgt sich in einer Argumentationskette für den Nachweis einer Formel ein Denkfehler oder eine Lücke, die sich nicht schließen lässt, ist der angebliche Beweis nichts wert. Selbst wenn ihn eine mathematische Koryphäe vorträgt. Selbst wenn sich die Formel in Anwendungen hundertfach bewährt hat.

Anhand eines Beispiels aus dem Fundus der Mathematikgeschichte versteht man am besten, warum sich die Gemeinschaft der Mathema-

Der Anspruch auf Allwissenheit

tikerinnen und Mathematiker gar nicht darüber einig ist, wie sehr man sich auf die Logik verlassen darf. Und ob die Logik wirklich das Denken umfasst. Die Pointe der Geschichte schließlich ist, dass wohl bis zum Ende aller Tage völlig unklar bleiben wird, was die Mathematik wirklich zu leisten vermag.

Die Geschichte besteht aus zwei Teilen, den beiden letzten Kapiteln dieses Buches. In ihrem ersten Teil berichtet sie vom bedeutendsten deutschsprachigen Mathematiker um 1900, von David Hilbert, und sie erzählt von seiner Devise, um die sich die ganze Geschichte rankt. Im zweiten Teil der Geschichte erfahren wir, welches Geschick denen widerfahren ist, die sich Hilberts Leitspruch anschlossen, und jenen, die Hilberts Parole zu folgen nicht bereit waren.

Um 1900 kannte die mathematische Welt zwei Zentren: Göttingen in Deutschland und Paris in Frankreich.

Der eminenteste Göttinger Mathematiker war in dieser Zeit David Hilbert. Er leistete nicht nur selbst in allen Gebieten der Mathematik Pionierarbeit, er scharte auch eine große Runde höchst begabter junger Menschen aus aller Herren Länder um sich, die er zur Mathematik zu verführen verstand: den Russen Sergej Bernstein, der eigentlich in Paris studierte, die Amerikanerin Anne Bosworth, die von der Universität Chicago nach Göttingen gekommen war, den Italiener Ugo Napoleone Giuseppe Broggi, der später an der Universität von Buenos Aires wirkte, den Österreicher Paul Georg Funk, der nach seiner Studienzeit in der Tschechoslowakei und nach für ihn bitteren Jahren im „Dritten Reich" schließlich an der Technischen Universität Wien lehrte, die Russin Nadjeschda Gernet, später ein Opfer in dem von den Nazis fast vollständig ausgehungerten Leningrad, dem früheren und späteren Sankt Petersburg, den Rumänen Alexandru Myller, der an der Universität von Iași einen Schwerpunkt der Mathematik in Rumänien setzte, den Polen Hugo Steinhaus, der in Lemberg, dem späteren Lwów, eine nach dem Ort benannte Schule der polnischen Mathematik begründete, den

Japaner Teiji Takagi, der nach Tokio zurückkehrte und durch seine Forschung und Lehre seine Heimat für die moderne Mathematik öffnete – die Genannten sind nur ein paar von Dutzenden.

Unbedingt hervorgehoben werden muss Emmy Noether. Eigentlich war sie keine Schülerin Hilberts, sie promovierte bei Paul Gordan in Erlangen, wo ihr Vater Max Noether Mathematik lehrte. Ihr Doktorvater Gordan war Mathematiker der alten Schule: Nicht abstraktes Denken, sondern kompliziertes Rechnen stand bei ihm im Vordergrund. Als er erfuhr, dass in seinem eigenen Spezialgebiet, der sogenannten Invariantentheorie, Hilbert eine Reihe seiner nach mühevollem Rechnen erhaltenen Ergebnisse von einem völlig abstrakten Standpunkt aus ohne Beleg durch Rechnungen in einem Zuge herzuleiten verstand, beschwerte er sich bitter: „Das ist nicht Mathematik, das ist Theologie!", soll er geschimpft haben. Emmy Noether hingegen erkannte richtungsweisend Neues in Hilberts Denken und schlug sich sofort auf seine Seite. Hilbert und sein väterlicher Freund Felix Klein versuchten, in ihrer Universität für Noether eine Stelle als Forscherin zu schaffen. Sie zog tatsächlich nach Göttingen. Allerdings schlugen ihr vonseiten konservativer Professoren Missachtung und Ablehnung entgegen und blieb ihr, obwohl sie zweifellos hochqualifiziert war, beinahe die Universitätskarriere versagt. Sie konnte jahrelang ihre Vorlesungen nur unter Hilberts Namen ankündigen. Als einige Professoren Noethers Anwesenheit an der Universität bekämpften – nicht weil sie sich etwas hatte zuschulden kommen lassen, sondern nur, weil die Männer unter sich bleiben wollten –, empörte sich Hilbert: „Meine Herren, eine Fakultät ist doch keine Badeanstalt!"

Der wohl tiefste Denker unter den Mathematikern des 20. Jahrhunderts, Hermann Weyl, beschrieb im Nachruf auf seinen ehemaligen Lehrer Hilbert, wie er von ihm zur Mathematik gelockt worden war (dies ist die Übertragung des englischen Textes ins Deutsche; Weyl hatte 1933 aus Abscheu vor Hitler Deutschland den Rücken gekehrt):

Der Anspruch auf Allwissenheit

„Noch höre ich das Echo vom süßen Tone des Verführers, der Hilbert war und der alle, die ihm begegneten, unwiderstehlich in den Bann der Mathematik zog. Wer nach Beispielen fragt, dem antworte ich mit meiner eigenen Geschichte. Ich fuhr mit 18 als junger Mann vom Lande nach Göttingen. Die Universität wählte ich eigentlich nur, weil der Direktor meiner Schule ein Cousin Hilberts war und mich mit einem Empfehlungsschreiben an ihn ausstattete. Bedenkenlos, ja völlig naiv nahm ich es mir heraus, gerade jenen Kurs zu belegen, den Hilbert in diesem Semester ankündigte: über den Zahlbegriff und die Quadratur des Kreises. Das meiste, was ich dort hörte, war für mich schlicht zu hoch. Aber ich fühlte, dass mir dort die Türen zu einer neuen Welt geöffnet wurden. Nicht lange saß ich zu Hilberts Füßen, da fasste ich beherzt den Entschluss, ich müsse unbedingt alles lesen und studieren, was dieser Mann geschrieben hatte. Nach dem ersten Jahr bin ich mit Hilberts *Zahlbericht* unter dem Arm nach Hause gereist, und während der Sommerferien habe ich mich mit aller Kraft darin vertieft – ohne dass ich irgendwelche Vorkenntnisse in elementarer Zahlentheorie oder in Galoistheorie hatte. Es waren die glücklichsten Monate meines ganzen Lebens, deren Erinnerung für mich so tröstlich ist, dass weder Zweifel noch Enttäuschungen, die uns allen im Laufe unserer Jahre widerfahren, ihr etwas anhaben können."

Kein „Ignorabimus"

Wenn der durch und durch selbstbewusste Hilbert von etwas überzeugt war, dann von der grenzenlosen Kraft seiner Wissenschaft. Im Jahre 1930, am Ende seines Wirkens als Professor in Göttingen, hielt er eine Ansprache für das damals neue Radio. Man kann sich lebhaft ausmalen, wie der schon ergraute und von seinen Kollegen verehrte Herr Geheimrat vor das Mikrofon gesetzt und ihm erklärt wurde, dass nun

Kein „Ignorabimus"

Tausende an den Geräten seiner Stimme lauschen würden. In seinem ostpreußischen Akzent deklamierte er möglichst deutlich Wort für Wort die nachfolgende Rede:

„Das Instrument, welches die Vermittlung bewirkt zwischen Theorie und Praxis, zwischen Denken und Beobachten, ist die Mathematik. Sie baut die verbindende Brücke und gestaltet sie immer tragfähiger. Daher kommt es, dass unsere ganze gegenwärtige Kultur, soweit sie auf der geistigen Durchdringung und Dienstbarmachung der Natur beruht, ihre Grundlage in der Mathematik findet.

Schon Galilei sagt: Die Natur kann nur der verstehen, der ihre Sprache und die Zeichen kennengelernt hat, in der sie zu uns redet. Diese Sprache aber ist die Mathematik, und ihre Zeichen sind die mathematischen Figuren.

Kant tat den Ausspruch: ‚Ich behaupte, dass in jeder besonderen Naturwissenschaft nur so viel eigentliche Wissenschaft angetroffen werden kann, als darin Mathematik enthalten ist.'"

Nach einigen weiteren Zitaten, mit denen Hilbert die Bedeutung der Mathematik beschwört,[26] endet seine Radioansprache mit den Worten:

„Wir dürfen nicht denen glauben, die heute mit philosophischer Miene und überlegenem Tone den Kulturuntergang prophezeien und sich in dem Ignorabimus gefallen. Für uns gibt es kein Ignorabimus, und meiner Meinung nach auch für die Naturwissenschaft überhaupt nicht. Statt des törichten Ignorabimus heiße im Gegenteil unsere Losung:

Wir müssen wissen, wir werden wissen."

Uns Heutigen sind diese abschließenden Worte schwer verständlich. Von wem spricht Hilbert, wenn er auf Propheten des Kulturuntergangs anspielt, die „sich in dem Ignorabimus gefallen"?

Um dies beantworten zu können, muss man bis zum Jahr 1872 zurückblicken: auf eine Rede des hervorragenden Physiologen Emil Heinrich du Bois-Reymond, mit der er die damalige Gelehrtenwelt in

Der Anspruch auf Allwissenheit

Erstaunen, ja in blankes Entsetzen versetzt hatte. Du Bois-Reymond war als entschiedener Verfechter des Darwinismus bekannt, er vertrat vehement die Meinung, die Naturwissenschaft sei das „absolute Organ der Cultur" und das einzige menschliche Bestreben, das vorankommt. Im Gegensatz dazu seien die anderen Kulturgüter wie Politik, Kunst und Religion letztlich wertlos. Eben dieser du Bois-Reymond, der die Naturwissenschaft verherrlichte und in der Geschichte der Naturwissenschaft die eigentliche Geschichte der Menschheit erblickte, behauptete anlässlich der Tagung der „Gesellschaft Deutscher Naturforscher und Ärzte" in Leipzig, es gäbe „Grenzen des Naturerkennens". Nie, so meinte er, werde man wissen, was Materie und Kraft seien, nie das bewusste Empfinden in den unbewussten Nerven zu orten vermögen, nie den Ursprung des Denkens und der Sprache ergründen, nie begreifen, woher der freie, sich zum Guten verpflichtende Wille stamme. „Ignoramus et ignorabimus", ruft er seinen Kollegen zu: „Wir wissen es nicht und wir werden es niemals wissen."

Über Jahrzehnte hinweg war David Hilbert als einem von vielen das „Ignorabimus" ein Dorn im Auge. Schon zu Beginn seiner Radioansprache verdeutlichte er seine Haltung gegen den Skeptizismus des du Bois-Reymond: Wer Mathematik betreibt, so beteuert Hilbert steif und fest, werde letztlich jedes „Ignorabimus" zu Fall bringen. Habe doch die Naturwissenschaft seit Galilei diesen unaufhaltsamen Siegeszug angetreten. Vor Isaac Newton glaubten die Menschen, die Wandelsterne am Himmel werden von den Flügelschlägen der Engel Gottes angetrieben – ein wunderbares poetisches Bild. Die mathematische Physik Newtons zerbrach es. Die Bewegungen aller Himmelskörper folgen, so Newton, Gleichungen. Gäbe es nur zwei Himmelskörper im ganzen Universum, führten die Lösungen dieser Gleichungen zu den Gesetzen, die Galileis Zeitgenosse Johannes Kepler aus seinen Messungen und Berechnungen entnommen hatte. Bei den unzählig vielen Himmelskörpern, die im Universum hausen, ist es sowohl für Menschen als auch für Rechenmaschinen aussichtslos, den Gleichungen Newtons die exakten Lösungen entlocken zu wollen. Aber nur Mathematik und nicht mehr, davon sind die Astronomen überzeugt, liegt dem Geschehen im Weltall zugrunde.

Pierre Simon Laplace übertrug diesen Gedanken auf die Bewegungen aller Atome des Universums. Damit sei alles in unserer Welt, vom Flügelschlag des Insekts über den Ausbruch des Vesuvs bis hin zum Zerbersten eines Sterns als Supernova, von Gleichungen bestimmt. Nichts gebe es, wo nicht die Mathematik letztlich das Spiel in ihren Händen hielte. Auch wenn die Relativitäts- und die Quantentheorie die Gleichungen Newtons korrigierten, am Prinzip dieser Aussage ändere dies nichts. In der Quantentheorie wird ein physikalisches System, sei es ein Atom, ein DNS-Molekül, eine Katze in einer Kiste, eine Wolke, was auch immer, mit dem geheimnisvollen griechischen Buchstaben ψ, psi, beschrieben. Er symbolisiert den sogenannten Zustand des Systems. Dieses ψ enthält alle Informationen, die dem System zu eigen sind. Und ψ ist nichts und niemand anderem als der Mathematik unterworfen. Denn ψ gehorcht einer mathematischen Gleichung, die nach Erwin Schrödinger[27] benannt ist.

Folglich durchdringt die Mathematik tatsächlich alles. Und sie selbst, davon war das mathematische Genie Hilbert felsenfest überzeugt, widerlegt du Bois-Reymond. Pathetisch formulierte Hilbert seinen Leitspruch:

„In uns schallt der ewige Ruf: Hier ist das Problem. Suche nach einer Lösung! Du findest sie durch reine Überlegung, denn in der Mathematik gibt es kein ‚Ignoramus et ignorabimus'."

Hilbert verbannt das geometrische Empfinden

Schon vor 1900 zeigte Hilbert der erstaunten Fachwelt, wie es der Mathematik gelingt, Phänomenen der Wirklichkeit Herr zu werden.

Seitdem Euklid im 3. vorchristlichen Jahrhundert ein Buch über die Geometrie verfasst hatte, das noch zu Hilberts Tagen in den höheren Schulen als mathematisches Lehrbuch diente, waren bis zum Ende des 19. Jahrhunderts alle Gelehrten davon überzeugt, von etwas Handfestem zu sprechen, wenn von „Punkten", „Strecken", „Kreisen", „Dreiecken" oder „Quadraten" die Rede ist. Und es gibt ein Werkzeug, mit dessen Hilfe diese Gegenstände konstruiert werden: Zirkel und Lineal. Liegen zwei voneinander verschiedene Punkte in der Zeichenebene vor, ist es klar, wie man an sie das Lineal anlegt und durch sie jene Gerade zeichnet, welche die beiden Punkte trägt. Und es ist klar, wie man den Zirkel in den ersten der beiden Punkte einsticht, ihn so weit öffnet, dass er bis zum zweiten der beiden Punkte gespannt ist, und danach den Kreis mit dem ersten Punkt als Mittelpunkt zieht, der durch den zweiten der beiden Punkte verläuft.

Wie aber konstruiert man zu einem gegebenen Kreis jenes Quadrat, dessen Flächeninhalt mit dem des Kreises übereinstimmt? Dies ist die berühmte Frage nach der „Quadratur des Kreises", die so gerne als Metapher herhalten muss.

Hilbert „löst" die Quadratur des Kreises, indem er dieses Problem unter zwei Gesichtspunkten betrachtet.

Einerseits unter dem Gesichtspunkt der zur Verfügung stehenden Hilfsmittel. Hier kann Hilbert auf eine Arbeit seines ehemaligen Königsberger Lehrers und ab 1893 in München wirkenden Professors Ferdinand von Lindemann verweisen, der ein für alle Mal bewiesen hatte:

Mit Zirkel und Lineal allein kann die exakte Quadratur des Kreises nie gelingen.

Hilbert verbannt das geometrische Empfinden

Der Satz von Lindemann widerspricht, trotz seiner negativen Aussage, ganz und gar nicht der Losung Hilberts, dass die Mathematik kein „Ignorabimus" akzeptiert. Dieser Satz teilt uns vielmehr ein Wissen mit, nämlich das Wissen darüber, dass etwas sicher unmöglich ist. Genauso unmöglich, wie dass fünf eine gerade Zahl ist.

Andererseits aber betrachtet Hilbert die Quadratur des Kreises unter dem Gesichtspunkt der Objekte „Kreis" und „Quadrat" als solche. So betrachtet ist es naheliegend, dass es zu jedem Kreis ein flächengleiches Quadrat gibt. Schon 1685 hatte der polnische Mathematiker Adam Kochanski eine sehr raffinierte Konstruktion allein mit Zirkel und Lineal als Hilfsmittel erfunden, die aus dem Kreis ein fast flächengleiches Quadrat bildet: Die Dicke des Bleistifts, die Rauheit des Papiers, die Unschärfe des menschlichen Augenlichts lassen es nicht zu, den Unterschied zwischen dem von Kochanski konstruierten Quadrat und dem exakten Quadrat wahrzunehmen – so nahe kommt Kochanski mit seiner Konstruktion dem Ideal – das es geben muss, so lautet der naheliegende Schluss. Auch wenn Kochanski es nicht in letzter Exaktheit zu zeichnen vermochte. Wenigstens in Gedanken existiert es.

Dies ist die entscheidende Idee, die Hilbert bewegt: Die Objekte der Geometrie sind nicht in ihrer sinnlichen Erfassung vorhanden, sie sind deshalb manifest, weil wir sie zu denken vermögen. Das sinnliche Bild auf dem Zeichenpapier ist bloß ein Abglanz. Ähnlich dachte bereits Platon: Nicht das auf dem Papier konstruierte, sondern das im Gedanken gebildete Dreieck ist das „wahre" Dreieck. Denn nur das gedachte Dreieck kann mit seinem Ideal übereinstimmen.

Darum schneiden einander zwei Geraden, die nicht parallel sind, auch dann, wenn das Blatt Papier zu klein ist, um den Schnittpunkt zeigen zu können. Denn in Gedanken existiert er. Und was ist mit parallelen Geraden? Darf man auch bei ihnen von einem Schnittpunkt sprechen? Augenscheinlich ist er sicher nicht, denn wenn es ihn gibt,

Der Anspruch auf Allwissenheit

dann liegt er im Unendlichen. Doch ist es erlaubt, den Schnittpunkt paralleler Geraden im Unendlichen zu denken? Wie denkt man das Unendliche?

Überlegungen und Fragen dieser Art veranlassten Hilbert, die Denkgesetze der Geometrie systematisch zu ordnen. Er verfuhr dabei ähnlich wie einst Euklid vor mehr als zwei Jahrtausenden: An die Spitze seiner Geometrie stellte Hilbert „Axiome", Behauptungen, die uneingeschränkt zu akzeptieren sind, wenn man Geometrie betreiben will. So lautet das erste in der Liste seiner zwanzig Axiome: „Zwei voneinander verschiedene Punkte bestimmen stets eine Gerade, auf der sie liegen." Gleich darauf folgt als zweites Axiom: „Irgend zwei voneinander verschiedene Punkte einer Geraden bestimmen diese Gerade." Und als drittes Axiom formuliert Hilbert die Behauptung: „Auf einer Geraden gibt es stets wenigstens zwei Punkte, in einer Ebene gibt es stets wenigstens drei nicht auf einer Geraden gelegene Punkte."

Bei jedem der Axiome Hilberts zeigt eine grobe Skizze, dass hier ein augenscheinlich wahrer Sachverhalt mitgeteilt wird – mancher von ihnen so banal, dass man sich fragt, warum so etwas Vordergründiges überhaupt einer Erwähnung bedarf. Hilberts Antwort darauf lautet: Man solle sich nicht durch den sinnlichen Eindruck verführen lassen! In der Geometrie, wie Hilbert sie sieht, spielt der manifeste Sinneseindruck nur eine begleitende, keinesfalls aber eine bestimmende Rolle. Bei geometrischen Behauptungen wird der Beweis einzig und allein dadurch geführt, dass eine logische Rückführung dieser Behauptung auf die zu Beginn genannten zwanzig Axiome gelingt. Alles andere zählt nicht.

„Aber Sie beschreiben doch Punkte, Geraden und Ebenen, so wie sie sind; warum zählt das in Ihren Augen nicht?", könnte ein skeptischer Einwand an Hilbert gerichtet werden.

„Das ist schön", würde Hilbert dem Fragenden antworten, „dass Sie Punkte, Geraden und Ebenen genauso empfinden, wie ich es in den

Hilbert verbannt das geometrische Empfinden

Axiomen beschreibe. Aber ich verlange von keinem, der Geometrie betreibt, dass er die richtige ‚Empfindung' dafür hat, worum es sich bei einem Punkt, einer Geraden oder einer Ebene handelt. Man könnte diese Worte durch irgendwelche Fremdworte einer exotischen Sprache ersetzen.[28] Anders gesagt: Auf das Wesen dessen, was ein Punkt, eine Gerade oder eine Ebene ist, kommt es mir überhaupt nicht an. Sondern nur darauf, dass all das, was Punkt, Gerade oder Ebene genannt wird, meinen Axiomen gehorcht. Das allein genügt."

Mit dem Unternehmen, die Liste der zwanzig Axiome aufzustellen, verfolgte Hilbert zwei Ziele, die er auch erreichte:

Erstens gelang es ihm zu beweisen, dass dieses Axiomensystem *vollständig* ist. Damit ist gemeint, dass alle wahren Sätze der Geometrie logisch aus seinen zwanzig Axiomen hergeleitet werden können. Tatsächlich gibt es in der Geometrie kein „Ignorabimus": Das, was gewusst werden kann, stimmt mit dem, was aus den Axiomen gefolgert werden kann, überein.

Zweitens gelang es ihm zu beweisen, dass dieses Axiomensystem *widerspruchsfrei* ist. Es wäre nämlich fatal, würden sich zwei geometrische Sätze aus Hilberts Axiomen herleiten lassen, die einander widersprächen. Dann wäre fünf eine gerade Zahl, und das ganze System stürzte in sich zusammen.

Beide Ziele erreichte Hilbert, weil er beweisen konnte: Sein geometrisches Axiomensystem ist deshalb vollständig und widerspruchsfrei, weil auch *das Rechnen mit „unendlichen" Dezimalzahlen vollständig und widerspruchsfrei* vor sich geht.

Doch darf Hilbert sicher sein, dass das Rechnen mit „unendlichen" Dezimalzahlen vollständig und widerspruchsfrei vor sich geht? Denn um ein „gewöhnliches" Rechnen handelt es sich hierbei nicht.

Unendliche Dezimalzahlen

Mit jemandem zu diskutieren, der bezweifelt, dass sechs mal sieben zweiundvierzig ergibt, ist sinnlos. Das Rechnen mit den Zahlen 1, 2, 3, ... besitzt, wie Hermann Weyl sagt, „den Charakter einer aus völlig durchleuchteter Evidenz geborenen, klar auf sich selbst ruhenden Überzeugung". Niemand hat auch nur den geringsten Zweifel, dass unmissverständlich feststeht, wie man ganze Zahlen addiert, subtrahiert, multipliziert. Die Entscheidung, welche von zwei verschiedenen Zahlen die größere ist, wird stets einhellig getroffen. Und auch die Division geht nach glasklaren Regeln vor sich.

Nichts belegt diese Gewissheit besser als das Vertrauen, das wir alle in die elektronischen Rechenmaschinen setzen. Nie in der Geschichte der Menschheit wurde auch nur annähernd so viel gerechnet wie in unseren Tagen – zwar nicht von Menschen, aber von Maschinen. Menschen verlernen zunehmend selbst die einfachsten Rechenfertigkeiten und verlassen sich blind auf die Maschinenergebnisse. Ein eigenartiger Trend zur freiwilligen Unterwerfung, der dann gefährlich wird, wenn damit zugleich die Kontrolle über die Programmierung der Maschinen verloren geht.

Ein zugegeben bizarres Beispiel beweist, wie felsenfest wir von der Sicherheit des Rechnens mit ganzen Zahlen überzeugt sind. In einem früheren Kapitel sprachen wir von der Größe π, die das Verhältnis vom Umfang zum Durchmesser eines Kreises beschreibt und deren erste 35 Stellen nach dem Komma

$\pi = 3{,}141\ 592\ 653\ 589\ 793\ 238\ 462\ 643\ 383\ 279\ 502\ 88\ ...$

lauten. Um 1600 hatte der Rechenmeister Ludolph van Ceulen 35 Jahre gebraucht, bis er zu diesem Ergebnis gelangt war. Heute kann man in Millisekunden die ersten zehntausend Stellen von π nach dem Komma mit dem elektronischen Rechner hervorzaubern. Allerdings werden

Unendliche Dezimalzahlen

diese nicht mehr nach den umständlichen Formeln ermittelt, die noch Ludolph verwendet hatte, sondern mit sehr effektiven Rechenmethoden, die unter anderem von Carl Friedrich Gauß, dem bedeutendsten Mathematiker der Neuzeit, stammen. Welche Methode man auch immer verwendet, schließlich endet sie bei der Addition, Subtraktion, Multiplikation von ganzen Zahlen und dem Größenvergleich von zwei ganzen Zahlen. Denn sonst könnte man sie nicht im elektronischen Rechner programmieren.

In den letzten Jahrzehnten hat sich ein regelrechter Sport im Auffinden von möglichst vielen Nachkommastellen von π entwickelt. 2009 stellte Daisuke Takahashi mit Hilfe eines High-Performance-Computers an der Universität Tsukuba in Japan einen Rekord auf: Er berechnete 2 600 000 000 000, also 2,6 Billionen Stellen von π. Schon 2010 wurde dieser Rekord vom Pariser Computerwissenschaftler Fabrice Bellard gebrochen: Bellard hat eine Formel von David Chudnovsky herangezogen und mit seinem Personal Computer nach 131 Rechentagen 2 699 999 990 000, also fast 2,7 Billionen Stellen von π nach dem Komma ermittelt. Natürlich hat er diese nicht ausgedruckt. Denn wenn auf einer Seite 5000 Ziffern Platz finden, würde dies den Druck von mehr als einer halben Million Bände bedeuten, jeder Band bestehend aus tausend Seiten, alle diese Seiten eng bedruckt mit wirr aufeinanderfolgenden Ziffern – eine riesige Bibliothek.

Im gleichen Jahr ließ der Japaner Shigeru Kondo seinen selbst zusammengestellten Computer 90 Tage lang laufen und ermittelte mit einem von seinem amerikanischen Kollegen Alexander Yee implementierten Programm fünf Billionen Stellen von π nach dem Komma. Danach ließen die beiden ihre Rechenmaschine 371 Tage laufen und gelangten im Oktober 2011 zu zehn Billionen Nachkommastellen von π. Und das „Rennen" kann unbeschränkt weitergehen, denn unendlich viele Stellen harren noch immer ihrer Entdeckung ... Selbstverständlich „braucht" niemand wirklich so viele Nachkommastellen von π. In den

Der Anspruch auf Allwissenheit

meisten Fällen genügt für praktische Berechnungen der von Archimedes gefundene Wert $\pi = 3{,}14\ldots$ mit zwei genauen Nachkommastellen.

Der Nutzen dieser Berechnungen besteht darin, die Güte der verwendeten Computer zu testen. Denn man verwendet zur Berechnung der Billionen Stellen nach dem Komma von π zwei voneinander unabhängige Programme. Ständig werden die ermittelten Ziffern verglichen. Falls sich unterschiedliche Werte ergeben, weiß man, dass der Computer einen Hardwaredefekt besitzt. Denn die Formeln selbst sind fehlerfrei, und die Arithmetik der ganzen Zahlen kann nie in die Irre führen.

π ist eine Größe, die man gerne eine unendliche Dezimalzahl nennt. Dies nicht deshalb, weil π unendlich wäre – das ist diese Größe sicher nicht, ist sie doch kleiner als 3,142. Sondern deshalb, weil wir wissen, dass die Dezimalentwicklung von π nie abbricht. Und es handelt sich sogar um eine sogenannte „irrationale", unendliche Dezimalzahl, weil sich in ihrer unendlichen Dezimalentwicklung nie eine Periode einstellen wird.

Tatsächlich sieht es nur so aus, als ob π eine Zahl wäre. In Wahrheit ist sie dies streng genommen nicht. Denn so wie mit den ganzen Zahlen kann man mit π nicht rechnen. Wenn zum Beispiel ein Kreis mit dem Radius von einem Meter vorliegt, besitzt seine Fläche genau π Quadratmeter als Inhalt. Sucht man die Seitenlänge des flächengleichen Quadrats, hat man die Wurzel von π zu berechnen. Wie aber führt man diese „Quadratur des Kreises" durch?

Die Wurzel einer positiven ganzen Zahl zu berechnen ist einfach: Man tippt die Zahl in den Computer und drückt danach die Wurzeltaste. Sofort leuchtet das Ergebnis am Bildschirm auf. (Meist ist dieses eine unendliche Dezimalzahl: Man bekommt also nur die ersten paar ihrer unendlich vielen Stellen zu Gesicht.)

So die Wurzel von π zu berechnen, ist hingegen unmöglich. Denn bevor man im Computer die Wurzeltaste drücken darf, müsste man

Unendliche Dezimalzahlen

alle unendlich vielen Stellen von π eingetippt haben. Das ist schlicht nicht zu schaffen. Das Unendliche stellt sich dieser Methode entgegen.

Natürlich begnügt sich eine aufs Praktische bedachte Person damit, nach der Eingabe von 3,142 die Wurzeltaste zu drücken, vielleicht das Ergebnis mit jenen zu vergleichen, die nach der Eingabe von 3,1416 und von 3,14159 und dem jeweiligen Drücken der Wurzeltaste aufscheinen: Wenn bei allen Ergebnissen die für die weitere Rechnung benötigten Stellen stabil bleiben, reicht dies für die Praxis aus. Doch der auf Präzision bedachte Mathematiker muss zugeben: Keines dieser Ergebnisse kann die genaue Wurzel von π sein. Denn nie wurde π exakt eingegeben.

Ein wenig erinnert dieses Dilemma an die Näherungskonstruktion von Kochanski. Der Satz von Lindemann versichert, dass die exakte Quadratur des Kreises mit Zirkel und Lineal nie gelingen kann. Das Quadrat des Adam Kochanski kommt dem idealen Quadrat sehr nahe, exakt mit ihm übereinstimmen kann es jedoch nicht.

Doch ebenso, wie es das ideale Quadrat, dessen Fläche mit der eines gegebenen Kreises übereinstimmt, „gibt" – nämlich in unserem Denken –, genauso muss es die exakte Wurzel von π „geben" – ebenso nur in unserem Denken. Auf ein Computerergebnis dürfen wir hingegen nie und nimmer hoffen.

Und davon war David Hilbert überzeugt: Ebenso wie wir uns auf die Arithmetik der ganzen Zahlen verlassen, dürfen wir annehmen, dass auch das Rechnen mit unendlichen Dezimalzahlen eine sichere Sache ist.

Hilbert teilte diese Überzeugung mit Newton und Leibniz, den Erfindern des „Kalküls", die wie selbstverständlich mit „unendlichen" Dezimalzahlen wie mit den ganzen Zahlen rechnen zu können glaubten. Hilbert teilte diese Überzeugung mit der Heerschar aller Mathematiker vor ihm, die den „Kalkül" von Newton und Leibniz weiter ausbauten und in vielfacher Weise zur Anwendung brachten.

Der Anspruch auf Allwissenheit

Aber Hilbert wusste, dass Überzeugung allein noch keinen triftigen Grund darstellt. Und es gibt in der Tat eigenartige Phänomene, wenn man mit dem Unendlichen so verfährt, als wäre dies ein harmloser Begriff. Denn es spielt die Logik verrückt, wenn das Unendliche ins Spiel kommt.

Ein Hotel voll Paradoxien

Womit müssen wir „rechnen", wenn das Unendliche neben dem Endlichen ins Denken gerät? Am besten ermessen wir die Tragweite dieses Begriffs anhand eines Bildes: Ein Hotel, so wie man es überall auf der Welt kennt, hat immer nur endlich viele Zimmer. (Der Einfachheit halber stellen wir uns vor, dass Hotels, über die wir hier sprechen, den Gästen nur Einbettzimmer zur Verfügung stellen.) Bei einem Hotel mit endlich vielen Zimmern kann man diese der Reihe nach, mit 1 beginnend, bis zu irgendeiner Zahl, zum Beispiel bis 313, abzählen. Danach ist Schluss. Das Hotel hat 313 Zimmer und keines mehr. Wenn es 313 Gäste beherbergt, ist es ausgebucht. Kommt jemand zur Rezeption und möchte im ausgebuchten Hotel übernachten – es besteht keine Chance, ihm ein freies Zimmer zur Verfügung zu stellen.

Ganz anders ist dies in „Hilberts Hotel", das unendlich viele Zimmer haben soll. Auch in ihm kann man diese der Reihe nach, mit 1 beginnend, abzählen, jedoch: Das Zählen der Zimmer von Hilberts Hotel hört nie auf. An jedes Zimmer schließt entlang des unendlich langen Korridors ein weiteres an. Mit dem Trick der Perspektive, den die Künstler der Renaissance so raffiniert zu handhaben verstanden, kann man diesen unendlich langen Korridor mit den unendlich vielen Zimmertüren bildhaft veranschaulichen: Der Gang verliert sich im Fluchtpunkt. Die Bilder der Zimmertüren geraten auf dem Weg zu ihm immer kleiner, bis man sie mit dem freien Auge, später mit der Lupe,

Ein Hotel voll Paradoxien

schließlich sogar mit dem Mikroskop nicht mehr erkennt. Aber wir wissen: Ihre Reihe nimmt kein Ende. Vielleicht war es die Perspektive, das eindringliche Bild paralleler Schienen einer sich im Nebel verlierenden geradlinigen Bahntrasse, die einander im Fluchtpunkt zu treffen scheinen, das manche Menschen zur Annahme verführte, das Unendliche ließe sich fassen.

Wie dem auch sei. Hilberts Hotel wird nie einen Gast abweisen. Denn selbst wenn alle Zimmer in Hilberts Hotel belegt sind und ein neuer Gast an der Rezeption zu übernachten begehrt: Sein Wunsch kann ihm erfüllt werden. Der Rezeptionist veranlasst, dass jeder bereits gebuchte Gast sein Zimmer mit dem Zimmer der nächstgrößeren Nummer tauscht. Auf diese Weise wechselt der Bewohner von Zimmer 1 auf Zimmer 2, der Bewohner von Zimmer 2 auf Zimmer 3, und so weiter. Jeder Bewohner des Hotels findet leicht sein neues Zimmer: Es hat die um 1 größere Nummer als das alte. Und Zimmer 1 ist dadurch frei geworden; der neue Gast kann es beziehen.

Doch das ist erst der Anfang der Paradoxa in Hilberts Hotel. Nun denken wir uns, es sei ausgebucht, aber ein Bus mit unendlich vielen neuen Gästen hält vor ihm. Alle unendlich vielen Personen, die sich in Reih und Glied vor dem Empfangschef anstellen, begehren Einlass. Wie soll das gelingen, wenn schon alle Zimmer belegt sind? Der Mann an der Rezeption findet eine Lösung: Jeder bereits gebuchte Gast wechselt in das Zimmer mit der doppelt so großen Nummer: Also wandert der Bewohner von Zimmer 1 in das Zimmer 2, der Bewohner von Zimmer 2 in das Zimmer 4, der Bewohner von Zimmer 3 in das Zimmer 6, und so weiter. Jeder Bewohner des Hotels findet leicht sein neues Zimmer: Es hat die doppelte Nummer vom alten. Die ursprünglichen Gäste sind folglich in den Zimmern mit geradzahligen Nummern untergebracht. Die unendlich vielen Zimmer mit den ungeraden Zahlen als Nummern sind für die unendlich vielen Leute vom Bus frei geworden.

Der Anspruch auf Allwissenheit

Es kommt noch bizarrer: Jetzt nehmen wir an, dass plötzlich unendlich viele Busse auftauchen, die nebeneinander am riesigen Parkplatz des Hotels parken. In jedem der Busse sitzen, Reihe für Reihe, unendlich viele Personen. Alle diese „unendlich mal unendlich" vielen Leute sollen im Hotel untergebracht werden, jeder in einem eigenen Zimmer. Obwohl Hilberts Hotel bereits bis auf das letzte Zimmer belegt ist! Der gewitzte Rezeptionist hat mathematisches Talent, er geht so vor: Die in den Zimmern wohnenden Hotelgäste werden gebeten, mit ihrem Gepäck ihre Zimmer zu verlassen und im großen Speisesaal Platz zu nehmen. Den Insassen des ersten Busses teilt der Rezeptionist die Zimmer mit den Nummern 2, 4, 8, 16, 32, 64, ... zu, also jene Zimmer mit den Potenzen von 2 als Nummern. Die Insassen des zweiten Busses verteilt er der Reihe nach auf die Zimmer mit den Nummern 3, 9, 27, 81, 243, ..., also auf jene Zimmer mit den Potenzen von 3 als Nummern. Den Insassen des dritten Busses gibt er die Zimmer mit den Potenzen von 5 als Nummern, also die Zimmer mit den Nummern 5, 25, 125, 625, ... So fährt er systematisch fort: Bei den Insassen des jeweils folgenden Busses wählt er die nächste Primzahl, die er noch nicht verwendet hat, und gibt den Leuten die Zimmer mit den Potenzen dieser Primzahl als Nummern. Und weil die Folge der Primzahlen kein Ende kennt, hat der Rezeptionist kein Problem, alle Touristen, die in allen unendlich vielen Bussen zu Hilberts Hotel gereist sind, in diesem Hotel unterzubringen. Wobei sogar noch unendlich viele weitere Zimmer frei bleiben, zum Beispiel die Zimmer mit den Nummern 1, 6, 10, 12, 14, 15, ... Es sind dies 1 und alle Zahlen, die durch mehr als nur durch eine einzige Primzahl teilbar sind. In denen werden nun die im Speisesaal wartenden Hotelgäste untergebracht, die nach Ankunft der Busse ihre ursprünglichen Zimmer verlassen hatten.

Wir treiben es noch bunter und gestalten Hilberts Hotel zu „Hilberts Stundenhotel" um: Um exakt null Uhr hält vor dem leeren Hotel

Ein Hotel voll Paradoxien

ein Bus mit unendlich vielen Insassen. Der erste betritt das Hotel, bekommt das Zimmer mit der Nummer 1 zugeteilt, verlässt dieses aber wieder nach genau einer Stunde und kehrt zum Bus zurück. Zu diesem Zeitpunkt, also um ein Uhr, betreten die nächsten beiden Insassen des Busses das Hotel und können – der erste Gast ist ja bereits gegangen – in den Zimmern mit den Nummern 1 und 2 untergebracht werden. Sie bleiben aber nur eine halbe Stunde und kehren dann zum Bus zurück, während gleichzeitig die nächsten vier Insassen des Busses im Hotel Zimmer buchen. Diese können jetzt in den Zimmern mit den Nummern 1, 2, 3, 4 untergebracht werden, wo sie aber nur eine Viertelstunde verweilen. Um Punkt 1 Uhr 45 kehren sie fluchtartig zum Bus zurück, von dem zum gleichen Zeitpunkt die nächsten acht Touristen ins Hotel stürzen. Wie man sieht, entwickelt sich das ständige Kommen und Gehen immer rasanter: Jedes Zeitintervall, in dem sich die Gäste in den Zimmern aufhalten, ist nur mehr halb so lang wie das vorherige, und es eilen stets doppelt so viele Businsassen in das Hotel, wie es gleichzeitig die eben zuvor untergebrachten Gäste verlassen. Was aber ist um Punkt zwei Uhr los, jenem Zeitpunkt, bei dem sich die immer kürzer werdenden Zeitintervalle stauen? Ist das Hotel um zwei Uhr mit unendlich vielen Gästen belegt – es kommen ja stets doppelt so viel wie vorher hinein? Oder ist es ganz leer – denn alle aus dem Bus haben es ja bereits verlassen?

Oder – und dies dürfte des Pudels Kern sein – ist diese Schilderung schon so skurril, dass die Frage jeder Bedeutung entbehrt? Sprengt dieses Beispiel das sinnvolle Sprechen über das Unendliche?

Ein unendliches Frage- und Antwortspiel

Ein letztes Paradoxon sei noch geschildert. Zum besseren Verständnis bereiten wir es so vor, dass wir uns zunächst mit dem keineswegs paradoxen endlichen Fall beschäftigen: Ein Reisebüroleiter kommt zur Direktorin von Hilberts Hotel und kündigt an, es werde heute Abend ein Bus mit drei Touristen, den Personen A, B, C, eintreffen. Jede von ihnen kann entscheiden, entweder in Hilberts Hotel zu übernachten oder aber mit dem Bus in den nächsten Ort weiterzureisen. Die Direktorin, eine besonders gewissenhafte Frau, die auf die Eigenheiten ihrer möglichen Gäste A, B, C einzugehen versucht, möchte alle Möglichkeiten gedanklich durchspielen, die sich ergeben können. Es kann erstens jeder der Touristen entscheiden, weiterzufahren, keiner übernachtet. Es kann zweitens Tourist A entscheiden, zu übernachten, und die beiden anderen wollen weiterfahren. Und drittens oder viertens können jeweils Tourist B oder Tourist C im Hotel absteigen wollen, während die jeweils beiden anderen weiterfahren. Fünftens, sechstens oder siebentens könnte es sich auch gerade umgekehrt verhalten: A will weiterfahren, B, C wollen übernachten. Oder B will weiterfahren, A, C wollen übernachten. Oder C will weiterfahren, A, B wollen übernachten. Schließlich könnten sich achtens sogar alle drei Touristen für das Übernachten in Hilberts Hotel entscheiden. Die gewissenhafte Direktorin schreibt alle acht genannten Möglichkeiten auf acht Blättern ihres Notizblockes auf und teilt dem Reisebüroleiter mit, sie sei auf das Kommen des Busses gut vorbereitet, egal wie sich die Insassen entscheiden.

So weit, so einfach. Nun jedoch stellen wir uns vor, der Reisebüroleiter kommt zur Direktorin von Hilberts Hotel und kündigt an, es werde heute Abend ein Bus mit unendlich vielen Touristen eintreffen. Jeder von ihnen kann entscheiden, entweder in Hilberts Hotel zu übernachten oder aber mit dem Bus in den nächsten Ort weiterzureisen.

Ein unendliches Frage- und Antwortspiel

Wieder zieht sich die gewissenhafte Hoteldirektorin zurück, um sich auf ihrem Notizblock mit unendlich vielen Zetteln alle Möglichkeiten zu notieren, die sich ergeben können. Nach geraumer Zeit kommt sie zum Reisebüroleiter zurück und erklärt, die Aufgabe, alle Möglichkeiten aufzuschreiben, überfordere sie, ja würde jeden überfordern. „Das kann doch nicht so schwer sein", herrscht sie der Reisebüroleiter an und nimmt ihr den Notizblock mit den unendlich vielen Zetteln aus der Hand. Nachdem er emsig alle Zettel des Blocks vollgeschrieben hat, wendet er sich ihr freudestrahlend zu: „Ich glaube, jetzt habe ich alle denkbaren Kombinationen von übernachtenden oder weiterfahrenden Touristen notiert." „Das kann nicht sein", repliziert die Direktorin mit Bestimmtheit in der Stimme. „Warum nicht?", fragt er, die unendlich vielen vollgekritzelten Zettel in seiner Hand, verdutzt.

Jetzt nimmt die Direktorin ihrerseits ein Blatt Papier zur Hand und fragt ihr Gegenüber: „Was macht auf Ihrem ersten Blatt der erste Tourist?"

„Er übernachtet", bekommt sie zur Antwort. Sie aber schreibt auf ihren Zettel, dass der erste Tourist weiterfährt, und fragt weiter: „Was macht auf Ihrem zweiten Blatt der zweite Tourist?"

„Er fährt weiter", bekommt sie zur Antwort. Jetzt schreibt sie auf ihren Zettel, dass der zweite Tourist bei ihr übernachtet, und stellt als nächste Frage: „Was macht auf Ihrem dritten Blatt der dritte Tourist?"

Und so setzt sich das Frage- und Antwortspiel endlos fort. Immer fragt sie, wie sich auf dem x-ten Blatt des Reisebüroleiters der x-te Tourist verhalte – wobei x der Reihe nach die Zahlen 1, 2, 3, ... symbolisiert –, und notiert auf ihrem Zettel gerade das Gegenteil von dem, was ihr der Reisebüroleiter antwortet.

Zum Schluss aber sagt die Direktorin: „Den Zettel, so wie ich ihn ausgefüllt habe, haben Sie bestimmt *nicht* in Ihrem Block. Denn er kann nicht mit Ihrem ersten Blatt übereinstimmen, weil sich der erste Tourist bei mir anders verhält als bei Ihnen. Und er kann auch nicht

183

Der Anspruch auf Allwissenheit

mit Ihrem zweiten Blatt übereinstimmen, weil sich der zweite Tourist bei mir anders verhält als bei Ihnen. Er kann überhaupt mit keinem *x*-beliebigen Blatt in Ihrem Block übereinstimmen, weil sich nämlich jener Tourist, dessen Nummer zugleich die des Blattes ist, bei mir anders verhält als bei Ihnen."

Für ein paar Minuten blickt sie der Reisebüroleiter sprachlos an. Dann aber meint er: „Nun gut, dann nehme ich noch Ihren Zettel in meinen Katalog auf, und dann haben wir wirklich alle denkbaren Möglichkeiten durchgespielt."

„Verstehen Sie denn nicht, dass es sinnlos ist?", gibt ihm mit leiser Ungeduld in der Stimme die Direktorin zur Antwort. „Wenn Sie meinen Zettel in Ihre Liste stecken und damit wieder zu mir kommen, könnte ich das gleiche Frage- und Antwortspiel von vorher beginnen. Damit erzeuge ich erneut einen Zettel, der in Ihrem erweiterten Block bestimmt *nicht* vorkommt. Es kann einfach keine Liste von allen denkbaren Kombinationen der einzelnen Entscheidungen der unendlich vielen Touristen geben."

Dieses zuletzt erzählte Paradoxon geht auf den deutschen Mathematiker Georg Cantor zurück, der es 1873 entdeckt hatte. Er fand darin die wohl eigentümlichste Eigenschaft des Unendlichen: Zuweilen ist Unendliches „abzählbar". Damit ist gemeint, dass man es wie die Zahlen 1, 2, 3, 4, 5, ... in eine Reihenfolge bringen kann. Zum Beispiel die unendlich vielen Zimmer von Hilberts Hotel, welche die Zahlen sogar als Nummernschilder tragen. Oder die unendlich vielen Touristen in den riesigen Bussen. Oder die unendlich vielen Reisebusse vor dem unendlich großen Parkplatz des Hotels. Bei einer abzählbar-unendlichen Menge wird jedes ihrer Elemente irgendwann in der Aufzählung genannt. Die zuletzt geschilderte Geschichte zeigt jedoch, dass uns Unendliches auch „überabzählbar" entgegentreten kann. So dass es unmöglich ist, die Elemente der überabzählbar-unendlichen Menge so anzuordnen, dass jedes ihrer Elemente irgendwann erfasst wird. Die überbordend vielen Möglichkeiten der unendlich vielen Touristen, jeweils für sich zu entscheiden, in Hilberts Hotel zu übernachten oder nicht, bilden ein Beispiel für die Elemente einer derart chaotischen überabzählbar-unendlichen Menge.

Den Unterschied zwischen der abzählbaren und der überabzählbaren Unendlichkeit macht man sich am besten anhand zweier Bilder klar: Die abzählbare Unendlichkeit entspricht der Warteschlange vor einer Bushaltestelle in London. Die Engländerinnen und Engländer sind ja berühmt dafür, sich diszipliniert in Reih und Glied anzustellen. Nur muss man sich vor dieser Haltestelle, wenn man so will: vor „Hilberts Haltestelle", unendlich viele Personen angestellt denken. Aber auch dann gibt es dort eine erste, eine zweite, eine dritte, und so weiter. Jede von ihnen hat gleichsam eine Zahl als Nummer und sie weiß: Sobald alle Personen mit kleineren Nummern als sie in den Bus eingestiegen sind, kommt sie als Nächste dran.

Die überabzählbare Unendlichkeit hingegen entspricht dem Andrang des Publikums vor der Garderobe im Wiener Musikvereinssaal, wenn das philharmonische Konzert zu Ende ist: Alle – und bei „Hilberts Garderobe" sind dies eben unendlich viele – bestürmen mit ihren Garderobezetteln die Garderobiere, ihnen den Mantel auszuhändigen. Es herrscht ein heillos unentwirrbares Tohuwabohu. Die arme Garderobiere ist völlig hilflos. Bei diesem Durcheinander kann es ihr gar nicht gelingen, auch nur irgendeine Ordnung bei der Kleiderrückgabe zu schaffen. Immer wird sich irgendein Konzertbesucher zurückgesetzt fühlen, weil er nie zu seinem Mantel kommt.

Hilberts Programm

So eigenartig die Szenarien von „Hilberts Hotel", von „Hilberts Haltestelle" und von „Hilberts Garderobe" klingen, so wichtig war es Hil-

Der Anspruch auf Allwissenheit

bert, bei diesen Szenarien Klarheit zu schaffen. Denn in ihnen spiegelt sich sein Rechnen mit unendlichen Dezimalzahlen wider. Wir erinnern uns: Die Größe

$$\pi = 3{,}141\ 592\ 653\ 589\ 793\ 238\ 462\ 643\ 383\ 279\ 502\ 88\ \ldots$$

gilt es in ihrer Gesamtheit zu beherrschen. Das Dämonische an dieser Darstellung von π sind die drei Punkte … nach den ersten 35 Nachkommastellen. Wie haben wir sie zu verstehen? Die naheliegende Antwort lautet: „π hat nicht nur 35, π hat vielmehr unendlich viele Nachkommastellen. Die ersten 35 von ihnen sind oben angeführt. Alle restlichen – und dies sind unendlich viele! – sind durch die drei Punkte … symbolisiert."

„Dann muss die Frage erlaubt sein", könnte ein Skeptiker bei dieser Erklärung einhaken, „ob zum Beispiel die Ziffer Null, die ja bei den ersten 35 Nachkommastellen nur ein einziges Mal aufscheint, in der ganzen unendlichen Dezimalentwicklung von π unendlich oft vorkommt oder nicht."

„Ganz recht", würde Hilbert auf diesen Einwurf antworten, „und soweit man π bisher berechnet hat, scheint die Null so oft auf wie jede andere Ziffer auch: Im Großen gesehen kommt im Mittel bei hundert aufeinanderfolgenden Nachkommastellen von π zehnmal die Null vor, bei tausend aufeinanderfolgenden Nachkommastellen hundertmal, bei zehntausend aufeinanderfolgenden Nachkommastellen tausendmal, und so weiter."

„Soweit man π bisher berechnet hat, sagen Sie", wirft der Skeptiker ein. „Beim Rest der noch nicht berechneten Nachkommastellen – und das betrifft ja unendlich viele, also die weitaus meisten – wissen Sie es anscheinend nicht."

„Zugegeben. Für alle unendlich vielen Nachkommastellen weiß ich derzeit die Antwort nicht. Wohl aber bin ich überzeugt, dass entweder der Satz stimmen muss, dass in der Dezimalentwicklung von π un-

Hilberts Programm

endlich viele Nullen vorkommen, oder aber der Satz stimmen muss, dass in der Dezimalentwicklung von π nur endlich viele Nullen vorkommen."

„Und welcher der beiden Sätze stimmt?"

„Sicher einer von ihnen." Die insistierenden Fragen des Skeptikers gehen Hilbert bereits auf die Nerven. „Aber glauben Sie mir: Ich habe viel Wichtigeres zu tun, als mich dieser im Grunde unerheblichen Frage nach dem Vorkommen der Null in der Dezimalentwicklung von π zu widmen."

„Es kommt Ihnen also nur darauf an, dass man im Prinzip diese Frage beantworten kann."

„Ganz recht. Jede Frage, die erlaubt ist – und Ihre Frage, obwohl von geringstem Interesse, ist erlaubt –, muss eine Antwort besitzen. Denn in der Mathematik gibt es kein ‚Ignorabimus'."

„Und woher nehmen Sie Ihre Überzeugung? Wie können Sie diese begründen?"

Auch wenn dieser Dialog mit Hilbert erfunden ist: Die letzte Frage des Skeptikers veranlasste Hilbert, ein Programm zu entwerfen, das er am 4. Juni 1925 anlässlich eines Vortrags mit dem Titel „Über das Unendliche" vor der „Mathematiker-Zusammenkunft" in Münster in Westfalen verkündete. Ziel dieses Programmes ist, dass „die Schlussweisen mit dem Unendlichen durch endliche Prozesse ersetzt werden, die gerade dasselbe leisten, d.h. dieselben Beweisgänge und dieselben Methoden der Gewinnung von Formeln und Sätzen ermöglichen." Was ist damit gemeint?

Hilbert sieht drei Vorgehensweisen, sich der Frage zu stellen, wie viele Nullen in der Dezimalentwicklung von

$$\pi = 3{,}141\,592\,653\,589\,793\,238\,462\,643\,383\,279\,502\,88\ldots$$

auftauchen: Erstens der naive Vorschlag, der vom Rezeptionisten von „Hilberts Hotel" stammen könnte: Man stelle sich vor, die unendliche

Folge der Nachkommastellen von π zu durchlaufen und dabei die auftretenden Nullen abzuzählen. Auf diese Weise gelangt man sofort zur Antwort.

Doch das ist purer Unsinn. Niemand kann unendlich viele Nachkommastellen so durchlaufen wie ein Polizist die Verbrecherkartei in seinem Aktenordner. Denn es gibt Gott sei Dank nur endlich viele Verbrecher, aber die Nachkommastellen von π gelangen nie an ein Ende. Schon Gauß hatte in einem am 12. Juli 1837 an seinen Freund Hans Christian Schumacher gerichteten Brief „gegen den Gebrauch einer unendlichen Größe als einer vollendeten" protestiert, weil dies „in der Mathematik niemals erlaubt ist". Und Hilbert schließt sich dem Protest von Gauß an, wenn er schreibt, die mathematische Literatur sei „stark durchflutet von Ungereimtheiten und Gedankenlosigkeiten, die meist durch das Unendliche verschuldet sind".

Zweitens die vorsichtige Zurückhaltung: Die Frage, ob in der Folge der Nachkommastellen von π unendlich oder nur endlich viele Nullen auftauchen, ist selbstverständlich erlaubt. Aber es ist denkbar, dass wir nie eine Antwort auf diese Frage bekommen – wobei die Trauer darüber beherrschbar ist, denn obwohl die Frage erlaubt ist, ist sie doch ziemlich weit hergeholt und von geringem Interesse.

Mit diesem Vorbehalt will sich Hilbert nicht abfinden. Für ihn gibt es prinzipiell kein „Ignorabimus". Auch nicht bei unerheblichen Fragen.[29] Ob in der Dezimalentwicklung von π unendlich viele Nullen auftauchen oder nicht, muss doch – so seine Überzeugung – wenigstens prinzipiell feststehen: „Aber es *verhält* sich doch so, oder es verhält sich nicht so (mag ich auch vielleicht außerstande sein, es zu entscheiden)!"[30]

Drittens der Königsweg, den Hilbert als Programm formuliert: Er greift hier wieder auf den Brief von Gauß an Schumacher zurück, in dem steht: „Das Unendliche ist nur eine Façon de parler", eine Redensart. So wie Hilbert knapp vor 1900 die gesamte Geometrie als ein Spiel

Hilberts Programm

mit den leeren Begriffen „Punkt", „Gerade", „Ebene" auffasste – wobei die Regeln dieses Spiels in seinen zwanzig Axiomen zusammengefasst sind – und ihm damit gelang, die Geometrie als eine vollständige und widerspruchsfreie Theorie zu etablieren, so soll es auch mit den unendlichen Dezimalzahlen, ja mit dem Unendlichen schlechthin geschehen.

Auch das Rechnen mit dem Unendlichen ist in Hilberts Augen ein großes Spiel, eine Art überdimensionales Schach. Wie es beim Schachspiel Figuren gibt, die man nach bestimmten Regeln ziehen kann, gibt es auch in der Mathematik die Zahlen, mit denen man nach bestimmten Regeln rechnet. Und so wie es beim Schachspiel unumstößlich feststeht, ob der gegnerische König matt gesetzt wurde oder nicht, so erwartet man auch in der Mathematik, dass man von jeder Formel jedenfalls im Prinzip nachprüfen kann, ob sie stimmt oder nicht.

Das Wort „unendlich" ist in diesem Schachspiel der Mathematik nichts anderes als eine Figur. Und wie der König im Schach kein Reich besitzt, kein Volk regiert, keine Geschichte schreibt, sondern nur ein geschnitztes Stück Holz in der Hand des Spielers ist, ist auch das Unendliche im Regelspiel Hilberts ein leerer Begriff, dem nichts gewaltig Großes, nichts Überwältigendes anhaftet. „Unendlich" ist nur ein Wort, mit dem man nach vorgegebenen Regeln umgeht. Und es gilt zu zeigen, dass ein nach einem strengen Regelsystem ausgefeiltes mathematisches „Schachspiel", bei dem „unendlich" genauso eine Spielfigur darstellt wie beim gewöhnlichen Schach der König und man einfach nur den Gesetzen der endlichen Arithmetik, also dem Rechnen mit den wohlbekannten *endlichen* Zahlen folgt, Folgendes zu leisten vermag: einerseits alle in ihm auftretenden Formeln entweder als korrekt oder als falsch zu entlarven und andererseits vielleicht zu Paradoxien, also zu erstaunlichen Phänomenen, aber nie zu Widersprüchen, also in logische Sackgassen zu führen.

Mitarbeiter Hilberts, unter ihnen Paul Bernays, Wilhelm Ackermann, Jacques Herbrand und John von Neumann, nahmen den Auf-

Der Anspruch auf Allwissenheit

trag sofort ernst, dieses Programm ihres Mentors zu verwirklichen. Ein paar Worte seien zu diesen Protagonisten verloren:

Paul Bernays, in London geborener Züricher Bürger, kam als Bub und junger Mann über Paris und Berlin nach Göttingen. Er lehrte dort nach einem Zwischenaufenthalt in Zürich bis zum Jahre 1933. Als Jude aus Deutschland vertrieben, zog er in die Schweiz und verbrachte seine letzten Jahre an der ETH in Zürich. Er entwarf zusammen mit von Neumann das elegante Regelsystem, in dem die Axiome stehen, die sowohl die Zahlen wie auch das Unendliche als „Spielfiguren" des mathematischen „Spiels" befolgen. Von diesem System von Axiomen galt es zu beweisen, dass es vollständig und widerspruchsfrei ist.

Wilhelm Ackermann war einer der treuesten Schüler Hilberts, dem trotz unermüdlicher Bemühungen um das Programm seines Lehrers eine Laufbahn an der Universität verwehrt blieb. Er schlug den Beruf eines Gymnasiallehrers ein, den er bis knapp vor seinem Tod vorbildhaft ausfüllte. Das Gerücht will nicht verstummen, dass Hilbert ihm wegen seiner Heirat keine Stelle an der Universität verschaffte. „Oh, das ist wunderbar", soll Hilbert ausgerufen haben,[31] als er von Ackermanns Hochzeit erfuhr, „das sind gute Neuigkeiten für mich. Denn wenn dieser Mann so verrückt ist, dass er heiratet und sogar ein Kind hat, bin ich von jeder Verpflichtung befreit, etwas für ihn tun zu müssen."

Jacques Herbrand, 1925 der beste Absolvent der Pariser Eliteuniversität École Normale Supérieure, studierte danach in Göttingen bei John von Neumann und Emmy Noether. Er war mit Hilberts Programm vertraut, lieferte auch einige vielversprechende Beiträge, starb jedoch schon mit 23 Jahren, als er beim Bergsteigen in den Alpen verunglückte.

John von Neumann kam 1903 im damals noch kaiserlich-königlichen Budapest als Neumann János in einer steinreichen Bankiersfamilie zur Welt. Seit seiner frühesten Kindheit beeindruckte er durch seine unerhörte Vielseitigkeit: Er sprach Dutzende Sprachen, einige davon schneller als die jeweiligen Muttersprachler, er brillierte gleichzeitig mit einem Chemie- und einem Mathematikstudium in Budapest und in Zürich, er entwickelte für die Quantenphysik ein logisch in sich geschlossenes System von Axiomen, ähnlich wie einst Hilbert für die Geometrie, man verdankt ihm die Erfindung der „Architektur", die den programmierbaren Rechenmaschinen zugrunde liegt, er entwickelte zusammen mit Oskar Morgenstern die mathematische Spieltheorie, und gegen Ende seines Lebens beriet er die Strategen der amerikanischen Außen- und Verteidigungspolitik. Mit seinem quirligen Wesen, seiner unglaublichen Auffassungsgabe, seinem rasanten Denken, seinem dandyhaften Verhalten galt er als Tausendsassa der Wissenschaft. Wem, wenn nicht ihm, war zuzutrauen, dass er Hilberts Programm binnen weniger Jahren verwirkliche.

Tatsächlich stellten sich schon in den ersten Jahren bei der Verfolgung von Hilberts Programm ermutigende Teilresultate ein. Ganz nahe schien Hilberts Truppe dem Ziel, das „Ignorabimus" des du Bois-Reymond aus der Mathematik zu verbannen.

Hilbert hatte jedoch gar nicht mehr so sehr den alten Erfinder des „Ignorabimus" im Sinn, als er 1925 sein Programm proklamierte, denn du Bois-Reymond war damals schon fast 30 Jahre tot. Es war eine lebendigere und aktuelle Gegnerschaft, die ihn zu diesem Schritt bewog: die zu Hermann Weyl, dem kritischsten Zweifler des unbeschwerten Rechnens mit unendlichen Dezimalzahlen, das Hilbert mit seinem Programm verteidigen wollte, der, bitter genug, Hilberts bester Schüler gewesen war.

Allmacht statt Allwissenheit

Der Mathematiker der Intuition

Hilbert gleichrangig, aber von völlig anderem Wesen, war Frankreichs größter Mathematiker um 1900: Henri Poincaré, ein älterer Cousin des späteren französischen Präsidenten Raymond Poincaré. Der ungarische Psychologe Lajos Székely untersuchte zu Beginn des 20. Jahrhunderts, wie Genies zu ihren Erkenntnissen gelangten. Als er Henri Poincaré fragte, wie er zu einer seiner genialen Entdeckungen gekommen war, erhielt er die verblüffende Antwort: „Als ich in die Straßenbahn einstieg."

An anderer Stelle äußerte sich Poincaré ausführlicher: „Fünfzehn Tage lang mühte ich mich zu beweisen, dass es Funktionen, die ich später Fuchssche Funktionen nannte, nicht geben könne. Ich war damals sehr unwissend; jeden Tag setzte ich mich an meinen Arbeitstisch, blieb dort ein bis zwei Stunden und probierte zahllose Kombinationen, ohne Ergebnis. Eines Abends trank ich ganz gegen meine Gewohnheit schwarzen Kaffee und konnte nicht schlafen. Ideen stiegen in großen Mengen auf; ich fühlte sie zusammenstoßen, bis sie sich paarweise verbanden, sozusagen stabile Kombinationen eingingen. Bis zum nächsten Morgen hatte ich die Existenz einer Klasse Fuchsscher Funktionen festgestellt. Ich musste nur noch die Ergebnisse niederschreiben, was bloß ein paar Stunden dauerte."

Dieser Bericht erinnert an jenen des Chemikers August Kekulé, der folgendermaßen schildert, wie er auf einer Omnibusfahrt zur Idee der chemischen Bindung von Atomen gelangte: „Ich versank in Träumereien. Da gaukelten vor meinen Augen die Atome. Ich hatte sie immer in Bewegung gesehen, jene kleine Wesen, aber es war mir nie gelungen, die Art ihrer Bewegung zu erlauschen. Heute sah ich, wie vielfach zwei kleinere sich zu Pärchen zusammenfügten; wie größere zwei kleine umfassten, noch größere drei und selbst vier der kleinen festhielten, und wie sich alles in wirbelndem Reigen drehte. Ich sah, wie größere eine Reihe bildeten und nur an den Enden der Kette noch kleinere mitschleppten … Der Ruf des Conducteurs, Clapham Road, erweckte mich aus meinen Träumereien."

Im Gegensatz zu Hilbert war Poincaré wenig daran interessiert, Schülerinnen und Schüler um sich zu scharen, mit denen er seine Einsichten teilte. Er lebte weitaus zurückgezogener. Das sogenannte „Mathematics Genealogy Project", das bestrebt ist, alle Personen zu erfassen, die im Fach Mathematik ihre Doktorarbeit schrieben, zählt bei David Hilbert 75 Dissertanten, bei Henri Poincaré nur fünf.

Und im Gegensatz zu Hilbert war Poincaré nicht davon überzeugt, dass man Mathematik als formales logisches Spiel mit Axiomen verstehen könne. Poincaré gab im mathematischen Denken der Intuition, der Einsicht, dem ungetrübten Blick in das Wesen der Dinge Vorrang gegenüber der Logik.

Die in sich ruhende unerschütterliche Gewissheit, dass ein mathematischer Sachverhalt besteht, war in den Augen Poincarés das Wesentliche. Die Logik diente ihm bloß dazu, diese für sich selbst gewonnene Erkenntnis allen anderen als unbezweifelbar mitteilen zu können.

Der Mathematiker der Intuition

Wir sind uns der Zahlen und des Rechnens mit ihnen gewiss. Nichts ist für uns einsichtiger als die Tatsache, dass sechs mal sieben zweiundvierzig ergibt. Wir sind uns genauso dessen gewiss, dass es unendlich viele Zahlen 1, 2, 3, 4, 5, ... gibt. Allerdings nur in dem Sinn, dass wir davon überzeugt sind, dass keine Zahl die letzte ist. Zu jeder Zahl, wie groß sie auch sein mag, können wir, jedenfalls in Gedanken, noch eins addieren und damit eine noch größere Zahl erzeugen. Mehr aber kann man dem Unendlichen nicht entlocken. Auch nicht mit formalen Axiomen.

Anhand der unendlichen Dezimalzahl

$$\pi = 3{,}141\ 592\ 653\ 589\ 793\ 238\ 462\ 643\ 383\ 279\ 502\ 88\ ...$$

kann man den Unterschied zwischen den Auffassungen Hilberts auf der einen Seite und Poincarés auf der anderen Seite am besten beschreiben: Was bedeuten die drei Punkte am Ende der riesenlangen Ziffernentwicklung? Hilberts Antwort würde lauten:

„Dies ist die Dezimalentwicklung von π. Auf den ganzzahligen Teil 3 folgen unendlich viele Dezimalstellen. Die ersten 35 habe ich angeschrieben, unendlich viele weitere folgen nach. Natürlich gelingt es nicht, sie anzuschreiben. Aber meine Axiome lassen zu, dass ich sie mir alle wie gegeben denken darf. Dies meine ich im folgenden Sinn: Von jeder Behauptung über die Dezimalstellen von π kann mit meinen Axiomen jedenfalls im Prinzip entschieden werden, ob sie zutrifft oder nicht."

Poincaré wäre in seiner Antwort weitaus vorsichtiger:

„Dies ist die Dezimalentwicklung von π. Auf den ganzzahligen Teil 3 folgen hier 35 Dezimalstellen. Doch damit ist die Dezimalentwicklung noch nicht zu Ende. Es gibt ein Verfahren, nach dem man auch 350, oder 3500, ja beliebig viele Dezimalstellen von π nach dem Komma berechnen kann. Beliebig viele, aber stets immer nur endlich viele! Die Vorstellung, es gäbe Axiome, mit denen die Gesamtheit der Behauptungen über die Dezimalstellen von π in wahre und in falsche Aussagen eingeteilt werden können, widerspricht diametral dem Wesen des Unendlichen."

Hilbert starb 1943, Poincaré hingegen wurde nur 58 Jahre alt und starb knapp vor dem Ersten Weltkrieg. Dies trug maßgeblich dazu bei, dass die Mathematik in Paris in den Zwanzigerjahren des vorigen Jahrhunderts nicht die gleiche Blüte erlebte wie in Göttingen. Überdies raffte der Krieg eine große Zahl mathematischer Talente brutal hinweg, und die wenigen jungen französischen Intellektuellen, die sich in der Zwischenkriegszeit mit Mathematik auseinandersetzen wollten, fühlten sich gleichsam verlassen. Die alten Professoren an den Universitäten hatten kaum etwas vom Elan des Henri Poincaré; die verstaubten Vorlesungen orientierten sie immer noch an den altehrwürdigen, aber bereits antiquierten Lehrbüchern aus der Mitte des 19. Jahrhunderts.[32]

Eine Wissenschaft, auf Sand gebaut

So war es nicht in Paris, sondern in Zürich und in Amsterdam, wo zwei Mathematiker von Weltrang den Spuren Henri Poincarés folgten. In Amsterdam war es Luitzen Egbertus Jan Brouwer, der bereits in seiner 1907 verfassten Doktorarbeit „Über die Grundlagen der Mathematik" und in der im darauffolgenden Jahr erschienenen Schrift „Die Unverlässlichkeit der logischen Prinzipien" in selbstbewusstem Ton die Tragfähigkeit einer Mathematik bezweifelte, die sich allein auf formale Axiome stützt. Und in Zürich war es Hermann Weyl, der 1908 ein Buch veröffentlichte, in dessen Vorwort gleich zu Beginn zu lesen war: „In dieser Schrift handelt es sich nicht darum, den ‚sicheren Fels', auf den das Haus der Analysis gegründet ist, im Sinne des Formalismus mit einem hölzernen Schaugerüst zu umkleiden und nun dem Leser

Eine Wissenschaft, auf Sand gebaut

und am Ende sich selber weiszumachen: dies sei das eigentliche Fundament. Hier wird vielmehr die Meinung vertreten, dass jenes Haus zu einem wesentlichen Teil auf Sand gebaut ist."

Die „Analysis", das Rechnen mit den unendlichen Dezimalzahlen, dem Newton, Leibniz und die Heerschar der Mathematiker, Naturwissenschaftler und Ingenieure bisher blind vertrauten, sei, so Weyl, wie ein schwankendes Schiff, von dem sogar befürchtet werden muss, dass es irgendwo Leck geschlagen habe. Doch 13 Jahre später kam es noch dicker:

Anfang der Zwanzigerjahre des vorigen Jahrhunderts, der Erste Weltkrieg war gerade zu Ende gegangen und hatte Ruinen in den Städten und in den Seelen der Menschen hinterlassen, Aufstände, Rebellionen, Wirtschaftskrisen und Hyperinflation waren an der Tagesordnung, verfasste Herrmann Weyl im vom Kriege verschonten Zürich einen fulminanten, in prachtvollem Stil verfassten Artikel mit dem Titel „Über die neue Grundlagenkrise der Mathematik". In ihm stellte er sich mit Verve gegen seinen Lehrer Hilbert und auf die Seite Poincarés.

In der Mathematik herrsche, so Weyl, eine „innere Haltlosigkeit der Grundlagen". An vielen Stellen dieser Schrift stellt man fasziniert fest, wie Weyl, obwohl über die Fundamente der Mathematik sprechend, Formulierungen wählt, die dem wirtschaftlichen und politischen Umfeld dieser krisengeschüttelten Zeit entnommen sind. Wenn er zum Beispiel von „halb bis dreiviertel ehrlichen Selbsttäuschungsversuchen" spricht, „denen man im politischen und philosophischen Denken so oft begegnet", damit aber die Vertreter des ungezwungenen Umgangs mit dem Unendlichen aufs Korn nimmt. Oder wenn er angesichts ihrer abgehobenen formalen Theorien meint, dass in ihrem Lichte sich „die Mathematik als eine ungeheure Papierwirtschaft" entwickle, und dabei offenbar das wertlose Papiergeld vor Augen hat, das die Leute damals im wahrsten Sinne des Wortes verheizten, um sich wärmen zu können. Und wenn er allein in den Vorschlägen seines holländischen Kollegen

Allmacht statt Allwissenheit

Brouwer die Rettung aus der Grundlagenkrise erkennt und dies pathetisch (in einer seriösen wissenschaftlichen Zeitschrift!) mit dem Wort „Brouwer – das ist die Revolution!" verkündet.

Der Gegenentwurf, so Weyl, ist die Mathematik Brouwers. In ihr könne man mit unendlichen Dezimalzahlen nicht einfach so verfahren wie mit gewöhnlichen „endlichen" Zahlen – auch dann nicht, wenn man sie als „Spielfiguren" eines axiomatischen mathematischen „Spiels" auffasste. Das Unendliche sei vielmehr ein Grenzbegriff, der sich dem Zugriff durch das Denken ewig entziehe. Darum seien manche mathematischen Sätze, die aus der Sicht von Brouwer und Weyl von einer allzu naiven Sicht des Unendlichen herrührten, zu verwerfen. Ebenso seien die Geschichten von „Hilberts Hotel" halt- und sinnlose Spekulationen – mit Ausnahme der letzten, bei der die verschiedenen Aspekte des Unendlichen, „abzählbar" oder „überabzählbar", in Erscheinung traten. Diese Einsicht Cantors besaß auch für Brouwer und Weyl einen wahren Kern, wenn auch nicht so, wie ihn Cantor zu verstehen glaubte.

Weyl schrieb bereits 1908, als er von einer noch auf Sand gebauten Mathematik sprach: „Ich glaube, diesen schwankenden Grund durch Stützen von zuverlässiger Festigkeit ersetzen zu können; doch tragen sie nicht alles, was man heute allgemein für gesichert hält; den Rest gebe ich preis, weil ich keine andere Möglichkeit sehe."

Hilbert tobte.[33] In einem Aufsatz über die „Neubegründung der Mathematik" schrieb er zu Beginn noch einigermaßen gefasst: „Angesehene und hochverdiente Mathematiker, Weyl und Brouwer, suchen die Lösung des Problems" – gemeint ist die Sicherung der Mathematik als Ganzes – „auf einem meiner Meinung nach falschem Wege." Aber zwei Seiten später spürt man seinen aufgestauten Grimm: Weyl und Brouwer, so schrieb er, „suchen die Mathematik dadurch zu begründen, dass sie alles ihnen unbequem Erscheinende über Bord werfen und eine Verbotsdiktatur" errichten. Danach folgen die zornigen

Worte: „Dies heißt aber unsere Wissenschaft zerstückeln und verstümmeln, und wir laufen Gefahr einen großen Teil unserer wertvollsten Schätze zu verlieren, wenn wir solchen Reformatoren folgen." Und direkt auf seinen Schüler Weyl gemünzt: „Nein, Brouwer ist nicht, wie Weyl meint die Revolution, sondern die Wiederholung eines Putschversuches mit alten Mitteln."

Nicht der längst verstorbene du Bois-Reymond, die beiden „Putschisten" Brouwer und Weyl hatte Hilbert im Visier, als er sein Programm verkündete. Brouwer ließ Hilberts Programm kalt. Selbst wenn ein vollständiges und widerspruchsfreies System von Axiomen der Mathematik Hilberts ein sicheres Fundament verschaffte, mit der Wirklichkeit des Unendlichen, der sich Brouwer intuitiv näherte, hatte ein Spiel mit blinden Begriffen für ihn nichts zu tun. Hermann Weyl hingegen, wohl auch aus Respekt seinem verehrten Lehrer gegenüber verunsichert, nahm eine abwartende Position ein. Er wusste, dass bei Anwendungen der Mathematik in den Natur- und Ingenieurdisziplinen der prinzipielle Unterschied zwischen gewöhnlichen Zahlen und unendlichen Dezimalzahlen keine Rolle spielt und die Vertreter dieser Fachrichtungen den in der Mathematik schwelenden Streit gar nicht verstehen.[34] Und sicher erblickte er im intellektuellen Anspruch, den das Programm von David Hilbert darstellte, eine unerhört reizvolle Aufgabe. Ein Erfolg dieses Programms hätte ihn vielleicht an seiner an Poincaré und Brouwer orientierten Haltung zweifeln lassen.

Doch die Geschichte verlief ganz anders.

Der größte Logiker des Jahrhunderts

Nach Göttingen, Paris, Amsterdam und Zürich wenden wir uns dem nächsten Schauplatz zu: der nach dem Ersten Weltkrieg noch mühsam von ihrem ehemaligen Glanz als Reichs-, Haupt- und Residenzstadt

Allmacht statt Allwissenheit

einer einstigen Großmacht zehrenden Donaumetropole Wien. An ihrer Universität, in der sich die brillantesten von der Mathematik und dem „Tractatus logico-philosophicus" des Ludwig Wittgenstein inspirierten Denker zum „Wiener Kreis" zusammenschlossen, studierte in den späten Zwanzigerjahren der aus einem reichen Brünner Haus stammende Kurt Gödel.

Ursprünglich wollte sich Gödel der Physik widmen. Als er, der einst als Kind an einem rheumatischen Fieber erkrankt war und seither in panischer Furcht vor Krankheit und drohendem Sterben lebte, den im Rollstuhl dozierenden Mathematiker Philipp Furtwängler sah, entschloss er sich zum Studium der Mathematik. Womöglich mit dem Hintergedanken, dass die Mathematik ein Fach sei, bei dem Kranken – und im Unterschied zum Hypochonder Gödel war Furtwängler offensichtlich nicht gesund – ein langes Leben gegönnt ist. Für alles, was Gödel tat, gab es eine logische Begründung, mag sie auch skurril anmuten.

Höhepunkt jeder Woche an der Universität war für Gödel das Treffen des Wiener Kreises Donnerstags in einem kleinen Hörsaal im Parterre des großen Institutsgebäudes an der Strudlhofgasse. Der Mathematiker Hans Hahn lud den begabten Studenten in die Runde der Dozenten und Professoren, die vom inspirierenden Philosophen Moritz Schlick geleitet wurde. Obwohl Ludwig Wittgenstein dem Wiener Kreis nie angehörte, ihm sogar reserviert gegenüberstand, waren anfangs seine Thesen zentraler Gegenstand der Diskussionen. Danach verlagerte man die Gespräche auf die logischen Grundlegungen der exakten Wissenschaften. Das von Hilbert vorgeschlagene Programm war in den Augen der Diskutanten für alle anderen Disziplinen richtungweisend. Und sie alle waren davon überzeugt, dass dieses Programm in Kürze für die Mathematik vollzogen sein würde und sie in den nächsten Jahrzehnten Varianten des Programms auf die Physik, die Biologie, aber auch auf die Psychologie, die Soziologie, ja die gesamte Erkenntnistheorie erfolgreich übertragen würden.

Gödel nahm an vielen Sitzungen teil, äußerte sich jedoch nie. Keine einzige Wortmeldung kam von seiner Seite. Denn trotz seiner stupenden Fähigkeit, alles logisch analysieren zu können, glaubte er nicht an die „Überwindung der Metaphysik durch logische Analyse der Sprache", wie es Rudolf Carnap, einer der prononciertesten Vertreter des Wiener Kreises, formulierte. In seine Habilitationsschrift jedoch floss eine Erkenntnis Gödels ein, die zerstörte, was Hilbert mit seinem Programm errichten wollte:

Gödel bewies mit einer von ihm erfundenen genialen Methode,[35] die allein auf der Arithmetik der Zahlen fußt und so sicher wie die Tatsache ist, dass sechs mal sieben zweiundvierzig ergibt, die folgende Aussage: In jedem logisch widerspruchsfreien System, das die Arithmetik der Zahlen in sich trägt, gibt es Sätze, *von denen prinzipiell nicht entschieden werden kann, ob sie wahr sind oder nicht*. Dabei ist wichtig, dass man den Beweis oder die Widerlegung aller Sätze des Systems nur mit den innerhalb des Systems zur Verfügung stehenden Mitteln durchführen darf.

Kurz gesagt: Gödel zeigte, dass in der formalen Mathematik Hilberts immer ein „Ignoramus et Ignorabimus" lauert.

Ja, es kommt für Hilberts Programm noch schlimmer. Gödel zeigte sogar Folgendes: Nur „von außen", das heißt von einem außerhalb des formalen Systems befindlichen Standpunkt aus, kann man feststellen, dass das System logisch widerspruchsfrei ist. Denn der Satz „Das formale System ist logisch widerspruchsfrei" ist einer der Sätze, von denen – innerhalb des Systems – prinzipiell nicht entschieden werden kann, ob sie wahr sind oder nicht.

Metaphorisch brachte der auch bei Hilbert studierende französische Mathematiker André Weil, Bruder der Philosophin und Mystikerin Simone Weil, diese Erkenntnis Gödels so auf den Punkt: „Gott existiert, weil die Mathematik widerspruchsfrei ist. Und der Teufel existiert, weil wir es nicht beweisen können."

Allmacht statt Allwissenheit

Spektakulär war zudem, wie diese Erkenntnis Gödels ins Licht der Öffentlichkeit trat: Vom 5. bis zum 7. September 1930 fand in Königsberg, der Stadt Kants und dem Geburtsort Hilberts, die sechste „Deutsche Physiker- und Mathematikertagung" statt, an der Rudolf Carnap als Vertreter des Wiener Kreises, Arend Heyting, ein Schüler Brouwers, und John von Neumann als Vertreter des Programms von David Hilbert Vorträge hielten. Man war bemüht, die jüngere Generation von Mathematikern zu Wort kommen zu lassen. Dies auch deshalb, weil man einen erwartbaren Streit zwischen den Anhängern Brouwers und dem bei der Tagung anwesenden Hilbert vor aller Öffentlichkeit vermeiden wollte. Die jungen Vertreter ihrer Schulen sprachen im gemäßigten und umgänglichen Ton. Auch Gödel nahm an der Tagung teil, trug über seine Dissertation[36] vor und erntete dafür Anerkennung. Am Ende der Tagung meldete sich bei der Abschlussdiskussion Gödel zu Wort und tat seine neuste Erkenntnis kund, die er in der Habilitationsschrift veröffentlichen werde: dass formale Systeme, welche die Arithmetik der Zahlen beinhalten, notwendig unvollständig sind.

Diese Wortmeldung schlug bei denen, die ihren Inhalt verstanden, wie eine Bombe ein. Hilbert selbst nahm an dieser Diskussion nicht teil, weil er gerade auf dem Weg zu seiner Radioansprache war, bei der er sein „Wir können wissen, wir werden wissen!" verkündete. Aber Bernays und von Neumann waren sich des Stellenwerts der Aussage Gödels bewusst: Hilberts Programm, so wie sich sein Erfinder dies vorstellte, war hoffnungslos zum Scheitern verurteilt. Das „Wir können wissen, wir werden wissen!" stimmte schlichtweg nicht. Erst Monate später wagten sie es, Hilbert darüber zu informieren, so sehr fürchteten sie den Ärger ihres Lehrers und Meisters.

Bis zum Ende seines Lebens weigerte sich Hilbert, den Unvollständigkeitssatz Gödels in seiner Tragweite anzuerkennen.

Gespenster in Princeton

Gödel selbst fand seine Erkenntnis außerordentlich ermutigend. Er war felsenfest überzeugt, dass die Mathematik, auch jene, die das Rechnen mit unendlichen Dezimalzahlen erlaubt, widerspruchsfrei ist. Nimmt man diesen Standpunkt ein, ist Hilberts Programm eine unnötige Fleißaufgabe. Und es ist wenig verloren, wenn man erkennt, dass diese Fleißaufgabe undurchführbar ist.

Dafür aber viel gewonnen. Denn wenn es eine Aussage gibt, von der man feststellt, dass sie innerhalb des logischen Systems, in dem sie formuliert wurde, weder beweisbar noch widerlegbar ist, dann steht diese Aussage als mögliches neues Axiom zur Verfügung. Das bedeutet, man könnte gleichsam per Dekret erklären, dass die Aussage Gültigkeit besitzt, und hat damit das bisherige System um diese Aussage bereichert. Und auch das um diese Aussage erweiterte System bleibt widerspruchsfrei. Man könnte aber genauso verfügen, dass die Negation dieser Aussage zutrifft. Dann erhält man aus dem bisherigen System ebenfalls ein erweitertes, aber anderes System, das genauso widerspruchsfrei ist.[37]

Und man wird nie um Aussagen verlegen sein, von denen feststeht, dass sie innerhalb des logischen Systems, in dem sie formuliert wurden, weder beweisbar noch widerlegbar sind. Es gibt sie zuhauf – und in den jeweils bereicherten Systemen mindestens so viele wie zuvor: unendlich viele.

Darum, so erkannte Gödel, gibt es eine überbordende Unzahl von verschiedenartigsten Möglichkeiten, Mathematik zu betreiben. Abgesehen vom festen Kern der Arithmetik, die in allen Variationen Gültigkeit besitzt, gelten in der einen Spielart von Mathematik Aussagen, die in der anderen als falsch verworfen werden, und umgekehrt. Aber jede der verschiedenen Lesarten von Mathematik ist, wenn man sich auf sie einlässt, widerspruchsfrei. Bei der Wahl der jeweiligen Variante ist man völlig frei. Schon Cantor schien dies geahnt zu haben, als er das eigenartige Wort prägte: „Das Wesen der Mathematik liegt in ihrer Freiheit."

Es ist eine Freiheit, die das Gefühl von Allmacht wachruft.

Eine Allmacht, die Gödel bedrückte. Denn er war überzeugt, dass all das, was widerspruchsfrei ist, tatsächlich existiert, buchstäblich manifest vorhanden ist. Nicht bloß abstrakt, in Gedanken, sondern konkret, in der handgreiflichen Wirklichkeit. Dass es eine unermessliche Vielzahl von in sich widerspruchsfreien „Welten" gibt; ein „Multiversum", das myriadenfach vielfältiger ist als jenes der ohnehin höchst spekulativen Kosmologie. Jedes der unendlich vielen widerspruchsfreien mathematischen Systeme beherrscht je eine dieser Welten. Und weil Gödel von all diesen unzähligen Welten wusste, waren sie in seinem Bewusstsein ineinander verschränkt. Jede von ihnen ist vorhanden, wenn man sich in ihr bewegt, und sogleich verschwunden, wenn man zu einer anderen wechselt. Sie sind wie Spukgestalten.

Gödel, der größte Logiker des 20. Jahrhunderts, glaubte ernsthaft an Gespenster.

Dementsprechend bizarr verlief sein Leben: Ständig war er von der Angst verfolgt, sein schwaches Herz könne plötzlich stillstehen, sein Essen könne ihm schaden, die Nerven könnten versagen. Den Ärzten mit ihren logisch inkonsistenten Diagnosen war ohnehin nie zu trauen. Egal wie heiß es war, stets war er bedacht, warm angezogen zu sein, denn die Gefahr eines plötzlichen Fiebers schwebte wie ein Damoklesschwert über ihm. Hinzu kamen Psychosen und Depressionen. Den ersten Nervenzusammenbruch löste die Ermordung des von Gödel verehrten Professors Moritz Schlick mitten im Hauptgebäude der Universität aus. Nirgends, so schloss Gödel, konnte man seines Daseins sicher sein.

Dann aber wieder erstaunt, wie weitsichtig Gödel die einzig richtige Entscheidung seines Lebens zu treffen vermochte, die Wahl seiner zukünftigen Frau: Seine Eltern waren entsetzt. Gödel verliebte sich in Adele Porkert, eine Garderobiere eines verrufenen Nachtklubs, eine um fast sieben Jahre ältere Frau aus bescheidenen Verhältnissen, dazu noch geschieden. Erst nach dem Tod des Vaters setzte Gödel bei seiner entsetzten Mutter durch, Adele heiraten zu dürfen. Wie recht er mit seiner Entscheidung hatte: Adele rettete ihren lebensuntüchtigen „Kurtsi" mehrfach vor drohender Gefahr. Zum Beispiel als nach Hitlers Einmarsch in Wien rotzige SA-Männer ihren Mann als Juden anpöbelten und sie, ihren Regenschirm schwingend, die unverschämte Horde in die Flucht trieb. Für sie und ihren Mann war klar: Sie durften nicht länger in Wien bleiben. Gödel war kein Jude, er war als kriegsverwendungstauglich eingestuft worden. Seine Einberufung zur Wehrmacht wäre der sichere Tod des schmächtigen und ungelenken Männleins gewesen. Mit einer Einladung des bereits im Institute for Advanced Study in Princeton residierenden John von Neumann nach Amerika in den Händen, konnte Adele ihren Kurt davor bewahren. Da ihnen aber durch den Krieg der direkte Weg in den Westen verwehrt war, musste Adele ihren Mann zur Reise in die Sowjetunion, mit der Transsibirischen Eisenbahn bis hin zur Pazifikküste Asiens, über den Ozean nach Kalifornien und von dort über den amerikanischen Kontinent bis nach Princeton Schritt um Schritt überreden. Als sie endlich an der amerikanischen Ostküste angekommen waren, steigerte sich die Hypochondrie Gödels ins Unermessliche: Er ängstigte sich, vergiftet zu werden. Seine Frau musste alle Speisen vor seinen Augen zubereiten und mit dem Besteck, das er danach verwenden sollte, kosten.

Princeton war für Adele Gödel, die zu intellektuellen Kreisen keinen Zugang fand, ein Alptraum. Nur die Sorge um ihren Mann gab ihrem Leben einen Sinn. Dieser aber schottete sich von fast allen seinen Kollegen ab. In seiner Kammer, zu der niemand Zutritt erhielt, erforschte er die mathematischen Welten und beantwortete er die Briefe, die an ihn gerichtet waren. Wobei er die Antwortschreiben nie abschickte, sondern auf seinem Schreibtisch stapelte. Sie waren vorhanden, sie existierten – das musste genügen.

Allmacht statt Allwissenheit

Allein zu Albert Einstein fand er Zugang, ja die beiden Gelehrten befreundeten sich, und ihre gegenseitige Zuneigung hielt bis zu Einsteins Tod 1955 an. Worüber sie sich während ihrer Spaziergänge unterhielten, weiß man nicht. Bestimmt freute sich Einstein darüber, in Gödel jemanden gefunden zu haben, der an eine vom beobachtenden Subjekt unabhängige Außenwelt glaubte, ja sogar an eine Außenwelt, die in vielfachen Variationen denkmöglich und daher auch in all dieser Mannigfaltigkeit verwirklicht ist. Umgekehrt dürfte Einstein, so vermutete der Physiker John Archibald Wheeler, seinen Freund Gödel davon abgehalten haben, sich mit der Quantentheorie zu beschäftigen. In ihr, so argwöhnte Einstein bis zu seinem Tod, seien immer noch Widersprüche verborgen – für Gödel Grund genug, die Finger davon zu lassen. Man kann sich die Szene lebhaft ausmalen: Die naiv besorgte Adele Gödel verpackt ihren eigenbrötlerischen Mann in mehrere Schichten von Mänteln, führt ihn zur Tür und sagt zu ihm: „Kurtsi, jetzt musst du nur noch den Weg bis zur Kreuzung nach oben gehen, dort wartet schon der Albert auf dich."

Die Erkenntnis, dass aufgrund der Allgemeinen Relativitätstheorie Zeitreisen nicht nur in die Zukunft, sondern auch in die Vergangenheit nicht ausgeschlossen sind, war eine Frucht der langen Gespräche zwischen Einstein und Gödel. Für den kauzigen Logiker nur ein weiterer Hinweis dafür, dass es Aristoteles und Leibniz noch immer genauso „gibt", wie er weiß, dass es im fernen Europa Wien „gibt" – Aristoteles und Leibniz sind „da". Sie sind da als Gespenster.

Nach Einsteins Tod wurde Gödel noch wunderlicher. Oskar Morgenstern, der ihn manchmal besuchen durfte, erzählte, dass er einmal in Gödels Haus umherirrte, ohne auf ihn zu stoßen. Erst als er in den Keller ging, fand er Gödel zitternd in mehrere Mäntel gehüllt hinter dem Heizkessel verborgen. Gespenster der verstorben Geglaubten, so mutmaßte Gödel, schwirrten im Hause umher.

Noch viel mehr Wundersames wäre über Gödel zu erzählen, der am

14. Januar 1978 verhungerte, weil er aus Angst, vergiftet zu werden, jede Nahrungsaufnahme verweigerte. Daniel Kehlmann, der schon in der „Vermessung der Welt" ein phantasievolles Bild von Carl Friedrich Gauß entworfen hatte, porträtierte Gödel und seine Welten wunderbar in dem Drama „Geister in Princeton". All jenen, die mehr über Gödel erfahren wollen, sei es ans Herz gelegt.

Kein Wunder, dass die anderen Mathematiker des Institute for Advanced Study lange Zeit davor zurückschreckten, Gödel zum Professor zu ernennen. Nicht weil sie sein Werk nicht schätzten, dies taten sie sehr wohl, allen voran der 1933 von Göttingen nach Princeton ausgewanderte Hermann Weyl. Sondern weil sie die Eigenarten Gödels verstörten. „Es genügt", sagte der ebenfalls aus Protest gegen die Nationalsozialisten aus Deutschland emigrierte Zahlentheoretiker Carl Ludwig Siegel, „dass ein Spinner als Professor für Mathematik in Princeton zugelassen ist. Zwei wären aber zu viel." Mit dem „einen Spinner" meinte Siegel sich selbst.

Die Ortung der Unendlichkeit

Man darf vermuten: Die Wahnideen Gödels haben damit zu tun, dass er sich in die Existenz von Welten verstieg, an deren Existenz er deshalb glaubt, weil er von deren Widerspruchsfreiheit überzeugt war. Doch in Wahrheit gibt es diese Welten nicht. Nicht eine einzige Welt existiert, in der das Unendliche als logisch fassbarer Begriff vorliegt, sei es auch vorgeblich mit Axiomen gezähmt.

Die Allmacht der formalen und durch willkürliche Axiome abgesicherten Mathematik ist bloß eine Allmacht über Phantasmagorien.

Vor die Alternative gestellt, Mathematik entweder im Sinne Poincarés zu betreiben und mit einer Wirklichkeit leben zu müssen, in der viele Fragen, seien sie unerheblich oder auch nicht, für immer offen bleiben, oder aber im Sinne eines auf leeren Axiomen fußenden Spiels, das die Illusion von Allmacht verleiht, hat sich die überwältigende Mehrheit in der mathematischen Gilde für den zweiten Weg entschieden. Gegen die Wirklichkeit. Denn, so formulierte es Hilbert, „aus dem Paradies, das Cantor uns geschaffen, soll uns niemand vertreiben können". Selbst dann nicht, wenn dieses Paradies ein Spukschloss voll Gespenstern ist.

Eine im folgenden Sinn höchst eigen- und auch einzigartige Wahl: Stellen wir uns vor, es gelänge, zu außerirdischen Intelligenzen, die möglicherweise in den Tiefen des Universums auf fernen Planetensystemen leben, einen Funkkontakt herzustellen. Offenkundig kann die Kommunikation zwischen „uns" und „ihnen" nur über die Mathematik erfolgen. Denn diese und nur diese wird überall im Kosmos die gleiche sein. Unter dieser Annahme gilt die Wette.[38] Wenn die Außerirdischen eine mindestens so hohe Mathematik wie wir entwickelt haben, dann haben diese Außerirdischen einen Blick auf das Unendliche gewonnen, der den intuitiven Vorstellungen Poincarés und nicht den logischen Abstraktionen Hilberts entspricht.

Auf den rechten Blick auf das Unendliche kommt es an: Wer Mathematik im Sinne Poincarés betreibt, wer im mathematischen Denken der Intuition, der Einsicht, dem ungetrübten Blick in das Wesen der Dinge Vorrang gegenüber der Logik gibt, muss davon ausgehen, dass es einfach nirgends in der Welt Unendliches gibt. Nicht in Hotels und nicht in Bussen. Nicht an Haltestellen und nicht an Garderoben.

Auch nicht im gigantischen Weltall. Denn dieses hat einen endlich großen Ereignishorizont, hinter den kein Signal zu schauen vermag und dessen Jenseits uns für alle Zeiten verborgen bleiben wird. Es ist schlicht sinnlos, von der Existenz einer Welt hinter diesem Horizont zu räsonieren. Auch nicht im winzig Kleinen. Denn die Gesetze der Quantenphysik stehen der Idee der Zergliederung einer Linie in unendlich viele Punkte entgegen. Selbst der Computer kennt nichts Un-

Die Ortung der Unendlichkeit

endliches, nicht einmal das Internet. Jede Computerprozedur bricht einmal nach endlich vielen Schritten ab. Selbst wenn sie in eine Schleife gerät: Irgendwann wird der Strom abgeschaltet. Das Gerät besitzt nur endlich viele Felder von Zahlen, der Bildschirm nur endlich viele Pixel, eine endliche Auflösung. Allein in unserem Denken, in unserer Imagination gibt es das Unendliche. Allerdings nicht als etwas Vorgegebenes, sondern bloß als Idee des Nicht-zu-Ende-kommen-Könnens.

In Träumen, in denen man nach etwas greifen möchte, aber der Arm um ein ganz klein wenig zu kurz ist: Die Anstrengung wird erhöht, man beugt sich noch weiter vor, und noch immer gelingt es nicht, das Begehrte zu fassen; immer tiefer wird das Verlangen, immer verzweifelter das Bemühen, immer knapper zieht sich das zu Erreichende vor den gierenden Fingern zurück. Bis man erwacht. Und obwohl Träume, so berichten Schlafforscher, nur ein paar Sekunden dauern, scheinen sie für die schlafende Person endlos zu sein.

In Michelangelos Fresko von der Erschaffung der Welt in der Sixtinischen Kapelle findet man dieses unstillbare Verlangen, diesen ewigen Wunsch, einander zu erreichen, dieses unendliche Sehnen in der eigenartig dramatischen Distanz vermittelt, welche den Zeigefinger der rechten Hand des allmächtigen Schöpfers vom Zeigefinger der linken Hand Adams trennt. Nur ein leises Strecken von Adams Finger wäre für die Vollendung des Menschen vonnöten. Doch, und dies ist Michelangelos Botschaft, wir werden im Diesseits wohl unendlich lang auf des Menschen erlösende Bewegung warten müssen.

In Momenten des Glücks, in denen man wünscht, sie mögen nie, nie zu Ende gehen. Wenn die Hoffnung erwacht, die Liebe, die einem geschenkt wurde, werde auf ewig bestehen. Und obwohl Ernüchterung droht, ja so sicher ist wie das Amen im Gebet, ist dieses kindliche Verlangen nach dem unaufhörlichen Glück vorhanden. „Weh spricht: Vergeh!", dichtete Nietzsche ein wenig weinerlich, „Doch alle Lust will Ewigkeit, will tiefe, tiefe Ewigkeit."

Allmacht statt Allwissenheit

In einigen der Erzählungen Kafkas, am ergreifendsten wohl in der „Kaiserlichen Botschaft", die berichtet, wie der Bote des auf dem Totenbette hingestreckten Kaisers mit einer Nachricht, einer Botschaft des Sterbenden zu „dir, dem Einzelnen, dem jämmerlichen Untertanen, dem winzig vor der kaiserlichen Sonne in die fernste Ferne geflüchteten Schatten" eilt. Zuerst muss der Bote Paläste und Treppen und Höfe durchmessen, eine schiere Unzahl von aufeinanderfolgenden Palästen, Treppen, Höfen innerhalb des kaiserlichen Gefildes. Sie sind gleichsam ein Abbild des abzählbar Unendlichen, denn Kafka macht uns eindringlich klar, dass der Bote sie der Reihe nach zu durchlaufen sucht, aber niemals, niemals alle überwinden wird. Doch selbst wenn ihm dies gelänge, und er stürzte „endlich aus dem äußersten Tor – aber niemals, niemals kann es geschehen –, liegt erst die Residenzstadt vor ihm, die Mitte der Welt, hochgeschüttet voll ihres Bodensatzes. Niemand dringt hier durch und gar mit der Botschaft eines Toten", hören wir Kafka berichten und haben das Bild dieser riesig chaotischen Stadt, das überabzählbar Unendliche, vor Augen.

„Du aber sitzt an deinem Fenster und erträumst sie dir, wenn der Abend kommt", beendet Kafka die Erzählung von der kaiserlichen Botschaft. Deutet er damit an, dass wir dem Unendlichen wenigstens in Träumen, Gefühlen, Ahnungen begegnen können?

Und was ist mit unserer Reflexion, unserem rationalen Vermögen? Hier ist die Mathematik gefordert. Die Zahlen 1, 2, 3, ... sind die Sprossen auf der Leiter ins Unendliche und zugleich die Bausteine aller Gedanken. Mit unserem Denken klimmen wir uns an dieser Leiter empor. Aber das Unendliche selbst ist keine Zahl. Es ist deren Hintergrund, ohne den das Zählen selbst undenkbar wäre. Darum gibt auf die Frage, was die Mathematik sei, Hermann Weyl die beste aller Antworten:

Mathematik ist die Wissenschaft vom Unendlichen.

Anmerkungen

1 Die gleiche Einteilung des Jahres schlugen in der Moderne die Vertreter des Nationalkonvents Frankreichs nach der Revolution des Jahres 1789 vor: Ab dem 22. November 1792, so entschied man, habe ein neuer Kalender zu gelten: Jedes Jahr besteht aus 12 Monaten, die ihrerseits je drei Dekaden zu je zehn Tagen haben. Am Ende des Jahres, das im Revolutionskalender nach der Ernte zu Herbstbeginn festgelegt wurde, folgen fünf und in jedem vierten Jahr sechs Feiertage, die schöne Namen trugen: *Jour de la Vertu,* Tag der Tugend, *Jour du Génie,* Tag des Geistes, *Jour du Travail,* Tag der Arbeit, *Jour de l'Opinion,* Tag der Meinung, *Jour des Récompenses,* Tag der Belohnung, und an Schaltjahren *Jour de la Révolution,* Tag der Revolution. Auch die Monatsnamen klangen poetisch und wurden den Jahreszeiten entsprechend geformt: im Herbst *Vendémiaire,* an die Weinlese erinnernd, *Brumaire,* denn das französische brume ist der Nebel, *Frimaire,* denn das französische frimas ist der Raureif; im Winter *Nivôse,* auf den Schnee verweisend, *Pluviôse,* auf den Regen verweisend, *Ventôse,* auf den Wind verweisend; im Frühling *Germinal,* das lateinische germen ist die Knospe, *Floréal,* das lateinische flos ist die Blume, *Prairial,* das lateinische pratrum ist die Wiese; im Sommer *Messidor,* denn das lateinische messis bedeutet Ernte, *Thermidor,* denn das griechische thérmis bedeutet warm, und *Fructidor,* denn das lateinische fructus bedeutet Frucht. Allen schönen Namen zum Trotz war der Kalender im Volk nicht beliebt. Denn nur jeder

Anmerkungen

zehnte, und nicht wie im jüdischen und später im christlichen Kalender üblich jeder siebente Tag galt als arbeitsfreier Tag. 1806 kehrte Frankreich durch ein Dekret Napoleons wieder zum christlichen Kalender zurück.

2 Bis heute wissen wir nicht genau, wie die römischen Rechenmeister bei solchen Rechnungen vorgegangen sind. Allgemein nimmt man an, sie haben ein Verfahren verwendet, das schon ägyptischen Gelehrten bekannt war. Wir wollen es am Beispiel der beiden Zahlen LVII und LXXV vorführen: Zuerst schreibt man die beiden Zahlen nebeneinander:

LVII   LXXV

Danach notiert man unter der ersten Zahl deren Hälfte, dann von dieser Hälfte wieder die Hälfte, danach wieder die Hälfte, und so fort, bis man zur Zahl I gelangt. Und wenn eine ungerade Zahl halbiert werden soll, dann halbiert man statt ihrer die um eins kleinere gerade Zahl.

Wir zeigen dies ausführlich am Beispiel LVII: Zunächst schreiben wir sie als XXXXX V II, dann noch detaillierter als XXXX VVV II, schließlich als XXXX VV IIIIII, denn jetzt können wir sie halbieren: XX V III. Eigentlich wären am Zahlenende sieben Einer zu halbieren, aber wir halbieren nur sechs von ihnen, das siebente I beachten wir einfach nicht. Darum sieht die Liste nun folgendermaßen aus:

LVII   LXXV
XXVIII

Um die Hälfte von XXVIII berechnen zu können, schreiben wir diese Zahl als XX IIIIIIII und bekommen als deren Hälfte X IIII. Damit lautet die Liste:

LVII   LXXV
XXVIII
XIIII

Weil sich XIIII als VV IIII schreiben lässt, lautet deren Hälfte V II. Die weiteren Hälften findet man sehr schnell: Statt VII, also IIIIIII, wird die um eins kleinere gerade Zahl IIIIII zu III halbiert; und statt III wird die um eins kleinere gerade Zahl II zu I halbiert. Also lautet die Liste aller Hälften so:

LVII   LXXV
XXVIII
XIIII
VII
III
I

Nun werden unter der rechten Zahl LXXV die Doppelten der jeweils darüber stehenden Zahlen notiert. Also wird als erstes LXXV verdoppelt. Dies ist zunächst LL XXXX VV, folglich C XXXX X, was sich zu CL vereinfacht. Dann wird CL verdoppelt, man erhält zunächst CC LL, was sich zu CCC vereinfacht. Darum ergänzt man in der Liste nach den beiden ersten Verdopplungen um die folgenden Einträge:

LVII   LXXV
XXVIII CL
XIIII   CCC
VII
III
I

Nun müssen, damit gleich viele Verdopplungen wie Halbierungen erfolgen, noch drei weitere Verdopplungen durchgeführt werden: Aus CCC entsteht durch Verdopplung CCCCCC, was sich zu DC vereinfacht. Aus DC entsteht durch Verdopplung DD CC, was sich zu MCC vereinfacht. Und aus MCC entsteht durch Verdopplung MMCCCC:

LVII   LXXV
XXVIII CL
XIIII   CCC
VII   DC
III   MCC
I   MMCCCC

Anmerkungen

Damit hat man die Hauptarbeit des Multiplizierens erledigt. Jetzt muss man nur noch zwei Schritte durchführen: Nach einer bizarren Geheimregel der alten ägyptischen Gelehrten sind die ungeraden Zahlen die „guten" Zahlen und die geraden Zahlen die „bösen" Zahlen. Immer wenn auf der linken Spalte eine gerade, also eine „böse" Zahl auftaucht, ist diese Zeile zu streichen, damit nur die Zeilen mit den „guten" Zahlen auf der linken Seite übrig bleiben:

LVII LXXV
~~XXVIII~~ ~~CL~~
~~XIIII~~ ~~CCC~~
VII DC
III MCC
I MMCCCC

Denn XXVIII (also 28) und XIIII (also 14) sind „böse" Zahlen, alle übrigen Zahlen in der linken Spalte sind ungerade, also „gut". Im letzten Schritt addiert man alle Zahlen der rechten Spalte, die nicht durchgestrichen sind, sich also auf „guten" Zeilen befinden. Dies ergibt, nach Symbolen geordnet, zunächst

MM M D CCCC CC C L XX V.

Das Ergebnis vereinfacht sich zu MMM DD CC L XX V, in einer letzten Vereinfachung zu MMMMCCLXXV. Wir schreiben heute dafür 4275, und dies ist auch wirklich das Produkt von 57 mit 75.

3 Zuweilen glaubt man, Mathematik zeichne sich dadurch aus, dass in ihr alle Ergebnisse ganz exakt berechnet werden. Das ist jedoch keineswegs der Fall. Oft genügt es, wenn man nur den ungefähren Wert eines Resultates kennt, man also gut schätzen kann. Ist es doch beeindruckend, dass die oben durchgeführte einfache Überlegung wenigstens die Größenordnung des auf dem Schachbrett liegenden Reises mitteilt, ohne dass man dafür irgendein Rechengerät oder stundenlange Zwischenrechnungen benötigt. Wer es aber genauer wissen will, kann zusätzlich den folgenden Gedanken ins Spiel bringen: Immer wenn wir 1024, die exakte Zahl, durch 1000 =

10^3, die für das Rechnen bequeme Näherung, ersetzten, leisteten wir uns einen Fehler von 2,4%. Diesen Fehler zuungunsten der Reismenge haben wir beim 11., beim 21., beim 31., beim 41., beim 51. und beim 61. Feld, also sechsmal begangen. Daher haben wir insgesamt mit einem Unterschied von 6 × 2,4% = 14,4%, also von rund 15% zwischen den grob geschätzten 16 Trillionen Körnern und den tatsächlich auf dem Schachbrett aufzustapelnden Reiskörnern zu rechnen. Weil 15% von 16 den Wert 2,4 ergeben, sind rund 2,4 Trillionen zu den 16 Trillionen Körnern zu addieren. Darum beträgt die Summe der Reiskörner auf dem Schachbrett ziemlich genau 18,4 Trillionen Körner.

Mit einer guten Rechenmaschine ausgerüstet, kann man die genaue Zahl mühsam ermitteln, indem man die 64 Zahlen, mit 1 beginnend und die nächste immer doppelt so groß wie die vorherige, addiert: Es sind genau

18 446 744 073 709 551 615 ,

also 18 Trillionen 446 Billiarden 744 Billionen 73 Milliarden 709 Millionen 551 Tausend und 615 Körner Reis. Es gibt, nebenbei bemerkt, eine einfachere Methode, wie man zu dieser exakten Summe gelangt: Die Summe aller vorherigen Zahlen ist nämlich immer das Doppelte der letzten Zahl minus eins. Zum Beispiel ist die Summe der Körner der ersten Reihe

$1 + 2 + 4 + 8 + 16 + 32 + 64 + 128 = 2 \times 128 - 1 = 256 - 1 = 255$.

Daher kann man, um die Summe aller Körner auf dem Schachfeld zu ermitteln, die Zahl zwei 64-mal mit sich selbst multiplizieren und vom Ergebnis

18 446 744 073 709 551 616

eins abziehen.

4 Wie leicht man in die Irre geführt werden kann, belegt das folgende Beispiel: Angenommen, die Erde sei eine exakte Kugel mit 40 000 km Umfang am Äquator. Um diesen werde eine 40 000 km lange Schnur straff gespannt. Dann löst man die Spannung ein wenig, indem man die Schnur

Anmerkungen

um 10 Zentimeter verlängert. Wie weit ist, wenn diese Verlängerung gleichmäßig entlang des ganzen Äquators verteilt wird, die Schnur dann von der Erdoberfläche entfernt? Kann ein Sandkorn, das einen Durchmesser von einem Hundertstel Millimeter besitzt, unter der Schnur hindurchschlüpfen? Die erstaunliche Antwort lautet: Sogar ein mehr als ein Zentimeter dicker Finger passt noch locker unter die Schnur – gleichzeitig und überall an allen Stellen der Erde.

5 Hipparch berücksichtigte, dass der Schatten der Erde nicht zylindrisch ist, sondern die Form eines Kegels hat. Den Öffnungswinkel dieses Kegels, der zugleich für die Verkürzung des Schattendurchmessers mit der Entfernung steht, konnte Hipparch aus der Größe der Sonnenscheibe ableiten. Die geschickte Verwendung von trigonometrischen Sätzen, die damals den griechischen Mathematikern gut bekannt waren, erlaubte Hipparch die Messung und Berechnung der Mondentfernung, wobei der Fehler seines Ergebnisses nur ein Prozent betrug.

6 Das Argument, das die Erfinder des „Kalküls" präsentieren, könnte man folgendermaßen zu verteidigen versuchen: Auch „unendlich" besitzt die Eigenschaft, dass einerseits „unendlich" um 1 vermindert „unendlich" bleibt und dass andererseits das Doppelte von „unendlich" wieder „unendlich" ist. Daher könnte die Summe

$1 + 2 + 4 + 8 + 16 + ...$

„unendlich" sein – und das ist offensichtlich ein sinnvolles Resultat. Nur steht diese Verteidigung auf sehr schwachen Beinen:
Erstens kann man mit „unendlich" sicher nicht so einfach rechnen wie mit Zahlen. Was zum Beispiel ergibt „unendlich" minus „unendlich"? Null, würde man auf Anhieb sagen. Wenn aber das zweite „unendlich" in der Differenz das oben genannte „unendlich" um 1 vermindert ist, dann müsste diese Differenz 1 lauten, denn beim zweiten „unendlich" wird ja um 1 weniger abgezogen, als beim ersten „unendlich" angeschrieben steht. Wenn aber jemand anderer meint, das erste „unendlich" in der Differenz ist das oben genannte Doppelte von „unendlich", dann müsste diese Dif-

Anmerkungen

ferenz „unendlich" lauten, denn vom Doppelten von „unendlich" wird ja nur einmal „unendlich" abgezogen. Widersprüche über Widersprüche. Zweitens: Auch bei der Summe der Teile des Udjat-Auges könnte „unendlich" das Ergebnis sein. Denn, glaubt man den Verteidigern der Erfinder des „Kalküls, besitzt „unendlich" die Eigenschaft, dass einerseits „unendlich" um ½ vermindert „unendlich" bleibt und dass andererseits die Hälfte von „unendlich" wieder „unendlich" ist. Warum sind wir aber bei diesem Beispiel einer unendlichen Summe davon überzeugt, dass die Summe 1 und nicht die Summe „unendlich" das richtige Resultat ist?

7   Wer das Rätsel im Detail kennenlernen möchte, findet es hier, mit feinem Humor ins Deutsche übertragen und wunderbar in Verse geschmiedet von Alexander Mehlmann, der nicht nur dichtet, sondern an der Technischen Universität Wien auch Mathematik lehrt:

> Hast Du, Freund, den richt'gen Riecher,
> So berechne, wieviel Viecher –
> Lass uns nur von Rindern reden,
> Hornbewehrte Quadrupeden –
> Einst gehörten, hü und hott,
> Helios, dem Sonnengott,
> Auf Siziliens grüner Erde.
>
> Milchweiß war die erste Herde,
> Schwarz die zweite, zappenduster,
> Braun die dritte; Fleckenmuster
> Schmückte Rinderkuh und Stier
> In der Herde Nummer vier.
>
> Zahl der Stiere ganz in Weiß,
> Die erhält man nur mit Fleiß
> Aus der reinen Braunstier-Zahl
> Plus der Hälfte und nochmal
> Plus ein Drittel aller schwarzen

Anmerkungen

Stiere, deren Zahl – ihr Parzen! –
Glich der Stierzahl aller Braunen
(Schon vernehm' ich, Freund, Dein Raunen)
Nebst dem viert- und fünften Teil
Der gefleckten Stier', derweil
Die (der Zahl nach) sich summierten
Aus den Braunen, wohlsortierten,
Nebst dem Sechst- und Siebentel
Weißer Stiere, die zur Stell'.

Doch vergiss bei aller Müh'
Nicht des Sonnengottes Küh'.
Statt die Zähn' sich auszubeißen
Beim Bestimmen all der weißen,
Addier' als Sonderfall
Von der schwarzen Herdenzahl
Nur ein Drittel und ein Viertel
Und dann schnalle fest den Gürtel.
Auch der schwarzen Kühe Nummer,
Lässt sich finden ohne Kummer.
Teil die Fleckviehzahl durch Vier
Und durch Fünf und dann addier'!
Elf durch dreißig der brünetten
Rinder in Trinakriens Stätten
Ist die Zahl der Küh' mit Fleck.
Rätselhaft bleibt noch der Zweck,
Denn die Zahl der Braunviehdamen
(Nichts zur Sache tun die Namen)
Dividiert durch die der Rinder,
Die so weiß, wie ihre Kinder,
Sie ergibt ganz informell
Ein Sechstel und sein Siebentel.

Anmerkungen

Nennst du mir – getrennt nach Gender
Und nach Farben der Gewänder(?) –
All die Zahlen auf der Wiese,
Bist fürwahr ein PISA-Riese!
Zur Elite erster Klasse
Ich dich erst gehören lasse,
Wenn du lösest schnell wie'n Pfeil
Auch des Rätsels zweiten Teil.

Wenn man sie zusammenführe
Die Gesamtzahl aller Stiere,
Die pechschwarz und weiß wie Schnee,
So erhielt' man ein Karree.

Schichtet man der Stiere Rest
Reihenweis', wobei man lässt
Jeweils in der nächsten Reih'
Gleich viel Hörner minus zwei,
So benötigt man als Spitze
Einen Stier nur (ohne Vize)
Und die Rindviehformation
Bildet glatt ein Dreieck schon.

(Aus: A. Mehlmann: Mathematische Seitensprünge: Ein unbeschwerter Ausflug in das Wunderland zwischen Mathematik und Literatur. Vieweg, 2007).

Im ersten Absatz des Gedichts wird die Aufgabe vorgestellt. Es ist die Berechnung der Zahl der „hornbewehrten Quadrupeden", also der mit Hörnern ausgestatteten „Vierfüßler", vulgo der Rinder, die auf „Siziliens grüner Erde" grasen. Im zweiten Absatz wird mitgeteilt, dass es weiße Stiere (ihre Anzahl sei w) und weiße Kühe (ihre Anzahl sei W), schwarze Stiere (ihre Anzahl sei s) und schwarze Kühe (ihre Anzahl sei S), braune Stiere (ihre Anzahl sei b) und braune Kühe (ihre Anzahl sei B), sowie gefleckte Stiere (ihre Anzahl sei g) und gefleckte Kühe (ihre Anzahl sei G) gibt.

Anmerkungen

Der dritte Absatz betrifft nur die Stiere. Hier formuliert Archimedes die Gleichungen:

$$w = b + (1/2 + 1/3)s$$
$$s = b + (1/4 + 1/5)g$$
$$g = b + (1/6 + 1/7)w$$

Im vierten Absatz werden die Gleichungen in Worten umschrieben, nach denen sich die Zahlen der Kühe errechnen:

$$W = (1/3 + 1/4)(s + S)$$
$$S = (1/4 + 1/5)(g + G)$$
$$G = (1/5 + 1/6)(b + B)$$
$$B = (1/6 + 1/7)(w + W)$$

(In Alexander Mehlmanns Übertragung wird $1/5 + 1/6$ gleich als „elf durch dreißig" ausgerechnet.)

Im fünften Absatz teilt Archimedes mit, dass diese sieben Gleichungen in acht Unbekannten, sogenannte „diophantische Gleichungen", die bloß ganze Zahlen als Lösungen zulassen, nur den ersten Teil des Rätsels darstellen. Wer diese Gleichungen zu lösen versteht, ist „fürwahr ein PISA-Riese" – eine leise Anspielung auf die PISA-Tests, mit denen die Schülerinnen und Schüler belästigt werden –, aber noch nicht eine zur „Elite" gehörende mathematische Koryphäe.

Im sechsten Absatz teilt Archimedes mit, dass die Summe $s + w$ eine *Quadratzahl* ist: Die schwarzen und die weißen Stiere kann man Zeile für Zeile und Spalte für Spalte in ein quadratisches Muster ordnen. Im siebenten Absatz schichtet Archimedes die restlichen Stiere, deren Anzahl $b + g$ beträgt, Zeile für Zeile so an, dass in jeder darauffolgenden Zeile ein Stier weniger vorkommt (umschrieben mit „gleich viel Hörner minus zwei") und sich in der obersten Zeile nur ein einziger Stier („ohne Vize") befindet. Mathematisch gesprochen: $b + g$ ist eine *Dreieckszahl*. Weil Dreieckszahlen die Gestalt $1/2 \cdot (n^2 + n)$ und Quadratzahlen die Form m^2 besitzen, erkennt man, dass der zweite Teil des archimedischen Rätsels aus „diophantischen Gleichungen" zweiten Grades besteht.

8 Die „subtile Beziehung" zwischen den beiden zu ermittelnden Zahlen geht auf ein uraltes Problem des Pythagoras zurück: Pythagoras vermutete, dass sich alles in der Welt durch Bruchzahlen, bei denen Zähler und Nenner ganze Zahlen sind (und der Nenner von null verschieden ist), beschreiben lässt. Doch schon in der Geometrie zeigte sich, dass dies falsch ist.
Errichtet man zum Beispiel über der Diagonale eines Quadrats ein zweites Quadrat mit dieser Diagonale als Seitenlänge, dann besitzt dieses zweite Quadrat offenkundig den doppelt so großen Flächeninhalt wie das erste Quadrat. Nehmen wir nun an, das erste Quadrat habe eine Seitenlänge von x Längeneinheiten – ob man dabei einen Meter, einen Millimeter oder gar nur einen Atomdurchmesser als Längeneinheit wählt, spielt in diesem Zusammenhang keine Rolle. Dann errechnet sich der Flächeninhalt des Quadrats in der entsprechenden Flächeneinheit – Quadratmeter, Quadratmillimeter, von welcher Längeneinheit man auch immer ausgegangen ist –, indem man die Zahl x mit sich selbst multipliziert. Dieses Ergebnis nennt man dementsprechend „x-Quadrat" und bezeichnet es mit dem Symbol x^2. Ist zum Beispiel $x = 12$, dann ist $x^2 = 144$. Ist $y = 17$, dann ist $y^2 = 289$. Zufällig stimmt 289 fast genau mit dem Doppelten von 144, also mit 288, überein. Mit anderen Worten: Ein Quadrat, dessen Seite 12 Zentimeter lang ist, besitzt eine Diagonale, die nur um einen Hauch kürzer als 17 Zentimeter ist. Das Verhältnis zwischen der Diagonalenlänge und der Seitenlänge eines Quadrats ist daher nur um ein wenig kleiner als die Bruchzahl 17/12. Und die Griechen fragten sich, ob dieses Verhältnis überhaupt eine Bruchzahl y/x sein kann.
Wenn dies der Fall wäre, müsste das Quadrat, dessen Seite x Längeneinheiten lang ist, eine Diagonale besitzen, die y Längeneinheiten misst. Der Flächeninhalt y^2 des über der Diagonale errichteten Quadrats müsste demnach doppelt so groß wie der Flächeninhalt x^2 des ursprünglichen Quadrates sein. Dies drückt die Formel $y^2 = 2 \cdot x^2$ aus.
Dem großen griechischen Philosophen Aristoteles wird nachgesagt, dass er

Anmerkungen

die folgende Begründung dafür gefunden hat, dass es keine Zahlen x und y gibt, für die $y^2 = 2 \cdot x^2$ zutrifft:

Nehmen wir an, es gäbe sie doch. Aristoteles betrachtete zuerst den Fall, dass die Zahl y ungerade wäre. Dann bliebe auch y^2, also y mit sich selbst multipliziert, ungerade. Dann kann aber $y^2 = 2 \cdot x^2$ nicht zutreffen, denn $2 \cdot x^2$ ist sicher durch 2 teilbar, also gerade.

Folglich müsste y eine gerade Zahl sein. Und y^2, also y mit sich selbst multipliziert, wäre sogar durch 4 teilbar.

Dann aber, so schloss Aristoteles weiter, könnte x unmöglich eine ungerade Zahl sein. Denn wäre x ungerade, bliebe auch x^2, also x mit sich selbst multipliziert, ungerade. Die Zahl $2 \cdot x^2$ wäre zwar durch 2, nicht aber durch 4 teilbar. Dies müsste sie sein, wenn bei einer geraden Zahl y die Formel $y^2 = 2 \cdot x^2$ stimmte.

Aristoteles folgerte aus diesen Überlegungen: Gäbe es Zahlen x und y, für die $y^2 = 2 \cdot x^2$ zutrifft, dürfte keine von ihnen ungerade sein. Beide Zahlen x und y müssten gerade Zahlen sein.

Die Seite des Quadrats, von dem wir ausgegangen waren, müsste folglich eine gerade Zahl von Längeneinheiten und auch ihre Diagonale eine gerade Zahl von Längeneinheiten messen. Dann aber, so Aristoteles, könnten wir genauso gut vom Quadrat ausgehen, dessen Seite und Diagonale halb so lang wären. Doch auch bei ihm müssten Seite und Diagonale jeweils gerade Zahlen von Längeneinheiten lang sein. Wieder könnten wir das Quadrat im Maßstab 1 : 2 verkleinern. Aber auch bei diesem noch kleineren Quadrat müssten Seite und Diagonale jeweils gerade Zahlen von Längeneinheiten lang sein.

Und diese Längenhalbierungen ließen sich endlos fortsetzen. Bei jedem noch so kleinen Quadrat wären Seite und Diagonale jeweils gerade Zahlen von Längeneinheiten lang, und das Quadrat ließe sich weiter halbieren.

Was endgültig absurd ist, weil Seite und Diagonale des Quadrats ganzzahlige Vielfache der Längeneinheit sind und nicht beliebig klein werden dürfen.

Darum, so Aristoteles, gibt es überhaupt keine Zahlen x und y, für die $y^2 = 2 \cdot x^2$ zutrifft. (Heute würde man vielleicht dagegen protestieren, weil bei $x = 0$ und bei $y = 0$ die Formel stimmt. Aber die alten Griechen rechneten,

Anmerkungen

klug wie sie waren, Null nicht zu den Zahlen, sondern kannten nur die positiven ganzen Zahlen 1, 2, 3, 4, 5, ….) Und darum ist das Verhältnis der Diagonalenlänge zur Seitenlänge eines Quadrats mit Sicherheit keine Bruchzahl.

Von Mathematik Faszinierte geben sich nie mit bislang erhaltenen Resultaten zufrieden. Immer fragen sie weiter, versuchen noch umfassendere Erkenntnisse zu gewinnen.

So auch hier. Wenn schon keine Zahlen x und y aufzufinden sind, für die $y^2 = 2 \cdot x^2$ zutrifft, so gibt es vielleicht Zahlen x und y, die in die Formel $y^2 = 2 \cdot x^2 + 1$ eingesetzt werden können. Mit dem kleinen Zusatz „+ 1" ändert sich scheinbar nur unerheblich wenig, aber die von Aristoteles geführte Argumentation bricht völlig in sich zusammen. Und wirklich zeigt sich, das zuvor genannte Beispiel $x = 12$ und $y = 17$ belegt es, dass es bei dieser nur winzigen Änderung tatsächlich Lösungen der neuen Gleichung gibt. Wie man beweisen kann: sogar unendlich viele.

Es war Pierre de Fermat, jener französische Privatgelehrte, den wir als Miterfinder des „Kalküls" bereits kennenlernten, der dies in einer seiner Aufzeichnungen wie beiläufig anmerkte. Er behauptete auch, dass der Faktor 2 vor dem x^2 in der Formel $y^2 = 2 \cdot x^2 + 1$ durch irgendeine andere Zahl ersetzt werden darf, solange diese nur keine Quadratzahl ist. So gibt es unendlich viele Zahlen x und y, für die $y^2 = 3 \cdot x^2 + 1$ zutrifft, unendlich viele Zahlen x und y, für die $y^2 = 5 \cdot x^2 + 1$ zutrifft, und so weiter. Zuweilen muss man sehr lange suchen, bis man sie findet. Zum Beispiel sind bei $y^2 = 991 \cdot x^2 + 1$ die kleinsten Zahlen x und y, welche dieser Gleichung gehorchen, die Zahlengiganten

$$x = 12\ 055\ 735\ 790\ 331\ 359\ 447\ 442\ 538\ 767$$

und

$$y = 379\ 516\ 400\ 906\ 811\ 930\ 638\ 014\ 896\ 080.$$

Woher Fermat seine Überzeugung nahm, wissen wir nicht. Erst ungefähr hundert Jahre später hat der überaus emsige Schweizer Mathematiker Leonhard Euler bewiesen, dass er damit recht hatte.

Doch Archimedes wusste bereits Jahrhunderte zuvor, woran Pierre de Fer-

Anmerkungen

mat glaubte und was Leonhard Euler bewies. Denn der zweite Teil des Rätsels über die Rinder des Sonnengottes mündet darin, zwei Zahlen x und y zu finden, die der Gleichung

$$y^2 = 410\,286\,423\,278\,424 \cdot x^2 + 1$$

gehorchen. Wie man sieht, handelt es sich um den gleichen Typ von Gleichung wie $y^2 = 2 \cdot x^2 + 1$, $y^2 = 3 \cdot x^2 + 1$, $y^2 = 5 \cdot x^2 + 1$ oder $y^2 = 991 \cdot x^2 + 1$. Nur hier eben mit einem riesigen Faktor vor dem x^2.

9 Für Kenner: Der Wert 70 rührt daher, weil 70 Hundertstel, also 0,7, ziemlich genau dem natürlichen Logarithmus von 2 entsprechen.

10 Aber das ist erst der Anfang dessen, was die Mathematik an großen Zahlen zu liefern imstande ist.
Ein Beispiel einer wirklich sagenhaft großen Zahl, gegen die sogar 3↑↑↑3 verblasst, finden wir aufgrund einer Erkenntnis, die dem britischen Mathematiker Reuben Louis Goodstein im Jahre 1944 gelang. Um sie nachvollziehen zu können, müssen wir allerdings ein wenig ausholen:
Zuerst erklären wir, was die Darstellung „zu einer Basis" bedeutet. Eine „Basis" ist dabei eine von 1 verschiedene Zahl. Betrachten wir zum Beispiel die kleinstmögliche Basis 2 und die Zahl 42. Wir dividieren die vorgelegte Zahl durch die Basis, in unserem Beispiel 42 : 2, erhalten 21 als Quotienten und 0 als Rest und schreiben folglich

$$42 = 21 \times 2 + 0.$$

Jetzt dividieren wir den Quotienten durch die Basis, in unserem Beispiel 21 : 2, und bekommen 10 als Quotienten und 1 als Rest, also

$$21 = 10 \times 2 + 1.$$

Das Spiel setzen wir mit dem nächsten Quotienten so lange fort, bis es beim Quotienten Null endet. Der Reihe nach bekommt man so aus den Divisionen die Resultate

Anmerkungen

$$42 = 21 \times 2 + 0$$
$$21 = 10 \times 2 + 1$$
$$10 = 5 \times 2 + 0$$
$$5 = 2 \times 2 + 1$$
$$2 = 1 \times 2 + 0$$
$$1 = 0 \times 2 + 1.$$

Jetzt setzt man diese Resultate ineinander ein:

$$42 = 21 \times 2 + 0$$
$$= (10 \times 2 + 1) \times 2 + 0 = 10 \times 2^2 + 1 \times 2 + 0$$
$$= (5 \times 2 + 0) \times 2^2 + 1 \times 2 + 0 = 5 \times 2^3 + 0 \times 2^2 + 1 \times 2 + 0$$
$$= (2 \times 2 + 1) \times 2^3 + 0 \times 2^2 + 1 \times 2 + 0 = 2 \times 2^4 + 1 \times 2^3 + 0 \times 2^2 + 1 \times 2 + 0$$
$$= (1 \times 2 + 0) \times 2^4 + 1 \times 2^3 + 0 \times 2^2 + 1 \times 2 + 0 =$$
$$1 \times 2^5 + 0 \times 2^4 + 1 \times 2^3 + 0 \times 2^2 + 1 \times 2 + 0.$$

Mit dem Ergebnis

$$42 = 1 \times 2^5 + 0 \times 2^4 + 1 \times 2^3 + 0 \times 2^2 + 1 \times 2 + 0$$

ist die Zahl 42 zur Basis 2 dargestellt. Wir nennen die vor den Potenzen von 2 auftretenden Faktoren 1, 0, 1, 0, 1 und auch die zum Schluss aufgeschriebene 0 (es ist der Faktor der Potenz 2^0, die mit 1 übereinstimmt, weil man jede Zahl zur nullten Potenz gleich 1 setzt) die „Ziffern" der Zahl 42 zur Basis 2. Die oben angeschriebene Darstellung von 42 zur Basis 2 wird gerne mit der Bezeichnung $(1\,0\,1\,0\,1\,0)_2$ abgekürzt, ausführlich:

$$42 = 1 \times 2^5 + 0 \times 2^4 + 1 \times 2^3 + 0 \times 2^2 + 1 \times 2 + 0 = (1\,0\,1\,0\,1\,0)_2.$$

Man kann 42 natürlich auch zur Basis 5 darstellen. In diesem Fall lauten die Divisionen

$$42 = 8 \times 5 + 2$$
$$8 = 1 \times 5 + 3$$
$$1 = 0 \times 5 + 1.$$

Anmerkungen

Jetzt setzt man die einzelnen dieser Resultate ineinander ein:

$$42 = 8 \times 5 + 2$$
$$= (1 \times 5 + 3) \times 5 + 2 = 1 \times 5^2 + 3 \times 5 + 2,$$

mit dem Ergebnis

$$42 = 1 \times 5^2 + 3 \times 5 + 2 = (1\ 3\ 2)_5.$$

Noch einfacher ist es, 42 zur Basis 7 darzustellen. Da gibt es nur zwei Divisionen

$$42 = 6 \times 7 + 0$$
$$6 = 0 \times 7 + 6,$$

woraus sich unmittelbar die Darstellung

$$42 = 6 \times 7 + 0 = (6\ 0)_7$$

ergibt. Genauso leicht ist die Darstellung von 42 zur Basis 10. Auch hier gibt es nur zwei Divisionen

$$42 = 4 \times 10 + 2$$
$$4 = 0 \times 10 + 4,$$

woraus die Darstellung

$$42 = 4 \times 10 + 2 = (4\ 2)_{10}$$

folgt. Die Darstellung einer Zahl zur Basis 10 ist uns seit Adam Ries wohlbekannt: Es ist die übliche Schreibweise von Zahlen im Dezimalsystem.

Im Folgenden sind aber die verschiedenen Basen wichtig. Denn nur so verstehen wir, was Goodstein das „Aufblähen" einer Zahl nennt: Beim „Aufblähen der Zahl 42 von der Basis 5 zur Basis 6" ersetzt man in der Darstellung

$$42 = 1 \times 5^2 + 3 \times 5 + 2$$

alle vorkommenden Zahlen 5 durch 5 + 1 = 6 und berechnet die dabei entstehende Zahl:

$$1 \times 6^2 + 3 \times 6 + 2 = 36 + 18 + 2 = 56.$$

Anmerkungen

Beim Aufblähen von der Basis 5 zur Basis 6 ist also aus 42 die größere Zahl 56 entstanden. Ebenso können wir 42 von der Basis 7 zur Basis 8 aufblähen: Ausgehend von 42 = 6 × 7 + 0 bildet man, weil 7 durch 7 + 1 = 8 ersetzt wird, 6 × 8 + 0 = 48. Hier ist aus 42 die Zahl 48 entstanden. Und beim Aufblähen der Zahl 42 von der Basis 10 zur Basis 11 ersetzt man 10 durch 10 + 1 = 11 und bildet 4 × 11 + 2. Es ergibt sich die aufgeblähte Zahl 46. Bevor wir die Zahl 42 von der Basis 2 zur Basis 3 aufblähen, müssen wir aber noch eine weitere Forderung berücksichtigen, die Goodstein beim Aufblähen erhob: 42 lautet zur Basis 2 bekanntlich

$$42 = 1 \times 2^5 + 0 \times 2^4 + 1 \times 2^3 + 0 \times 2^2 + 1 \times 2 + 0.$$

Hier kommen Hochzahlen vor, die man ebenfalls zur Basis 2 darstellen kann, nämlich

$$5 = 1 \times 2^2 + 0 \times 2 + 1, \quad 4 = 1 \times 2^2 + 0 \times 2 + 0,$$
$$3 = 1 \times 2 + 1 \quad \text{und} \quad 2 = 1 \times 2 + 0.$$

Diese Darstellungen der Hochzahlen fügt man in die obige Formel ein, so dass eine Darstellung von 42 entsteht, in der nirgendwo, auch nicht in den Hochzahlen, Zahlen vorkommen, die größer als 2 sind:

$$42 = 1 \times 2^{1 \times 2^2 + 0 \times 2 + 1} + 0 \times 2^{1 \times 2^3 + 0 \times 2 + 0} + 1 \times 2^{1 \times 2 + 1} + 0 \times 2^{1 \times 2 + 0} + 1 \times 2 + 0.$$

Der Einfachheit halber können wir in dieser Darstellung von 42, für die wir $_2(42)$ schreiben, alle Summanden, bei denen der Faktor 0 auftaucht, weglassen. Also bleibt:

$$_2(42) = 1 \times 2^{1 \times 2^2 + 1} + 1 \times 2^{1 \times 2 + 1} + 1 \times 2.$$

Jetzt bläht Goodstein die Zahl 42 von der Basis 2 zur Basis 3 auf, indem er überall, wo die Zahl 2 auftaucht, diese durch 2 + 1 = 3 ersetzt. Er bekommt somit

$$1 \times 3^{1 \times 3^3 + 1} + 1 \times 3^{1 \times 3 + 1} + 1 \times 3 = 3^{3^3 + 1} + 3^{3 + 1} + 3 = 3^{28} + 3^4 + 3 = 22\,876\,792\,455\,045.$$

Ein solches Aufblähen hat es also in sich.

An dieser Stelle ist es von Nutzen, für das Aufblähen eine Bezeichnung einzuführen: Wir schreiben $_b(a)$, wenn wir die Zahl *a* zur Basis *b* darstellen, darin eingeschlossen auch alle vorkommenden Hochzahlen und wenn nö-

227

Anmerkungen

tig auch die Hochzahlen dieser Hochzahlen, so dass nirgendwo in dieser Darstellung eine größere Zahl als b aufscheint. Ersetzt man nun alle in dieser Darstellung vorkommenden Zahlen b durch die um 1 größere Zahl $b + 1$, ist die Zahl a von der Basis b zur Basis $b + 1$ aufgebläht worden. Das Ergebnis, das Goodstein mit diesem Aufblähen erhält, nennen wir $_{b+1}\Omega_b(a)$. Es sind $_6\Omega_5(42) = 56$, $_8\Omega_7(42) = 48$, $_{11}\Omega_{10}(42) = 46$ und $_3\Omega_2(42) = 22\,876\,792\,455\,045$.

Wie sich zeigt, wirkt sich das Aufblähen einer Zahl nur dann aus, wenn die Basis b höchstens so groß wie die Zahl a ist, die aufgebläht werden soll. So ist zum Beispiel 42 zur Basis 43 dargestellt nichts anderes als 42 selbst, und ein Ersetzen von 43 durch 44 ändert daran gar nichts. Also ist $_{44}\Omega_{43}(42) = 42$. Natürlich ist auch $_{100}\Omega_{99}(42) = 42$, allgemein gilt für jede Basis b, die größer als 42 ist, $_{b+1}\Omega_b(42) = 42$.

Wenn jedoch die Basis b viel kleiner als die Zahl a ist, explodiert $_{b+1}\Omega_b(a)$ regelrecht.

Nun kommen wir zum Clou dessen, weshalb Goodstein diesen Begriff des Aufblähens einer Zahl erfand. Goodstein geht von irgendeiner Zahl a_1 aus. Zuerst stellt er a_1 zur Basis 2 dar, bildet also $_2(a_1)$ und bläht die Zahl von der Basis 2 zur Basis 3 auf, das heißt, er berechnet $_3\Omega_2(a_1)$. Von der so erhaltenen Zahl zieht er 1 ab, und nennt das Ergebnis a_2. Es ist also $a_2 = {_3\Omega_2}(a_1) - 1$. Diese Zahl a_2 stellt Goodstein zur Basis 3 dar und bläht die Zahl von der Basis 3 zur Basis 4 auf, er berechnet also $_4\Omega_3(a_2)$. Die nächste Zahl a_3 seiner Folge bekommt er, wenn er von diesem Ergebnis 1 abzieht, das heißt: $a_3 = {_4\Omega_3}(a_2) - 1$. Jetzt stellt Goodstein a_3 zur Basis 4 dar, bläht sie von der Basis 4 zur Basis 5 auf, bildet also $_5\Omega_4(a_3)$, und zieht, um die Zahl a_4 zu erhalten, davon wieder 1 ab: $a_4 = {_5\Omega_4}(a_3) - 1$. In dieser Weise fährt er immer weiter fort. Die Folgeglieder seiner Folge sind somit:

a_1, $a_2 = {_3\Omega_2}(a_1) - 1$, $a_3 = {_4\Omega_3}(a_2) - 1$, $a_4 = {_5\Omega_4}(a_3) - 1$, $a_5 = {_6\Omega_5}(a_4) - 1$, ...,

allgemein: $a_n = {_{n+1}\Omega_n}(a_{n-1}) - 1$.

Sehen wir uns zum Beispiel die Goodstein-Folge von $a_1 = 3$ an: Es ist $_2(3) = 1 \times 2 + 1$, also $_3\Omega_2(3) = 1 \times 3 + 1 = 4$, folglich $a_2 = {_3\Omega_2}(3) - 1 = 4 - 1 = 3$. Nun ist $_3(3) = 1 \times 3$, also $_4\Omega_3(3) = 1 \times 4 = 4$ und $a_3 = {_4\Omega_3}(3) - 1 = 4 - 1 = 3$. Als Nächstes lautet $_4(3) = 3$, hier ändert sich beim Aufblähen

228

nichts: $_5\Omega_4(3) = 3$, und daher ist $a_4 = 3 - 1 = 2$. Es bleibt auch $_6\Omega_5(2) = 2$, also ist $a_5 = 2 - 1 = 1$, und es bleibt auch $_7\Omega_6(1) = 1$, also ist $a_6 = 1 - 1 = 0$. Von da an bleibt die Goodstein-Folge konstant null.

Bei der Goodstein-Folge von $a_1 = 4$ geht es bereits heftiger zu: Es ist $_2(4) = 1 \times 2^2$, also $_3\Omega_2(4) = 1 \times 3^3 = 27$, folglich $a_2 = {_3\Omega_2}(4) - 1 = 27 - 1 = 26$. Nun ist $_3(26) = 2 \times 3^2 + 2 \times 3 + 2$, also $_4\Omega_3(26) = 2 \times 4^2 + 2 \times 4 + 2 = 42$, folglich $a_3 = {_4\Omega_3}(26) - 1 = 42 - 1 = 41$. Als Nächstes lauten die Folgeglieder $a_4 = 60$, $a_5 = 83$, $a_6 = 109$, $a_7 = 139$. Scheinbar werden die Folgeglieder immer größer. Tatsächlich muss man ziemlich lange warten, bis diese Zunahme aufhört. Dann aber bleibt die Folge für lange Zeit konstant und nimmt schließlich – weil die Basis schon größer als das entsprechende Folgeglied geworden ist, Schritt für Schritt ab. Erst nach dem Folgeglied mit der Nummer $3 \times 2^{402\,653\,211}$ (das ist eine Zahl mit mehr als 121 Millionen Stellen) wird endlich null erreicht.

Betrachtet man die Goodstein-Folge von einer Zahl a_1 und wird bei dieser Folge nach dem Folgeglied mit der Nummer n die Null erreicht, gilt also $a_n = 1$ und $a_{n+1} = 0$, dann bezeichnen wir diese Nummer n mit $n = \Theta(a_1)$. Es sind zum Beispiel $\Theta(1) = 1$, $\Theta(2) = 3$, $\Theta(3) = 5$ und $\Theta(4) = 3 \times 2^{402\,653\,211}$. Unglaublich rasant wächst die Goodstein-Folge zum Beispiel bei $a_1 = 19$. (Die Zahl 19 eignet sich gut zum Verständnis des Prozesses, weil wir hier wenigstens die nächsten paar Folgeglieder als Potenztürme aufschreiben können.) Das zweite Folgeglied a_2 errechnet sich wegen

$$a_1 = {_2}(19) = 2^{2^2} + 2 + 1$$

so:

$$_3\Omega_2(19) = 3^{3^3} + 3 + 1, \qquad a_2 = 3^{3^3} + 3.$$

Das ist bereits eine ziemlich große Zahl, nämlich $a_2 = 7\,625\,597\,484\,990$. Das dritte Folgeglied a_3 ergibt sich aus

$$_4\Omega_3\left(3^{3^3} + 3\right) = 4^{4^4} + 4, \qquad a_3 = 4^{4^4} + 3.$$

Dieses Folgeglied ist eine Zahl, die mit 13… beginnt und 155 Stellen besitzt. Das vierte Folgeglied a_4 ergibt sich aus

$$_5\Omega_4\left(4^{4^4} + 3\right) = 5^{5^5} + 3, \qquad a_4 = 5^{5^5} + 2.$$

Anmerkungen

Dieses Folgeglied ist eine Zahl, die mit 18... beginnt und 2185 Stellen besitzt. Das fünfte Folgeglied a_5 ergibt sich aus

$$_6\Omega_5\left(5^{5^5}+2\right) = 6^{6^6}+2, \quad a_5 = 6^{6^6}+1.$$

Dieses Folgeglied ist eine Zahl, die mit 26... beginnt und 36 306 Stellen besitzt. Schließlich ergibt sich das sechste Folgeglied a_6 aus der Rechnung

$$_7\Omega_6\left(6^{6^6}+1\right) = 7^{7^7}+1, \quad a_6 = 7^{7^7}.$$

Dieses Folgeglied ist ein Zahlenmonster, das mit 38... beginnt und 659 974 Stellen besitzt. Die mit $a = 19$ beginnende Goodstein-Folge scheint ins Unermessliche zu wachsen.

Doch Goodstein behauptet, dass auch diese Folge irgendwann einmal bei Null enden wird. Es ist völlig unklar, auch Goodstein hat nicht die leiseste Ahnung, wie lange man darauf warten muss. Er stellt lediglich fest, dass es irgendwann geschieht. Sicher ist eine schier riesige Anzahl von Folgegliedern zu durchlaufen, jenseits aller Vorstellungskraft, jenseits auch aller Möglichkeiten, dies abzuschätzen, aber irgendwann, bei irgendeinem riesigen $n = \Theta(19)$, wird $a_{n+1} = 0$.

Goodstein behauptet sogar, dass die von ihm konstruierte Folge der Zahlen

$$a_1, \quad a_2 = {}_3\Omega_2(a_1)-1, \quad a_3 = {}_4\Omega_3(a_2)-1, \quad a_4 = {}_5\Omega_4(a_3)-1,$$
$$a_5 = {}_6\Omega_5(a_4)-1, \ldots$$

stets bei Null enden muss, ganz egal, mit welcher Zahl a_1 man beginnt. Das ist eine verblüffende, eine geradezu ungeheuerliche Aussage. Nicht einmal für $a_1 = 19$ würde man es vermuten. Aber es stimmt, so teilt uns Goodstein mit, sogar für das Zahlenmonster $a_1 = 3\uparrow\uparrow\uparrow 3$. Und dies trotz der Tatsache, dass es uns nie gelingen wird $_2(3\uparrow\uparrow\uparrow 3)$ anzugeben, weil schon das nächste Folgeglied $a_2 = {}_3\Omega_2(3\uparrow\uparrow\uparrow 3) - 1$ in unerreichbarer Ferne liegt.

Irgendwann, so versichert Goodstein, tritt der Fall ein, dass die verwendeten Basen, die ja mit jedem Folgeglied um 1 wachsen, die ins Gigantische explodierenden Folgeglieder einholen. Um dies jedoch begründen zu können, muss Goodstein das Unendliche, dem die berstenden Folgeglieder entgegenzustreben scheinen, als mathematisch sinnvollen Begriff fassen. Wir kommen darauf im letzten Kapitel zu sprechen. Ob sein mathematisches Modell des Unendlichen dem Wesen dieses Begriffs gerecht wird, ist allerdings eine offene Frage – und sie wird wahrscheinlich ewig offen bleiben.

Nimmt man das von Goodstein verwendete mathematische Modell des Unendlichen ernst, dann hat Goodstein tatsächlich recht. Es gibt nicht nur die Zahlen Θ(1), Θ(2), Θ(3) und Θ(4), es gibt auch Θ(19). Selbst Θ(3↑↑↑3) muss es geben – eine schwindelerregende Zahl.

11 Dies liegt daran, dass die Zahlen 10, 100, 1000, ... bei der Division durch 3 immer den Rest 1 übrig lassen. Dividiert man eine Zahl wie zum Beispiel 4281 durch 3, bleibt bei der Division von 4000 durch 3 der Rest $4 \times 1 = 4$, bei der Division von 200 durch 3 der Rest $2 \times 1 = 2$, bei der Division von 80 durch 3 der Rest $8 \times 1 = 8$ und bei der Division von 1 durch 3 der Rest $1 \times 1 = 1$. Darum bleibt bei der Division von 4281 durch 3 der Rest $4 + 2 + 8 + 1 = 15$, und diese Zahl ist durch 3 teilbar, lässt also als kleinstmöglichen Rest null.

12 Was Mersenne an diesen Beispielen zeigte, stimmt immer: Wenn man eine aus den Faktoren a und b zusammengesetzte Zahl $a \times b$ betrachtet, wobei sowohl a als auch b größer als 1 sind, dann ist

$$2^{a \times b} - 1 = (2^a - 1) \times (1 + 2^a + 2^{2a} + \ldots + 2^{(b-1) \times a})$$

eine zusammengesetzte Zahl.

13 Um der Wahrheit die Ehre zu geben: Fermat schrieb diese Zahlen als Potenztürme. Sie besitzen nämlich zugleich die Darstellungen

$$2^{2^0} + 1 = 2 + 1 = 3,\ 2^{2^1} + 1 = 4 + 1 = 5,\ 2^{2^2} + 1 = 16 + 1 = 17,\ 2^{2^3} + 1 = 256 + 1 = 257$$

und so weiter.

14 Im Prinzip könnte man 4 294 967 297 der Reihe nach durch die Primzahlen aus einer genügend langen und vollständigen Primzahlentabelle dividieren und untersuchen, ob die Division ohne Rest aufgeht. Aber das ist nicht nur außerordentlich zeitaufwendig, es ist auch erbärmlich primitiv.

Anmerkungen

Euler ging sicher anders vor. Vielleicht stellte er fest, dass $641 = 5^4 + 2^4$ und zugleich $641 = 5 \times 2^7 + 1$ ist. Wegen der ersten Formel teilt 641 die Zahl $(5^4 + 2^4) \times 2^{28}$ und wegen der zweiten Formel teilt 641 die Zahl $5^4 \times 2^{28} - 1$, weil man sie als Produkt schreiben kann:

$$5^4 \times 2^{28} - 1 = (5^2 \times 2^{14} + 1) \times (5^2 \times 2^{14} - 1) = (5^2 \times 2^{14} + 1) \times (5 \times 2^7 + 1) \times (5 \times 2^7 - 1)$$

Wenn somit 641 die Zahlen $(5^4 + 2^4) \times 2^{28}$ und $5^4 \times 2^{28} - 1$ teilt, dann teilt sie auch deren Differenz, die

$$(5^4 + 2^4) \times 2^{28} - (5^4 \times 2^{28} - 1) = 2^4 \times 2^{28} + 1 = 2^{32} + 1 = 4\,294\,967\,297$$

beträgt.

15 Wir jedoch wollen verstehen: Warum funktioniert das eigenartige Verfahren des Chiffrierens und Dechiffrierens? Um diese Frage beantworten zu können, müssen wir weit ausholen und blicken auf Pierre de Fermat, jenen unerhört geistreichen Rechtsgelehrten aus der Zeit des Barock, der seine Freizeit am liebsten mit dem Studium der Zahlen zubrachte.

Man muss sich Fermat als vom Rechnen besessen vorstellen. Manisch suchte er den Zahlen Geheimnisse zu entlocken. So fiel ihm zum Beispiel auf, dass die fünften Potenzen aller Ziffern durchwegs mit eben dieser Ziffer an der Einerstelle enden: $0^5 = 0$ endet mit 0, $1^5 = 1$ endet mit 1, $2^5 = 32$ endet mit 2, $3^5 = 243$ endet mit 3, $4^5 = 1024$ endet mit 4, $5^5 = 3125$ endet mit 5, $6^5 = 7776$ endet mit 6, $7^5 = 16\,807$ endet mit 7, $8^5 = 32\,768$ endet mit 8 und $9^5 = 59\,049$ endet mit 9. Und wie sieht das bei den dritten Potenzen aus? Da stimmt es nicht. Es ist zum Beispiel $2^3 = 8$: diese Zahl endet nicht mit 2. Aber Fermat stellt fest, dass $2^3 - 2$, also $8 - 2 = 6$ durch die Hochzahl 3 teilbar ist. Das nämlich war es eigentlich, was er oben festgestellt hat: dass die fünfte Potenz jeder Ziffer minus eben dieser Ziffer durch fünf teilbar ist. Und er rechnet weiter: Es ist $3^3 - 3$, also $27 - 3 = 24$, und diese Zahl ist tatsächlich durch 3 teilbar. Genauso bestätigt er dass $4^3 - 4$, also $64 - 4 = 60$ durch 3 teilbar ist, dass $5^3 - 5$, also $125 - 5 = 120$ durch 3 teilbar ist, dass $6^3 - 6$, also $216 - 6 = 210$ durch 3 teilbar ist, dass $7^3 - 7$, also $343 - 7 = 336$ durch 3 teilbar ist, dass $8^3 - 8$, also $512 - 8 = 504$ durch 3 teilbar ist, ferner dass $9^3 - 9$, also $729 - 9 = 720$ durch 3 teilbar ist, dass sogar $10^3 - 10$, also $1000 - 10 = 990$ durch 3 teilbar ist und dass $11^3 - 11$, also $1331 - 11 = 1320$ durch 3 teilbar ist.

Das kann doch kein Zufall sein! Oder vielleicht doch? Was ist, wenn man die vierten Potenzen von Zahlen betrachtet? Zum Beispiel ist $3^4 = 81$ Aber $3^4 - 3$, also $81 - 3 = 78$ ist nicht durch 4 teilbar. Wie aber sieht es mit den siebenten Potenzen aus? Bei $2^7 = 128$ tritt das Phänomen wieder zutage: $2^7 - 2$, also $128 - 2 = 126$ ist durch 7 teilbar. Und bei $3^7 = 2187$ stimmt es auch: $3^7 - 3$, also $2187 - 3 = 2184$ ist durch 7 teilbar.

Bei der Hochzahl 4 stellt Fermat das Phänomen nicht fest, wohl aber bei den Hochzahlen 5, 3 oder 7. Die Zahlen 3, 5, 7, so überlegt Fermat, sind Primzahlen, 4 hingegen nicht. Vielleicht liegt es daran?

Nun lässt ihn dieser Gedanke nicht mehr los: Wenn p eine Primzahl bezeichnet, so scheint *für jede Zahl a die Differenz $a^p - a$ durch diese Primzahl p teilbar* zu sein. Eine raffinierte Überlegung, die sein Zeitgenosse und Brieffreund Blaise Pascal entwickelt hatte, bestärkte ihn bei seiner Vermutung:

Was geschieht, so fragt Fermat, wenn man nicht die p-te Potenz von a, also die Zahl a^p, sondern die p-te Potenz der nächsten Zahl, also $(a+1)^p$ berechnet? Ausführlich angeschrieben sieht das so aus:

$$(a+1)^p = (a+1)(a+1)(a+1)\ldots(a+1),$$

mit anderen Worten: p-mal wird $(a+1)$ mit sich selbst multipliziert. Das auszurechnen scheint unerhört mühsam – besonders dann, wenn p eine große Primzahl ist. Aber einiges lässt sich doch bei dieser Rechnung feststellen.

Sehen wir uns zum Beispiel diese Rechnung für die Primzahl $p = 5$ an: Das Ergebnis lautet

$$(a+1)^5 = (a+1)(a+1)(a+1)(a+1)(a+1) = a^5 + 1 + 5a^4 + 10a^3 + 10a^2 + 5a.$$

Wieso kommt man dazu? Der erste Summand a^5 ist klar: Alle fünf ersten Summanden a in den Klammern wurden miteinander multipliziert. Auch der zweite Summand 1 ist klar: Alle fünf zweiten Summanden 1 in den Klammern wurden miteinander multipliziert. Der dritte Summand $5a^4$ kommt so zustande: Man nimmt von den Klammern vier erste Summan-

Anmerkungen

den a und einen zweiten Summanden 1 und multipliziert diese. Und es gibt genau 5 Möglichkeiten für diese Auswahl, daher der Faktor 5 vor der Potenz a^4. Genauso kann man erklären, wie der letzte Summand $5a$ entsteht. Der vierte Summand $10a^3$ kommt so zustande: Man nimmt von den Klammern drei erste Summanden a und zwei zweite Summanden 1 und multipliziert diese. Wie viele Möglichkeiten gibt es für diese Auswahl? Für den einen zweiten Summanden 1 offenbar fünf und für den anderen zweiten Summanden 1 nur mehr vier, denn eine der Zahlen 1 ist ja schon für den ersten Summanden 1 gewählt worden. Das deutet auf 5 × 4 = 20 mögliche Wahlen hin. Allerdings ist zu bedenken, dass jeweils zwei dieser Wahlen zum gleichen Ergebnis führen, weil von den beiden gewählten Zahlen 1 unerheblich ist, welche von ihnen der „erste" und welche der „zweite" der gewählten Summanden ist. Die Anzahl der möglichen Vertauschungen von zwei gewählten Zahlen beträgt 1 × 2 = 2. Durch diese Zahl 2 muss man 20 dividieren, wodurch der Faktor 10 vor der Potenz a^3 entsteht. Schließlich kommt der dritte Summand $10a^2$ so zustande: Man nimmt von den Klammern zwei erste Summanden a und drei zweite Summanden 1 und multipliziert diese. Wie viele Möglichkeiten gibt es für diese Auswahl? Für den einen zweiten Summanden 1 offenbar fünf, für den nächsten zweiten Summanden 1 nur mehr vier und für den letzten zweiten Summanden 1 nur mehr drei. Das deutet auf 5 × 4 × 3 = 60 mögliche Wahlen hin. Allerdings ist zu bedenken, dass jeweils sechs dieser Wahlen zum gleichen Ergebnis führen, weil von den drei gewählten Zahlen 1 unerheblich ist, welche von ihnen der „erste", welche der „zweite" und welche der „dritte" der gewählten Summanden 1 ist. Die Anzahl der möglichen Vertauschungen von drei gewählten Zahlen beträgt 1 × 2 × 3 = 6. Durch diese Zahl 6 muss man 60 dividieren, wodurch der Faktor 10 vor der Potenz a^2 entsteht. Überdies ist bemerkenswert, dass alle Faktoren 5, 10, 10 und 5 durch 5 teilbar sind. Dies liegt daran, dass 5 eine Primzahl ist.

Nun beschreiben wir allgemein, wie man

$$(a+1)^p = (a+1)(a+1)(a+1)\ldots(a+1),$$

berechnet:

Zum einen wird man alle ersten Summanden a mit sich multiplizieren müssen. Das ergibt a^p. Zum anderen wird man alle letzten Summanden 1 mit sich multiplizieren müssen. Das ergibt $1^p = 1$. Also ist

$$(a + 1)^p = (a + 1)\,(a + 1)\,(a + 1)\ldots (a + 1) = a^p + 1 + \ldots\,.$$

Was hier schamhaft mit den drei Punkten … symbolisiert wird, ist alles Übrige, was beim Ausmultiplizieren dazukommt. Das werden die Potenzen a^{p-1}, a^{p-2}, a^{p-3}, und so weiter sein – nur stellt sich hier die Frage: Wie oft kommen sie vor? Zum Beispiel kommt die Potenz a^{p-1} dadurch zustande, dass man $p-1$ der ersten Summanden a mit genau einem der zweiten Summanden 1 multipliziert. Dafür gibt es beim Ausmultiplizieren insgesamt p Möglichkeiten. Also kommt die Potenz a^{p-1} in den drei Punkten als pa^{p-1} vor. Oder es kommt die Potenz a^{p-2} dadurch zustande, dass man $p-2$ der ersten Summanden a mit genau zwei der zweiten Summanden 1 multipliziert. Wie oft erfolgt das beim Ausmultiplizieren? Für den einen der beiden zweiten Summanden 1 bestehen p Auswahlen, für den andern nur mehr $p-1$ Auswahlen: das läuft auf $p \times (p-1)$ hinaus. Allerdings muss man diese Zahl noch durch 1×2 dividieren, denn welche der beiden Summanden 1 als Erster und welcher als Zweiter gewählt wurde, ist unerheblich.

Also kommt die Potenz a^{p-2} in den drei Punkten als

$$\frac{p \times (p-1)}{1 \times 2} a^{p-2}$$

vor. Allgemein überlegt man sich, dass die Potenz a^{p-n} dadurch zustande kommt, dass man $p-n$ der ersten Summanden a mit genau n der zweiten Summanden 1 multipliziert. Wie oft erfolgt das beim Ausmultiplizieren? Für den ersten der n Summanden 1 bestehen p Auswahlen, für den zweiten nur mehr $p-1$ Auswahlen, und dies geht so weiter, bis schließlich für den n-ten Summanden 1 nur mehr $p-n+1$ Auswahlen bestehen. Das läuft auf $p \times (p-1) \times \ldots \times (p-n+1)$ Auswahlen hinaus. Allerdings muss man diese Zahl noch durch $1 \times 2 \times \ldots \times n$ dividieren, denn welche der n Summanden 1 als Erster, welcher als Zweiter, …, welcher als n-ter gewählt wurde, ist unerheblich.

Anmerkungen

Also kommt die Potenz a^{p-n} in den drei Punkten als

$$\frac{p \times (p-1) \times \ldots \times (p-n+1)}{1 \times 2 \times \ldots \times n} a^{p-n}$$

vor.

Die Faktoren vor den Potenzen von a sehen nur scheinbar wie Brüche aus; in Wirklichkeit sind sie ganze Zahlen. Mit anderen Worten: die Nenner der angeschriebenen Brüche sind mit Sicherheit Teiler der Zähler. Die zu Beginn angeschriebene Primzahl p können sie aber *nicht* teilen. Das ist im Wesen der Primzahl begründet. Deshalb sind die Faktoren vor den Potenzen von a, mit a^{p-1} beginnend und mit $a = a^1$ endend, nicht nur ganze Zahlen, sie sind sogar *durch die Primzahl p teilbare* ganze Zahlen.

Zusammengefasst besagt dies: Es ist

$$(a+1)^p = a^p + 1 + \ldots,$$

wobei alle Zahlen, die in den drei Punkten … verborgen sind, durch die Primzahl p teilbar sind.

Angenommen, so argumentiert Fermat nun weiter, wir wüssten bereits, dass $a^p - a$ durch p teilbar ist. Dann ist wegen der Rechnung

$$(a+1)^p - (a+1) = a^p + 1 + \ldots - (a+1) = a^p + 1 + \ldots - a - 1 = a^p - a + \ldots$$

und wegen der Tatsache, dass alle Zahlen, die in den drei Punkten verborgen sind, durch p teilbar sind, auch die Differenz $(a+1)^p - (a+1)$ durch p teilbar.

Damit hat Fermat das gezeigt, was er beweisen wollte. Denn $1^p - 1$ ist klarerweise durch p teilbar. Die eben durchgeführte Überlegung zeigt, dass daher auch $2^p - 2$ durch p teilbar ist. Die eben durchgeführte Überlegung noch einmal angewendet beweist, dass auch $3^p - 3$ durch p teilbar ist. Die eben durchgeführte Überlegung noch einmal angewendet beweist, dass auch $4^p - 4$ durch p teilbar ist. Und so kann man von jeder Zahl a, von der man weiß, dass $a^p - a$ durch p teilbar ist, zur nächsten Zahl $a+1$ voranschreiten und auch von ihr feststellen, dass $(a+1)^p - (a+1)$ durch p teilbar ist.

Die hier bewiesene Erkenntnis wird der *Satz von Fermat* genannt. Allerdings nicht der „große Satz von Fermat", von dem Simon Singh in seinem

Anmerkungen

schönen Buch „Fermats letzter Satz" erzählt, sondern der sogenannte „kleine Satz von Fermat". Obwohl dieser Satz alles andere als „klein", vielmehr sehr bedeutend ist. Nebenbei bemerkt: Fermat hat nicht verraten, wie er zu seinem „kleinen Satz" gelangt ist. Erst ein Jahrhundert später fand Leonhard Euler heraus, warum dieser Satz stimmt.

Wenn man weiß, dass $a^p - a = a(a^{p-1} - 1)$ durch die Primzahl p teilbar ist, und wenn die Zahl a selbst durch p nicht teilbar ist, folgt, *dass a^{p-1} bei der Division durch p den Rest 1 besitzen muss*. Denn wenn a nicht durch p teilbar ist, muss $a^{p-1} - 1$ durch p teilbar sein. Auch diese Aussage wird zuweilen der „kleine Satz von Fermat" genannt.

Zum Beispiel muss die 12. Potenz jeder nicht durch 13 teilbaren Zahl nach Division durch 13 den Rest 1 lassen. Oder die 16. Potenz jeder nicht durch 17 teilbaren Zahl muss nach Division durch 17 den Rest 1 lassen.

Jetzt sind wir plötzlich bei der Chiffriermethode des George Smiley angelangt: Denn der kleine Satz von Fermat besagt, dass für jede nicht durch 13 teilbare Zahl a, insbesondere für $a = 7$, die Potenz a^{12} nach Division durch 13 den Rest 1 lässt. Der kleine Satz von Fermat besagt auch, dass – falls a nicht durch 17 teilbar ist – die 16. Potenz von a^{12}, also die Zahl $(a^{12})^{16} = a^{12 \times 16} = a^{192}$ nach Division durch 17 den Rest 1 lässt. Und nach Division durch 13 lässt sie auch den Rest 1. Also lässt die Potenz a^{192} nach Division durch den Modul $13 \times 17 = 221$ mit Sicherheit den Rest 1. Als Formel geschrieben: $a^{192} \equiv 1$.

Die Zahl 192, die wir aus der Rechnung $(13 - 1) \times (17 - 1) = 12 \times 16$ erhalten, ist genauso geheim wie der von Toby Esterhase aus dem Tresor entnommene Geheimkoeffizient 35. Wir nennen 192 den „Geheimmodul".

Die Eierköpfe des Circus ermittelten mit dem Geheimmodul 192 für den Exponenten 11 den Geheimexponenten 35. Diese Zahl 35 ist nämlich deshalb der Geheimexponent, weil für sie $35 \times 11 = 1 + 2 \times 192$ gilt. 184 hatte Smiley über den Eisernen Vorhang hinweg zum Circus gefunkt. Dies war der Rest, der bei $a = 7$ nach Division von a^{11} durch 221 verblieb. Allgemein nennen wir den Rest, der nach Division von a^{11} durch 221 verbleibt, die codierte oder verschlüsselte Zahl c. In unserem Beispiel ist $c = 184$. Und Toby Esterhase berechnet den Rest von c^{35} nach Division durch 221, also

Anmerkungen

den Rest von $(a^{11})^{35}$ nach Division durch 221. Damit entschlüsselt er nämlich die codierte Botschaft *c* zur ursprünglichen Nachricht *a* zurück. Warum?

Weil in $(a^{11})^{35}$ die Zahl *a* insgesamt 35 × 11-mal mit sich multipliziert wird. Was wegen 35 × 11 = 1 + 2 × 192 bedeutet, dass die Zahl *a* insgesamt 2 × 192-mal und dann noch einmal mit sich multipliziert wird. Wenn man 192-mal *a* mit sich multipliziert, bleibt nach Division durch 221 der Rest 1. Wenn man das Gleiche 2 × 192-mal durchführt, bleibt auch der Rest 1, denn 1 × 1 = 1. Und wenn man diesen Rest 1 noch einmal mit *a* multipliziert, bleibt schlussendlich der Rest *a* × 1. Mit anderen Worten: Der Rest von c^{35} nach Division durch den Modul 221 lautet *a* × 1, also *a*. Deshalb hat Toby Esterhase nach der Berechnung des Restes von 184^{35} den Wunsch George Smileys nach dem Agenten mit der Nummer 7 erkannt.

16 Tatsächlich hatte bereits drei Jahre zuvor der britische Mathematiker Clifford Christopher Cocks genau die gleiche Idee. Diese war aber in den USA völlig unbekannt, weil der britische Geheimdienst sie nicht nur vor der Sowjetunion, sondern auch vor den Vereinigten Staaten geheim hielt.

17 Dass man dies weiß, liegt am sogenannten Primzahlsatz, den bereits Gauß vermutet hatte: Die Anzahl der Primzahlen bis zu einer großen Zahl *x* beträgt ungefähr diese große Zahl *x*, dividiert durch ihren natürlichen Logarithmus. Dieser natürliche Logarithmus ist grob die Anzahl der Stellen von *x* multipliziert mit 2,3.

18 Es war entscheidend, dass Smiley den Zettel, den er aus seinem Schuh geholt hatte, nach dem Funken der verschlüsselten Nachricht verbrannte. Angenommen, er beginge die Todsünde, eine zweite Nachricht, zum Beispiel 0 0 3 0 0 3 0 0 3, mit der gleichen Folge wie zuvor zu verschlüsseln und zu senden. Verschlüsselt würde diese Nachricht, indem er die beiden Zeilen

14 15 9 2 6 5 3 5 8 9 7 9 3 2 3 8 4 6 2 6 4 3 3 8 3 2 7 9 5 0 2 8 8 …
0 0 3 0 0 3 0 0 3

zur folgenden Zeile addiert:

144595656589793238462643383279502 88...

und auf die Länge der Nachricht, also auf

144595656

zusammenstutzt. Smiley muss damit rechnen, dass Karla die beiden von ihm verschlüsselten Botschaften abfängt und Karlas Leute sie untereinanderschreiben:

148599650
144595656

Wenn sie die untere von der oberen modulo zehn *subtrahieren*, bekommen sie

004004004

also ein offensichtliches Muster. Muster sind der Angriffspunkt für erfolgreiche Attacken auf eine verschlüsselte Botschaft. Bei einer mehrfachen Verwendung des Zettels wäre daher die Verschlüsselung nicht mehr sicher. Deshalb darf er nur einmal verwendet werden, daher auch der Name „one time" in OTP.

19 Gebilde, bei denen Ziffern endlos auftauchen, kennen schon Grundschulkinder, wenn sie dividieren lernen. Nur selten gehen Divisionen so schön wie bei 42 : 6 = 7 auf, meist bleibt bei ihnen ein Rest. Dividiert man zum Beispiel 42 durch 15, erhält man den Quotienten 2, denn zweimal ist 15 in 42 enthalten, aber es bleibt der Rest 12. Denn zweimal 15 ergibt nicht 42, sondern nur 30, und der Unterschied von 30 zu 42 beträgt eben dieser Rest. Man schreibt dafür

$$42 : 15 = 2 + 12 : 15.$$

Allein, die Division des Restes 12 durch 15 ist undurchführbar, weil 15 gar nicht in 12 enthalten ist. Adam Ries, der uns das Stellenwertsystem gelehrt hat, führte mit Hilfe der Zahl Null die Division dennoch weiter: Er fügte an den Rest 12 eine Null hinzu, multiplizierte also 12 mit 10, und konnte

Anmerkungen

die sich so ergebende Division 120:15 restlos zu Ende bringen. In zwei Zeilen zusammengefasst:

$$42 : 15 = 2 + 12 : 15$$
$$120 : 15 = 8.$$

Das Ergebnis notiert er als Dezimalzahl 2,8. Grundschulkinder lernen die beiden Zeilen so zu schreiben: Zuerst die Division 42 durch 15 als

$$42 : 15 = 2$$
$$12$$

sie notieren also den Rest 12 säuberlich unter den Dividenden 42. Dann hängen sie an diesen Rest 0 an, malen nach dem bisher erhaltenen Quotienten 2 ein Komma

$$42 : 15 = 2,$$
$$120$$

und dividieren im nächsten Schritt 120 durch 15 mit dem Ergebnis 8, nach dem Komma notiert, und dem Rest 0, unter 120 angeschrieben:

$$42 : 15 = 2,8$$
$$120$$
$$0$$

Bei der Division von 42 durch 13 sieht der Anfang ganz ähnlich aus:

$$42 : 13 = 3,2$$
$$30$$
$$4$$

aber es ist noch immer ein Rest übrig geblieben. In diesem Fall schreibt uns Adam Ries vor, wieder Null an den Rest anzuhängen und weiterzumachen:

$$42 : 13 = 3,23$$
$$30$$
$$40$$
$$1$$

Anmerkungen

Wieder bleibt ein Rest. Also gilt es, mit der Prozedur immerzu fortzufahren:

42 : 13 = 3,230769
30
40
10
100
90
120
3

Ein Ende des Verfahrens ist nicht absehbar. Allerdings taucht der erste Rest 3 wieder auf, also wiederholt sich die bisher angeschriebene Prozedur endlos. Als Ergebnis bekommt man eine „unendliche Dezimalzahl"

42 : 13 = 3,230769230769230769230769230769230769230769230769...,

bei der die Ziffernfolge 230769 die sogenannte Periode ist.

Es ist klar, dass es bei Divisionen immer zu periodischen unendlichen Dezimalzahlen kommt, wenn die Division nicht vorher abbricht. Denn irgendwann muss ein Rest, der schon vorher einmal erschienen ist, wieder auftauchen; es gibt ja nur endlich viele mögliche Reste, nämlich so viele, wie der Divisor, also die Zahl, durch die man dividiert, groß ist.

20 Für Kenner der Materie: Die Zahl 10 müsste eine sogenannte „Primitivwurzel" des Divisors sein. Mit anderen Worten: Bezeichnet man den Divisor mit m und dividiert man der Reihe nach die Potenzen von 10 durch die Zahl m, dürfte erst bei der Division von 10^{m-1} durch die Zahl m der Rest 1 auftauchen. 10 ist zum Beispiel Primitivwurzel der Divisoren 7 oder 113, aber keine Primitivwurzel des Divisors 3 (schon 10 : 3 lässt den Rest 1) oder des Divisors 13 (es ist $13 \times 76\,923 = 999\,999$, also lässt die Division $10^6 : 13$ den Rest 1).

21 Es könnte sogar glücken, dass eine viel kleinere Zahl als Divisor diese ellenlange scheinbare Zufallsfolge hervorbringt – im besten Fall eine Zahl, die selbst „nur" um die zweihundert Stellen besitzt. Das ist natürlich er-

Anmerkungen

heblich kleiner als die Zahl, die aus 10^{200} Neunern besteht und daher 10^{200} Stellen besitzt. Allerdings müsste 10 eine Primitivwurzel dieses rund zweihundertstelligen Divisors sein.

22 Die Schlitze können mit einem darunter befindlichen langen Lineal abgedeckt werden: Schiebt man das Lineal nach oben, zeigen sich unterhalb wieder fünf Schlitze, und auch hier finden sich Ziffern eingetragen. Dabei ist es so, dass die Summe der Ziffern des jeweils oberen und unteren Schlitzes immer neun beträgt. Liest man zum Beispiel oben die Zahl 31 415 und verdeckt man diese Zahl mit dem Lineal, erscheint unten die Zahl 68 584. Wir nennen sie die „Gegenzahl" zur Zahl 31 415.

23 Auf den Walzen, welche die Ziffern tragen, die man in den Schlitzen sehen kann, hatte Pascal die zehn Ziffern zwischen Null und Neun jeweils in einer oberen Zeile und in einer unteren Zeile eingetragen: In der oberen Zeile in der Reihenfolge 0, 1, 2, 3, 4, 5, 6, 7, 8, 9 so, dass sie mit der Drehung des entsprechenden Rades im Uhrzeigersinn der Reihe nach wachsen, und in der unteren Zeile in der gegenläufigen Reihenfolge 9, 8, 7, 6, 5, 4, 3, 2, 1, 0. Diese Ziffern der unteren Zeile sieht man nur dann, wenn man das bereits erwähnte Abdecklineal nach oben schiebt. Zeigte sich oben die Zahl 31 415, erblickt man unten die Zahl 68 584, die Gegenzahl von 31 415. Der Sinn dieser Vorrichtung besteht darin, nicht nur Additionen, sondern auch Subtraktionen mit der Pascaline durchzuführen. Eigentlich sollte die Subtraktion mit einem Drehen der Räder gegen den Uhrzeigersinn möglich sein, aber ein solches Drehen würde das Hebelwerk des Übertrags zerstören. Daher hemmt Pascal mit einer eigens eingerichteten Klinke das Drehen gegen den Uhrzeigersinn. Und er führt eine Subtraktion wie zum Beispiel 61 − 45 aufgrund des folgenden raffinierten Gedankens auf eine Addition zurück:
Die Gegenzahl von 61, nämlich 99 938, errechnet sich aus 99 999 − 61. Wenn man zu ihr 45 addiert, bekommt man

$$99\,999 - 61 + 45 = 99\,999 - (61 - 45).$$

Dies ist die Gegenzahl von jener Differenz 61 − 45, die wir suchen. Tatsächlich ergibt 99 938 + 45 die Zahl 99 983, und deren Gegenzahl ist 00016, wie es sein soll. Pascal geht daher bei der Berechnung von 61 − 45 folgendermaßen vor: Er stellt auf der Pascaline die Zahl 00061 auf den *unteren* Sehschlitzen ein. Auf den oberen Sehschlitzen würde deren Gegenzahl 99 938 aufscheinen, aber diese schaut er gar nicht an, sondern führt die scheinbare Addition von 45 bei geöffneten *unteren* Sehschlitzen durch und siehe da: Als Ergebnis taucht 00016 auf.

24 Die Schaltung, welche der logischen Aussage „nicht p" entspricht, die man mit $\neg p$ abkürzt, heißt ein NOT-Gatter. Die Schaltung, welche der logischen Aussage „weder p noch q" entspricht, die man mit $p \downarrow q$ abkürzt, heißt ein NOR-Gatter; die Buchstabenkombination NOR steht für „not or".

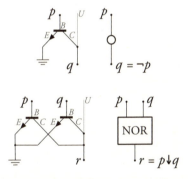

Ein NOR- und ein NOT-Gatter hintereinander geschaltet ergeben das OR-Gatter. Es entspricht der logischen Aussage „p oder q oder beide", und diese wird mit $p \vee q$ abgekürzt. Nur wenn $p = 0$ und $q = 0$ sind, ist auch $p \vee q = 0$. In allen anderen Fällen ist $p \vee q = 1$, denn in diesen ist ja mindestens eine der Aussagen p oder q wahr – genau dies entspricht dem nichtausschließenden „oder".

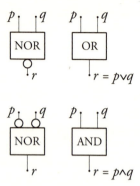

Zwei parallele NOT-Gatter und ein NOR-Gatter hintereinander geschaltet ergeben das AND-Gatter. Es entspricht der logischen Aussage „p und q" und diese wird mit $p \wedge q$ abgekürzt. Nur wenn $p = 1$ und $q = 1$ sind, ist auch $p \wedge q = 1$. In allen anderen Fällen ist $p \wedge q = 0$, denn in diesen ist ja mindestens eine der Aussagen p oder q falsch, und genau dann ist „p und q" falsch.

25 Wir denken uns drei Eingangsdrähte, mit p, q und r abgekürzt, parallel an sieben AND-Gatter angeschlossen.

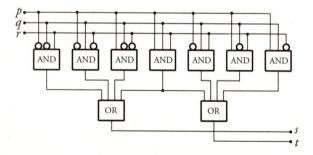

Vor den linken drei der sieben AND-Gatter werden jedoch abwechselnd vor je zwei der drei Eingänge in das jeweilige AND-Gatter NOT-Gatter gesetzt. Und vor den rechten drei der sieben AND-Gatter werden abwechselnd vor je einem der drei Eingänge in das jeweilige AND-Gatter NOT-Gatter gesetzt. Nur beim mittleren der sieben AND-Gatter laufen die Eingangsdrähte p, q, r direkt hinein. Der Ausgangsdraht des mittleren AND-Gatters verzweigt sich in zwei Drähte, die jeweils in ein OR-Gatter führen. In das linke dieser beiden OR-Gatter führen auch die Ausgangsdrähte der drei linken AND-Gatter, und in das rechte dieser beiden OR-Gatter führen auch die Ausgangsdrähte der drei rechten AND-Gatter. Den Ausgang des linken OR-Gatters symbolisieren wir mit s, und den Ausgang des rechten OR-Gatters symbolisieren wir mit t. Diese Schaltung nennt man einen *Volladdierer*. Denn welche Werte 0 oder 1 die Eingangsdrähte p, q, r auch besitzen, immer werden die Werte von s und t so sein, dass $s + 2t$, im Sinne des Binärsystems von Leibniz: $s + 10t$, mit der Summe $p + q + r$ übereinstimmt: s symbolisiert die Einerstelle dieser Summe und t steht für den Übertrag auf die Zweierstelle, die ja im Binärsystem von Leibniz die 10-er-Stelle ist.

26 Die weiteren Ausführungen Hilberts bis zu seinen programmatischen Abschlusssätzen lauten:
„In der Tat: Wir beherrschen nicht eher eine naturwissenschaftliche Theorie, als bis wir ihren mathematischen Kern herausgeschält und völlig enthüllt haben. Ohne Mathematik ist die heutige Astronomie und Physik unmöglich. Diese Wissenschaften lösen sich in ihren theoretischen Teilen geradezu in Mathematik auf. Diese wie die zahlreichen weiteren Anwendungen sind es, denen die Mathematik ihr Ansehen verdankt, soweit sie solches im weiteren Publikum genießt.
Trotzdem haben es alle Mathematiker abgelehnt, die Anwendungen als Wertmesser für die Mathematik gelten zu lassen.
Gauß spricht von dem zauberischen Reiz, den die Zahlentheorie zur Lieblingswissenschaft der ersten Mathematiker gemacht habe, ihres unerschöpflichen Reichtums nicht zu gedenken, woran sie alle anderen Teile der Mathematik so weit übertrifft.
Kronecker vergleicht die Zahlentheoretiker mit den Lotophagen, die, wenn sie einmal von dieser Kost etwas zu sich genommen haben, nie mehr davon lassen können.

Anmerkungen

Der große Mathematiker Poincaré wendet sich einmal in auffallender Schärfe gegen Tolstoi, der erklärt hatte, dass die Forderung ‚die Wissenschaft der Wissenschaft wegen' töricht sei. Die Errungenschaften der Industrie, zum Beispiel, hätten nie das Licht der Welt erblickt, wenn die Praktiker allein existiert hätten und wenn diese Errungenschaften nicht von uninteressierten Toren gefördert worden wären.
Die Ehre des menschlichen Geistes, so sagte der berühmte Königsberger Mathematiker Jacobi, ist der einzige Zweck aller Wissenschaft."

27 Ursprünglich hatte Schrödinger die Gleichung für ψ unter Berücksichtigung der Speziellen Relativitätstheorie Albert Einsteins aufgestellt. Weil ihm jedoch einige der möglichen Lösungen zu kurios schienen, formulierte er die Gleichung ohne Relativitätstheorie um. In dieser vereinfachten, unter dem Namen Schrödingergleichung bekannten Form, konnten die Quantentheoretiker sehr präzise die Eigenschaften der Atome und Moleküle beschreiben, denn in diesem Kontext spielt die Spezielle Relativitätstheorie praktisch keine Rolle. Schrödingers Kollege Paul Dirac nahm Schrödingers ursprüngliche Idee wieder auf und schrieb die Gleichung für ψ unter Einbeziehung der Speziellen Relativitätstheorie. Für jene Lösungen, die Schrödinger als zu kurios erachtete, fand Dirac physikalisch sinnvolle Deutungen. So ergab sich aus Diracs Gleichung, dass es zu jedem Elementarteilchen ein durch die entgegengesetzte Ladung gekennzeichnetes Antiteilchen geben müsse. Spätere Experimente bestätigten glanzvoll Diracs theoretische Vorhersage. Eine ψ-Gleichung unter Einbeziehung der Allgemeinen Relativitätstheorie Einsteins steht allerdings noch immer aus.

28 Einer launigen Legende zufolge soll ein Skeptiker Hilbert gegenüber geklagt haben, dass in seiner Geometrie nicht klar sei, worum es sich bei „Punkten", „Geraden" und „Ebenen" eigentlich handle. In den Axiomen würden diese Begriffe wie sinnentleerte Wörter stehen und ihrer anschaulichen Bedeutung verlustig gehen. „Ganz recht", soll Hilbert seinem Kollegen geantwortet haben, „auf das Wesen eines Begriffes kommt es in der formalen Mathematik nicht an." Man könne, so Hilbert, in seinem Axiomensystem statt „Punkte, Geraden und Ebenen" jederzeit auch „Tische, Stühle und Bierseidel" sagen.

29 Ganz so unerheblich ist die Frage nicht, ob endlich oder unendlich viele Nullen in der Dezimalentwicklung von π auftauchen. Man stelle sich die folgende Konstruktion einer Menge vor: Bei der ersten Null, die man in der Dezimalentwicklung von π findet, teilt man die Zahl 1 der Menge zu. Sobald man eine zweite Null in der Dezimalentwicklung von π findet, nimmt man zusätzlich $1/2$ in die Menge auf. Sobald man eine dritte Null in der Dezimalentwicklung von π findet, nimmt man zusätzlich $1/3$ in die Menge auf. Allgemein kommt auch die Bruchzahl $1/n$ in die Menge, wenn man bereits n Nullen in der Dezimalentwicklung von π gefunden hat. Die Frage, ob endlich oder unendlich viele Nullen in der Dezimalentwicklung von π auftauchen, ist somit zur Frage gleichwertig, ob diese Menge aus endlich oder aus unendlich vielen Elementen besteht.

Diese Frage aber rührt an die Axiome des Rechnens mit unendlichen Dezimalzahlen. Denn die genannte Menge besteht aus lauter positiven Bruchzahlen und muss daher nach einem fundamentalen Axiom ein sogenanntes Infimum besitzen. Damit ist eine unendliche Dezimalzahl x gemeint, welche die folgenden beiden Eigenschaften besitzt: Einerseits ist jeder Bruch aus der Menge mindestens so groß wie x. Andererseits gibt es zu jedem y, das größer als x ist, einen Bruch aus der Menge, der kleiner als y ist.

Wie groß aber ist dieses Infimum x?

Wenn nur endlich viele Nullen in der Dezimalentwicklung von π auftauchen, dann ist $x = 1/m$ jener positive Bruch, für den m die Anzahl der Nullen in der Dezimalentwicklung von π bezeichnet.

Wenn hingegen unendlich viele Nullen in der Dezimalentwicklung von π auftauchen, dann ist $x = 0$.

Und wenn es kein Ignorabimus geben darf, dann muss Hilbert entscheiden können, ob x positiv ist oder nicht. Somit führen selbst scheinbar unerhebliche Fragen zu diffizilen Problemen, die an den Grundfesten des Denkens rütteln.

30 Mit diesem Wort bringt Hermann Weyl in seiner Schrift „Über die neue Grundlagenkrise der Mathematik" die Auffassung Hilberts am klarsten zum Ausdruck.

Anmerkungen

31 So schreibt es Anita Ehlers in ihrem schönen Buch „Liebes Hertz! Physiker und Mathematiker in Anekdoten".

32 Henri Cartan und André Weil, zwei junge französische Mathematiker, die gemeinsam studiert hatten und zu Beginn der Dreißigerjahre an der Université Strasbourg wirkten, organisierten am 10. Dezember 1934 anlässlich ihrer regelmäßigen Teilnahmen an mathematischen Seminaren in Paris im Café Capoulade am Boulevard Saint-Michel ein Treffen mit anderen befreundeten jungen Kollegen. Die Gruppe beschloss, den veralteten Lehrbüchern der Universitäten ein modernes Werk entgegenzustellen. Es sollte sich dem Vortragsstil David Hilberts und Emmy Noethers angleichen, bei denen einige der Freunde Vorlesungen gehört hatten.
Wichtig war allen, dass dieses neu zu schaffende Lehrbuch die gesamte Mathematik von Grund auf präsentieren sollte. Mathematik war dabei in ihren Augen ein großes Spiel, eine Art überdimensionales Schach, so wie es Hilbert in seinem Programm vorschwebte.
Die jungen Mathematiker im Café Capoulade waren allesamt ausgefuchste Könner des mathematischen Spiels. Sie hatten es in ihrem Studium an der École Normale Supérieure, einer der Eliteschulen Frankreichs, ausgiebig gelernt. Einst trat Raoul Husson, ein Kommilitone, in Verkleidung eines bärtigen alten Professors im Seminarraum auf und dozierte, wobei er eine falsche Behauptung auf die andere folgen ließ. Die Aufgabe der Hörer war es, die Fehler in den Behauptungen des verkleideten Raoul Husson aufzudecken. Alle fanden diesen Auftritt sehr witzig, und am besten gefiel ihnen die letzte bizarre Behauptung des falschen Professors, die er das „Theorem von Bourbaki" nannte. Jeden seiner falschen Sätze verband Raoul Husson nämlich mit einem bedeutend klingenden Namen eines fiktiven Mathematikers; in Wahrheit waren es aber Namen von Generälen der französischen Armee. Das „Theorem von Bourbaki" benannte er zum Beispiel nach dem im deutsch-französischen Krieg von 1870 bis 1871 kämpfenden General Charles Sauter Bourbaki. In Erinnerung an ihre damaligen Studentenstreiche vereinbarten die nun jungen Professoren des Café Capoulade, sich hinter dem Pseudonym „Bourbaki" zu verbergen: Der erfundene Mathematiker Nicolas Bourbaki sollte ihr Buch als Autor zieren. Später

Anmerkungen

behaupteten sie, dass dieser Nicolas Bourbaki Mitglied der Akademie der Wissenschaften von Nancago sei. Doch den Ort Nancago gibt es genauso wenig, wie es den Mathematiker Bourbaki gibt. Es ist eine Verballhornung gebildet aus Nancy und Chicago, zwei Universitätsstädten, an denen einige Angehörige der sich hinter Bourbaki verbergenden Gruppe lehrten. Anfangs glaubte Bourbaki – wir lassen uns auf die Marotte der Gruppe ein und tun so, als ob er wirklich als Mathematiker existierte –, dass sein Lehrbuch in drei Jahren fertig geschrieben sei. Aber das Unternehmen erwies sich als weitaus aufwendiger, als es sich auf den ersten Blick ausnahm. Erst 1939 erblickten die ersten Bände seines monumentalen Werks, das den Namen „Éléments de Mathématique", also „Elemente der Mathematik" trug, das Licht der Welt. Und über Jahrzehnte hinweg wurden die Éléments de Mathématique um Folgebände erweitert. Vollendet wurde das Werk nie. Es verendete regelrecht, weil kaum mehr ein Mitglied der Gruppe den Überblick bewahren konnte. „Bourbaki ist ein Dinosaurier, dessen Kopf zu weit von seinem Schwanz entfernt ist", behauptete zynisch Pierre Cartier, der von 1955 bis 1983 dem Bourbaki-Kreis angehörte. Dass Nicolas Bourbaki am 11. November 1968 friedlich in Nancago entschlafen sei und am 23. November 1968 um 15 Uhr im „Friedhof der Zufallsvariablen" seine Beisetzung stattfinden werde, wurde in einer – niemand weiß, von wem verfassten – Parte mit hämisch gespielter Trauer verkündet.
Das Buchprojekt „Éléments de Mathématique" des Nicolas Bourbaki erinnert an das erste Mathematiklehrbuch der Geschichte, an die „Elemente" des griechischen Mathematikers Euklid. Wobei es, nebenbei bemerkt, einige Wissenschaftshistoriker gibt, die behaupten, auch Euklid habe es in Wahrheit nie gegeben. Auch hinter diesem Namen verberge sich ein Kollektiv von Gelehrten aus dem antiken Alexandria.

33 Ganz knapp nach dem Ersten Weltkrieg, noch bevor Weyl seinen engagierten und gegen die Position Hilberts gerichteten Artikel verfasst hatte, wurde eine einzigartige Gelegenheit verpasst, welche der Mathematik des 20. Jahrhunderts einen völlig anderen Verlauf verleihen hätte können. Denn trotz ihrer verschiedenen Auffassungen vom Unendlichen schätzte Hilbert seinen holländischen Kollegen Brouwer wegen anderer seiner ma-

Anmerkungen

thematischen Schriften als tiefen Denker und eminenten Forscher. Hätten sie, bevor sie sich in ihre Positionen mit unnachgiebiger Härte verbohrten, einander getroffen und aussprechen können, wäre nicht nur Weyl, sondern möglicherweise auch sein ehemaliger Lehrer Hilbert von Brouwers Gedanken überzeugt worden. Die Chance ergab sich, als Brouwer während der Sommerferien kurz nach 1918 Weyl im Engadin besuchte und ihn für seine Sicht des Unendlichen begeisterte. Nur ein paar Tage früher war auch Hilbert in die Schweiz gereist; Brouwer schrieb eine Postkarte an Hilbert, in der er zutiefst bedauerte, ihn nicht persönlich getroffen zu haben …

34 Als der Streit zwischen Brouwer und Hilbert über fachliche Probleme hinaus sogar persönlich wurde, schlugen beide voneinander unabhängig vor, dass sich Albert Einstein als Schiedsrichter einmischen solle. Dieser lehnte dies ab, die Auseinandersetzung um die Grundlagen der Mathematik war ihm lästig, und er nannte den ganzen Hader einen „Krieg zwischen Fröschen und Mäusen".

35 Es würde an dieser Stelle zu weit führen, die Methode Gödels zu erörtern. Hermann Weyl hat darüber in der Überarbeitung seines Buches „Philosophie der Mathematik und Naturwissenschaft" berichtet. Es mag der Hinweis genügen, dass der zentrale Gedanke Gödels darin besteht, die Aussagen über das formale System so zu codieren, wenn man so will: zu verschlüsseln, dass sie sich in arithmetische Aussagen verwandeln, die somit im System selbst integriert sind. Die Codierung erfolgt bemerkenswerterweise mit Hilfe der Primzahlen. Sie spielen also auch bei der von Gödel ersonnenen „Verschlüsselung", die man heute „Gödelisierung" nennt, eine herausragende Rolle.

36 Das Thema von Gödels Dissertation war die Vollständigkeit des logischen Kalküls. Die reine Logik, die noch nicht die Arithmetik der Zahlen umfasst, ist ein vollständiges und widerspruchsfreies System. Mit dieser Aussage trug Gödel zum Fortschritt von Hilberts Programm bei. Umso überraschender war daher sein Unvollständigkeitssatz.

37 Ein Beispiel dafür ist der Satz von Goodstein, den wir in Anmerkung 10 kennengelernt hatten. 1982 bewiesen die beiden britischen Mathematiker Laurence Kirby und Jeffrey Bruce Paris, dass es eine widerspruchsfreie Mathematik gibt, in der Goodsteins Satz zutrifft, dass es aber eine ebenso widerspruchsfreie Mathematik gibt, in der Goodsteins Satz falsch ist.

38 Eine ähnliche Wette schloss 1918 Hermann Weyl vor zwölf Mathematikern als Zeugen mit seinem Kollegen György Pólya ab: Weyl setzte darauf, dass innerhalb der nächsten zwanzig Jahre die überwiegende Mehrheit der Mathematiker ihre Wissenschaft in dem von Poincaré, Brouwer und ihm skizzierten Sinn betreiben und das blinde axiomatische Regelspiel als sinnlos erachten werde, so sinnlos wie – so formulierten Weyl und Pólya es in ihrer Wette – die hegelsche Naturphilosophie. Als nach den zwanzig Jahren die beiden Kontrahenten vor einer Schar anderer Mathematiker wieder zusammenkamen, um festzustellen, wer gewonnen habe, war für fast alle, auch für Hermann Weyl klar, dass Pólya siegte: Praktisch alle Mathematiker betreiben ihre Wissenschaft so, als ob sie allwissend und allmächtig über das Unendliche verfügen können, und falls dabei Widersprüche am Horizont drohen, flüchten sie in den nur scheinbar sicheren Hafen des Regelspiels mit Axiomen. John von Neumann beschreibt diesen Sachverhalt in dem Aufsatz „The Mathematician", der 1947 in dem von R. B. Heywood herausgegebenen Sammelband „The Works of Mind" erschien, folgendermaßen:
„Nur sehr wenige Mathematiker waren bereit, die neuen anspruchsvollen Maßstäbe" – gemeint ist die strenge „intuitionistische" Mathematik von Brouwer und Weyl – „zu akzeptieren und bei ihrer eigenen Arbeit anzulegen. Sehr viele jedoch gaben zu, dass Weyl und Brouwer prima facie recht hätten. Sie selbst jedoch sündigten weiterhin, das heißt: betrieben ihre eigene Mathematik in der alten ‚einfachen' Methode weiter – vermutlich in der Hoffnung, dass schon irgendjemand irgendwann einmal die Antwort auf die intuitionistische Kritik finden werde und ihre Arbeit dadurch a posteriori gerechtfertigt würde."
„Zur Zeit", schreibt von Neumann ferner in diesem Aufsatz, „ist der Streit um die ‚Grundlagen' bestimmt noch nicht beigelegt, aber es scheint sehr

unwahrscheinlich zu sein, dass man, abgesehen von einer kleinen Minderheit, das klassische System fallen lässt."

Und ins Persönliche gewandt gibt von Neumann unumwunden zu: „Dies geschah zu meinen Lebzeiten, und ich weiß, wie erniedrigend leicht sich meine Ansichten über die absolute mathematische Wahrheit während dieser Ereignisse geändert haben, ja wie sie sich sogar dreimal hintereinander geändert haben!"

Weyl musste also nolens volens eingestehen, dass er die mit Pólya vor mehr als zwei Jahrzehnten abgeschlossene Wette verloren hatte. Pólya verzichtete großzügig darauf, dass Weyl seine Schlappe in einem Artikel veröffentlichte. Nur ein einziger der Anwesenden, die über Sieg oder Niederlage von Weyls Wette entschieden, hatte nicht für Pólya gestimmt: Kurt Gödel.

»Eine Liebeserklärung an Tammets Freunde, die Zahlen.«

Ralf Hoppe, *Der Spiegel*

Daniel Tammet ist einer von nur 100 Inselbegabten und der vielleicht intelligenteste Mensch der Welt. Sein Gehirn leistet Unvorstellbares. Er lernt fremde Sprachen binnen einer Woche und rechnet fast so schnell wie ein Computer. Tammets Kosmos besteht aus Zahlen, die Farben, Formen und Charaktereigenschaften haben. Für ihn ist Mathematik keine trockene Wissenschaft, sondern eine eigene Welt, der ein poetischer Zauber innewohnt. In diesem Buch zeigt er eindrucksvoll, dass die Mathematik Antworten auf die universellen Fragen des Lebens zu geben vermag: nach Zeit, Tod oder Liebe.

www.hanser-literaturverlage.de

HANSER

Um die ganze Welt des
GOLDMANN-*Sachbuch*-Programms
kennenzulernen, besuchen Sie uns doch
im Internet unter:

www.goldmann-verlag.de

Dort können Sie
   nach weiteren interessanten Büchern **stöbern**,
   Näheres über unsere *Autoren* erfahren,
   in *Leseproben* blättern, alle *Termine* zu Lesungen und
   Events finden und den *Newsletter* mit interessanten
   Neuigkeiten, Gewinnspielen etc. abonnieren.

Ein *Gesamtverzeichnis* aller Goldmann Bücher finden
Sie dort ebenfalls.

Sehen Sie sich auch unsere *Videos* auf YouTube an und
werden Sie ein *Facebook*-Fan des Goldmann Verlags!

www.goldmann-verlag.de
www.facebook.com/goldmannverlag